现代数学译丛 31

动力系统仿真，分析与动画

—— XPPAUT 使用指南

〔美〕 Bard Ermentrout 著

孝鹏程 段利霞 苏建忠 译

科 学 出 版 社

北 京

图字：01-2017-1588

内 容 简 介

本书结合大量例子和作者科研工作中提炼出的问题，由浅入深地介绍了 XPPAUT 在动力系统模拟、分析和动画中的使用方法. 全书分为 XPPAUT 安装、XPPAUT 在各类微分方程分析中的使用方法、分岔分析工具 AUTO 在 XPPAUT 中的使用、XPPAUT 动画制作、XPPAUT 各类使用技巧 5 个部分, 共 9 章.

本书可作为数学等有关专业的本科生和研究生的教材, 也可供动力系统学、生物数学、神经动力学等领域的科研人员参考使用.

图书在版编目(CIP)数据

动力系统仿真，分析与动画：XPPAUT 使用指南/(美) 巴德 · 埃门创特 (Bard Ermentrout) 著; 孝鹏程, 段利霞, 苏建忠译. —北京：科学出版社, 2018. 3
(现代数学译丛；31)
书名原文：Simulating, Analyzing, and Animating Dynamical Systems
(A Guide to XPPAUT for Researchers and Students)
ISBN 978-7-03-056535-8

Ⅰ. ①动…　Ⅱ. ①巴…　②孝…　③段…　④苏…　Ⅲ. ①动力系统(数学)-系统分析　Ⅳ. ①O19

中国版本图书馆 CIP 数据核字(2018) 第 025935 号

责任编辑：李静科 / 责任校对：邹慧卿
责任印制：张　伟 / 封面设计：陈　敬

科学出版社 出版
北京东黄城根北街 16 号
邮政编码：100717
http://www.sciencep.com
北京建宏印刷有限公司印刷
科学出版社发行　各地新华书店经销
*
2018 年 3 月第　一　版　开本: 720 × 1000　1/16
2024 年 4 月第四次印刷　印张: 18 3/4　插页: 1
字数: 355 000

定价: 128.00 元
(如有印装质量问题, 我社负责调换)

中文版前言

我并不是真的有兴趣写一个新版本, 但在过去十年里 XPPAUT有了很多变化, 所以我觉得是时候进行一些修改了. 这样做的目的并不是为了钱, 因为版税会被捐赠. XPPAUT有了很多新的功能, 所以本书的很大一部分专门介绍如何使用新功能. XPPAUT可以自定义字体、颜色, 甚至背景. 如果你想要一个凯蒂猫版的 XPPAUT, 你可以实现! 真正新的是 XPPAUT现在可以在 iPad/iPhone 上使用. iPad 的界面很不同, 现在有一章专门针对该平台进行介绍. iPad 的运行速度很快, 足以求解实际问题, 并且容易在课堂上进行展示. 此外, 安装非常容易. 说到这一点, 我在其他平台上也简化了安装.

我特别想感谢两个人, 因为他们, XPPAUT再次复兴. 密歇根州立大学的 Daniel Dougherty 在 XPPAUT 中加入了很多新选项, 并且还编写了一个程序来使用多线程计算, 另外他还负责大部分的用户化代码. Ashutosh Mohan (现在澳大利亚国立大学) 负责 XPPAUT 的 iPad/iPhone 版本, 他用 Objective C 写了数千行的代码, 并且在用户界面上提出了许多伟大的想法.

Bard Ermentrout

译　者　序

第一次接触 XPPAUT 是读博时候导师让我做分岔图. 一开始我没有系统地学习, 而是从网上查找一些关于如何使用的文章, 包括作者在个人网站上的辅导资料. 后来我发现国内介绍使用 XPPAUT 的教材比较少, 清华大学雷锦志老师的《系统生物学 —— 建模, 分析, 模拟》中对于 XPPAUT 有些简单的使用介绍. 随之我就有了翻译这部著作的想法. 因为翻译这本书是一项不小的工程, 我便邀请北方工业大学的段利霞老师和得克萨斯大学阿灵顿分校的苏建忠老师一起进行翻译和校对, 整个过程两位老师都给予了大量的帮助和支持, 才使得翻译过程比较顺利.

数值模拟分析在动力系统建模中扮演着重要的角色. XPPAUT 是其中一款非常出色的软件. 该软件是由匹兹堡大学的 Bard Ermentrout 教授开发, 并逐渐被相关领域的科研人员所熟知和使用. 在跟科学出版社签订翻译合同后, 我随即联系了原作者表明要翻译这本书, Ermentrout 教授邮件中表示非常支持, 并告知我他一直有更新这本书的计划. 因为距离第一版出版已经 14 年, 这期间 XPPAUT 也添加了一些功能, 而且也有了在手机和平板电脑上运行的应用程序. 无奈教授日程太忙, 所以就一直这样拖着. 随即 Ermentrout 教授发给我他已经部分更新过的书稿（修订版, 未出版）, 并准许我参照这个书稿进行翻译. 在此对 Ermentrout 教授的支持表示衷心的感谢.

全书共 9 章. 第 1 章主要介绍如何在不同的操作系统环境下进行软件安装. 相对于英文版, 第 1 章还添加了如何在 iPhone 和 iPad 上安装, 如何使用命令行启动软件, 还有如何对 XPPAUT 进行自定义. 第 2 章和第 3 章分别介绍 XPPAUT 的基本使用方法和如何针对微分方程写 ode 文件, 包括非线性方程分析中的方向场和零位线的绘制, 如何定义非自制系统, 如何定义方程、附加量、临时量以及非连续微分方程的处理方法. 第 4 章介绍如何将 XPPAUT 应用到课堂教学中, 包括一维离散动力系统中的分岔图和周期点、一维图中李雅普诺夫指数、非自制一维系统、非线性平面系统, 以及三维和高维系统的案例分析. 第 5 章介绍高级微分方程的使用, 包括时滞方程、积分方程、奇异积分方程、随机方程, 以及微分代数方程. 第 6 章介绍如何分析空间问题、偏微分方程和边界值问题. 第 7 章介绍著名的分岔分析工具 AUTO 如何在 XPPAUT 中使用. 第 8 章着重介绍如何使用 XPPAUT 制作动画, 相对于英文版也有很多的内容补充. 第 9 章介绍 XPPAUT 使用过程中的技巧和高级方法. 附录中包括选项设置、数值方法、微分方程文件结构、完整命令列表、报错信息等很多实用的归纳信息.

该书是一本针对动力系统分析的软件使用工具介绍书, 所以书中的案例要求对动力系统有一定的了解, 而且很多案例是作者在科研过程中提炼出来的, 需要阅读文献和相关资料才能进一步了解案例的背景知识. 动力系统是一个发展迅速的领域, 由于译者知识水平有限, 翻译过程中难免有不恰当的表述, 诚恳地希望相关领域的专家学者批评指正, 我们将努力改正.

最后, 再次感谢作者 Bard Ermentrout 教授对翻译本书的大力支持. 感谢科学出版社的赵彦超先生和李静科编辑的大力支持和帮助, 也感谢家人对于这项工作的理解、鼓励和关心!

译 者

2017 年 10 月于伊凡斯维尔大学

前　　言

XPPAUT是一个用于模拟、动画和分析动力系统的工具. 程序最初是使用 DOS 程序写出的, 因此 John Rinzel 和我可以对简单的可兴奋细胞膜模型进行动力学分析. 相应的 DOS 程序 ——PHASEPLANE, 后来成为了一个商业软件, 很多痴迷的用户使用了很多年. 20 世纪 90 年代初, 我在数学科学研究所 (MSRI) 的美丽的办公室中参与了一个月的生物数学项目. 每个夜晚, 我在 UNIX 环境下将 DOS 程序移植到 X-Windows, 同时, 享受在夕阳落日中一遍又一遍聆听着同一盘磁带 (我忘了它是什么). 从早期的程序开发至今, XPPAUT 已经成为一个非常强大的分析工具, 而且完全免费. 我也在各种 32 位的 Windows 和新的 Mac OS X 系统中成功编辑了 X 版本.

我已经加入了非常多的积分器和工具, 以及调用功能强大的延续工具包 AUTO 的特殊接口. 对于离散或者连续动力学的大多数问题, 都可以通过使用 XPPAUT的一些技巧来进行解决, 而这正是本书的要点. 假设很多使用者并没有完全利用程序的很多特性, 这多半是我的过错, 因为程序与使用手册是同时发布的, 而手册中对于程序所有功能的全面描述的编制非常混乱.

为什么要使用 XPPAUT? 有很多可以解决微分方程的软件. 很多人使用 MATLAB、MAPLE, 或 MATHEMATICA 来研究和分析动力系统. 这些通用的工具可以解决本书中描述的所有问题. 然而, 当遇到数值求解微分方程时, 上述软件的符号包运行得非常慢. 此外, 积分方法的选择并不灵活, 而且没有交互式的积分过程. 也就是说, 在计算完成之前不能看到方程解的进展. 标准的定性分析工具 (如向量场和零等值线) 都需要额外的工具包或者手动写入. MATLAB 有很大的灵活性, 甚至可以积分非连续的微分方程, 如 integrate-and-fire 方程. 然而, 数值积分的速度一般比 XPPAUT要慢. 上述软件没有一个提供 AUTO 的接口, 而这也是很多人使用 XPPAUT 的主要原因. 相比于其他程序, XPPAUT中设置微分方程的语法非常简单. 最后, XPPAUT是免费的软件, 不需要每年更新一次证书, 可以从一台计算机随意复制到另一台, 而且源代码永远开放.

如何使用这本书　本书的读者对象分两类：一类是进行系统模拟和分析的科研或建模人员；另一类是正在学习建模或者微分方程的学生. 从大学二年级的工程课程到研究生的动力系统课程, 我都把 XPPAUT 应用到这些课堂教学中. 同时在神经科学和生理学的一些应用课程中也使用了 XPPAUT. 本书包含许多例子和习题, 可以对分析微分方程某些特性的概念教学提供帮助. 大多数的问题和例子都出自于科研论文, 很大一部分是我研究的方向, 也就是生物应用.

如果所有你想做的是求解微分方程和绘制方程的解, 那么大多数你想要的可以在第 3 章中找到. 第 4 章介绍 XPPAUT的课堂应用, 所研究的问题涉及更完整的工具集合. 第 5 章介绍包括函数方程和随机方程在内的高级微分方程. 第 6 章讲解如何离散化偏微分方程以及如何求解, 边界值问题也在本章中讨论. 使用技巧和特殊类别的微分方程会在第 9 章中进行讨论. 第 7 章介绍分岔理论以及如何在 XPPAUT中使用 AUTO. 第 8 章展示如何使用内置的动画器制作动画. 第 9 章中会介绍制作动画的其他方法.

致谢 从很多用户各种版本的程序中我受益匪浅. 对那些发邮件表示程序如何有用而不是希望我加入新的功能或者指出哪些功能经常报错的人, 我向你们表示感谢. 对于其他人, 我也表示感谢, 因为您的评论使得 XPPAUT 有了新的功能, 同时也产生了新的漏洞. 更重要的是, 要感谢 John Rinzel 和 Artie Sherman 多年来对于不同版本的辛勤付出. 最后, 感谢我妻子 Ellen 的耐心, 还有我的儿子 Kyle 和 Jordan, 没有他们的"支持", 本书会在 2000 年出版.

Bard Ermentrout

目　录

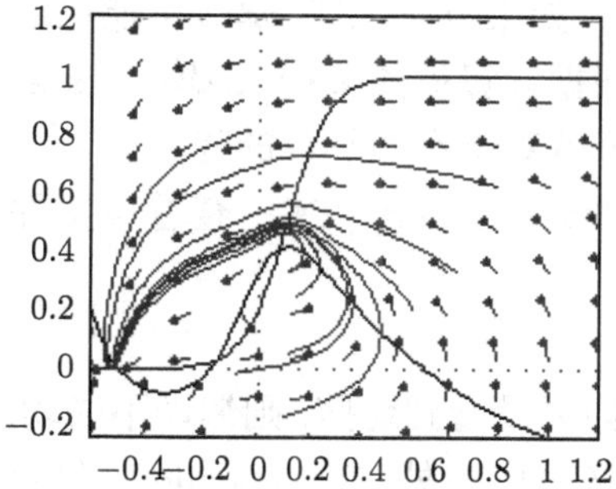

第 1 章 安装

正如福尔摩斯的所有推理，事情在解释后看上去是如此的简单.

——柯南道尔，股票经纪人的秘书

安装 XPPAUT 可以通过下载源代码后进行编译或者下载二进制的版本. 对于 UNIX, Windows 和 Mac OS X, 我将提供安装示范. 如果你对编译源代码无能为力，最好请系统管理员为你安装或下载预编译的二进制版本. 编译版本可用于 Ubuntu Linux, Windows 和 Mac OS X 操作系统. iPad 版本只需要在 iTunes 商店下载后即可安装. 所有的文件都可以在 XPPAUT 网站找到:

http://www.math.pitt.edu/~bard/xpp/xpp.html

1.1 UNIX 系统安装

1.1.1 从源代码进行安装

创建一个名为 xppaut 的目录并通过输入以下代码更改到此目录:

```
mkdir xppaut
cd xppaut
```

第一步 从下面的网址上下载压缩的源代码 xppaut_latest.tar.gz 到这个新目录:

http://www.math.pitt.edu/~bard/xpp/xpp.html

第二步 解压存档:

```
tar zxvf xppaut_latest.tar.gz
```

这将创建一系列文件和子目录.

第三步　输入

```
make
```

在滚动中会偶尔出现警告 (你可以放心地忽略). 如果没有报错, 那么可能已经成功编译. 如果编译很快停止, 那么可能需要根据计算机的架构来编辑 Makefile. 查看 README 文件和 Makefile, 里面有很多对于不同平台的建议.

第四步　如果成功编译程序, 那么在目录中应该有`xppaut` 文件. 查看该文件输入

```
ls xppaut
```

如果看到 `xppaut*` 列出, 那么已经编译成功. 如果没看到这些, 则编译不成功. 请查阅 README 文件以获得各种可能的修复信息. 此外, 在 Makefile 的包中有很多评论. 目前为止还没有找到一个我无法编译的计算机. 一个常见的问题是 X Windows 资源库的路径错误. **提醒:** 我使用`-m32` 标志来编译到一个 32 位架构. 你可以尝试编译到一个 64 位的架构, 但是在 64 编译版本上运行 AUTO 有很多问题, 所以不建议这么做.

第五步　一旦编译完成, 将可执行文件移动到路径中的某个位置 (通常是`/usr/local/bin`, 但是必须有 root 权限才能执行). XPPAUT不需要环境信息, 但是可以通过下面即将要描述的`.xpprc` 来进行很多方面的修改.

第六步　如果没有 root 权限, 在命令行输入 `make install`, XPPAUT将安装在默认目录中.

1.1.2　二进制文件

我通常会对 UBUNTU Linux 编译一个版本, 你可以找到相应的二进制文件. 它可能适用于任何基于 Intel 的 Linux 系统. 下载 Linux 二进制文件, 创建一个名为`xppaut`的文件夹 (目录). 把下载的文件移动到该目录. 输入

```
tar zxvf xppaut6.11-ubuntu32.tgz
```

应该可以看到二进制文件`xppaut`. 如果使用目录`/usr/local/bin`, 可以将其移动到全局可访问的目录中.

1.1.3　额外的 UNIX 设置

在一些系统中, 缩放和光标移动不总是正常工作. 在这些系统中, 需要使用额外的命令来调用 XPPAUT:

```
xppaut -xorfix file.ode
```

通常会解决上述问题.

1.1.4 在 Linux 上运行

我通常只在命令行调用 XPPAUT:

```
xppaut file.ode
```

然而, 在 Ubuntu 中非常容易进行拖放. 右键单击桌面并选择添加启动器, 然后填写对话框; 唯一稍微困难的事情是在 xppaut 中输入正确的命令, 建议包括完整路径. 这样做完后, 可以拖动 ODE 文件到启动器或者双击文件.

1.2 MS Windows 下安装

将程序 winpp.zip 下载到一个文件夹中, 例如**wpp** , 然后使用 Winzip 或类似的程序解压缩该文件. 创建一个 winpp 的快捷方式. 这个版本具备完整版本的所有功能. 此外, 用户界面也有很大不同. 大部分的方程文件可以在这个版本下运行, 而且大多数标准功能也都可以使用. 但是我将不再维护此版本, 不过它仍然存在并可用.

1.3 Windows 下的 X-Windows 版本

这是在 Windows 环境中运行该程序的推荐方式, 只是有点难安装. 它不使用 Windows API, 但工作方式与 UNIX 版本相同. 这看起来相当复杂, 因为我已经加入了一些非常简单的步骤.

1. 下载.

   `http://www.math.pitt.edu/~bard/bardware/binary/Xming-20050131-setup.exe`
2. 下载完成后, 双击并允许打开.
3. 将出现 Xming 设置向导. 按照指示操作并在桌面上创建一个快捷方式.
4. 安装后可能会启动, 为了确保 X11 服务器正在运行, 单击屏幕底部的小隐藏图标栏, 你应该看到一个 X. 如果没有 X, 点击桌面上的 Xming, 再次检查. 有时服务器会被防火墙屏蔽, 应该确保没有被屏蔽.
5. 下载 Windows 的 XPPAUT最新版本.

   `http://www.math.pitt.edu/~bard/bardware/binary/latest/xppwin.zip`
6. 文件会出现在目标路径下.
7. 双击 xppwin (Zip 文件).
8. 资源管理器将打开, 而且会看到名为 xppall 的文件夹.
9. 点击提取文件.
10. **这一步非常重要! 对于目标路径, 只选择 C:\. 不能选择其他路径!!**

11. 如果操作正确, 应该能够从资源管理器中单击“计算机”或者“我的电脑”来看到本地磁盘C:.
12. 双击本地磁盘 C:, xppall 文件应该在里面. 如果没有就回到第 9 步.
13. 双击 xppall 文件夹.
14. 查找名为 xpp (批处理文件) 的文件, 然后右键单击创建快捷方式. 将快捷方式拖动到桌面.
15. 做如下尝试, 在 xppall 文件夹中双击 ode 文件夹.
16. 将一个文件, 例如 lorenz.ode (lorenz: type ODE-File) 拖动到桌面上的 XPP 快捷方式上, XPP 应该启动. 如果没有, 那是因为没有把xppall 放在正确的位置, 或者 X11 服务器没有运行.
17. 要编辑 ODE 文件或自己创建, 右键单击并使用 wordpad 或其他编辑器. 当保存 ODEs 时, 应保存为纯文本格式! 对于创建新的 ODE 文件, 建议使用 NotePad, 但要始终保存为纯文本. 扩展名与 XPP 无关, 因此可以将其保存为.txt.

1.4 Mac OS-X

现在讲述如何在 Mac 上安装二进制应用程序.

1. 进入网站.
   http://www.math.pitt.edu/~bard/bardware/binary/latest/
2. 找到 Mac 对应的文件, 名字是 xppaut7.0osx.dmg.
3. 点击文件下载.
4. 打开下载的相应文件夹.
5. 双击 xppaut DMG 文件 (对我来说是 xpp611fosx.dmg), 一个新文件夹 xppmac 出现.
6. 将此文件夹拖动到桌面.
7. 双击文件夹, 一个新的查找窗口出现.
8. 将小 xpp 图标拖动到停靠栏中.
9. 打开新的查找窗口 (文件新查找窗口或者命令键+N).
10. 点击新查找窗口中的应用程序.
11. 将文件 xppaut 从 xppmac 文件夹拖动到应用文件夹.
12. 设置测试.
13. 在 xppmac 文件夹中, 单击 ode 文件夹. 将 ode (例如 lin.ode) 文件拖动到停靠栏的小鹦鹉图标上, 可能会请求许可, 回复 yes.
14. 如果一切正常, Mac 将自动启动 X11 服务器, 然后运行 XPP.

15. 如果运行失败, 请查看应用程序/实用工具文件夹来确保有 X11. 如果没有, 必须从原始磁盘进行安装. 旧版本的操作系统会自动执行此操作. 新版本的 OSX 不带有 X11(称为 XQuartz), 可以从 `http://xquartz.macosforge.org/landing/` 得到.
16. 如果从命令行运行, 启动终端程序 `Applications/Utilities/Terminal`, 然后从终端输入 `/Applications/xppaut` 启动.

注: 默认版本是在操作系统版本 OS 10.6 下编译的, 不能与 OS 10.4,10.5 等一起使用. 我将尝试维护在旧操作系统上编译的 `xppaut` 版本. 如果查看从 DMG 创建的文件夹 `xppmac`, 会发现与旧版本的操作系统兼容的 zip 文件, 解压缩一个你想要的, 并将该版本的应用程序文件夹重命名为 `xppaut`.

1.5 iPhone 和 iPad 安装

进入苹果商店, 查找 xpp, 然后安装.

1.6 拖动与命令行

很多人从小就接触计算机, 运行软件的唯一方法是点击它或拖动文件到应用程序. 这当然是运行程序的最简单的方法, 而 XPPAUT 通常支持这种方法. 事实上, 在我的经验中, 许多人从来没有听说过命令行. 但是, 有许多用于 XPPAUT 的命令行选项允许自动执行任务, 有时从命令行运行可以以更容易的方式使用 XPPAUT 的其他一些功能. 所有计算机都能够从命令行运行程序. 这只是一个学习一些常用命令, 并弄清楚如何获得命令行的问题.

1.6.1 启动命令行提示符

Mac OS

在使用命令提示符之前, 应该首先确保 XQuartz 运行 (见上面的安装步骤). 如果 XQuartz 正在运行, 你可以单击 Dock 中的 XQuartz 图标, 并在上部任务栏中查看 X11. 单击应用程序和终端以获取 X 终端, 你可以从这里轻松运行 XPPAUT. 如果要使用 OSX 终端应用程序, 你可以打开 Finder, 并转到应用程序/实用程序文件夹, 然后单击 `Terminal` 以启动终端. 如果尝试从此运行 XPPAUT, 可能有一个问题, 因为它会尝试连接到您的 X11 服务器, 这时可能会报错 `Failed to open X-Display`. (同样也可能在拖放中报错.) 在拖放和终端应用程序中修复 XPPAUT 都需要使用命令行.

Windows

在 Windows 中启动命令行, 只需单击左下角的小 Windows 图标, 然后在搜索栏中输入 cmd, 将看到它出现在程序下, 点击它, 命令提示符会出现.

Linux

进入应用文件夹启动终端.

1.6.2　命令行命令

Mac OS 和 Linux 都是标准的 UNIX 操作系统, 因此它们的命令是相同的. 在 Unix 中文件夹称为目录. 我将使用术语文件夹, 因为这是最常见的术语. 表 1.1 提供了终端上的常用命令.

表 1.1　终端命令

Task	Windows	Unix/Mac	Comments
Go to different folder	`cd <name>`	`cd <name>`	
Go back to parent folder	`cd ..`	`cd ..`	
List files in folder	`dir`	`ls`	Use wildcards, e.g., `ls *.ode`
Create a new folder	`md <name>`	`mkdir <name>`	
Show contents of a file	`type <name> | more`	`less <name>`	Spacebar to page down, `q` to stop
Delete a file	`del <name>`	`rm <name>`	Can use wildcards
Delete a folder	`rd <folder>`	`rmdir <folder>`	
Copying files	`copy <src> <dest>`	`cp <src> <dest>`	
Moving files	`move <src> <dest>`	`mv <src> <dest>`	
Renaming files	`rename <old> <new>`	`mv <old> <new>`	

例如, 假设你已打开命令行并已导航到 Windows 中的 ode 文件夹, 输入 `..xpp lecar.ode`, 将使用 `lecar.ode` 文件启动 XPP. 在 Mac 中, 如果你对应用程序文件夹中的可执行文件手足无措, 可输入`/Applications/xppaut lecar.ode`.

1.7　自定义 XPPAUT

在本书的大部分章节中, 我将讲述如何使用桌面版本的 XPPAUT；移动版本的接口很不一样, 我将用单独一章来讲解如何操作.

有很多可以自定义 XPPAUT 外观的方法, 例如, 你可以在主窗口上放置一个背景图片, 可以更改颜色, 并更改字体. 你还可以更改许多默认值. 许多的自定义可以直接从命令行完成, 以便可以先进行测试. 一旦非常喜欢, 你可以创建一个包含这些更改的永久文件. 当然你也可以使用命令行或 ODE 文件中的选项来覆盖此文件.

1.7.1　命令行选项

下面是 XPPAUT 用于自定义外观的命令行选项:

```
-bigfont <font>           Use the big font whose filename is given
-smallfont <font>         Use the small font whose filename is given
-forecolor <######>       Hex color (e.g. 000000) for foreground
-backcolor <######>       Hex color (e.g. EDE9E3) for background
-mwcolor <######>         Hex color (e.g. 808080) for mainwindow
-dwcolor <######>         Hex color (e.g. FFFFFF) for drawingwindow
-backimage <filename>     Bitmap file (.xbm) to load in background
-grads < 1 | 0 >          Color gradients will | won't be used
-width N                  Minimum width in pixels of main window
-height N                 Minimum height in pixels of main window
-bell < 1 | 0 >           Turns the bell on and off
```

字体和颜色命令使用如下:

- **bigfont** 是 AUTO 和 XPPAUT 主窗口中菜单的字体.
- **smallfont** 是浏览器中按钮的字体、数据浏览器中显示的文本、轴上的数字、滑块上的标签等.
- **dwcolor** 是绘制图形的图形窗口的颜色.
- **backcolor** 是按钮、菜单和提示窗口等的颜色.
- **forecolor** 是菜单中的文本颜色、标签和曲线中的曲线. 它在颜色菜单中被称为"黑体", 即使它可能不是.
- **mwcolor** 是 AUTO 窗口、主窗口和数据浏览器中背景的颜色.
- **backimage** 是出现在主窗口背景中的图像.

图 1.1 显示可以自定义的窗口和字体的部分.

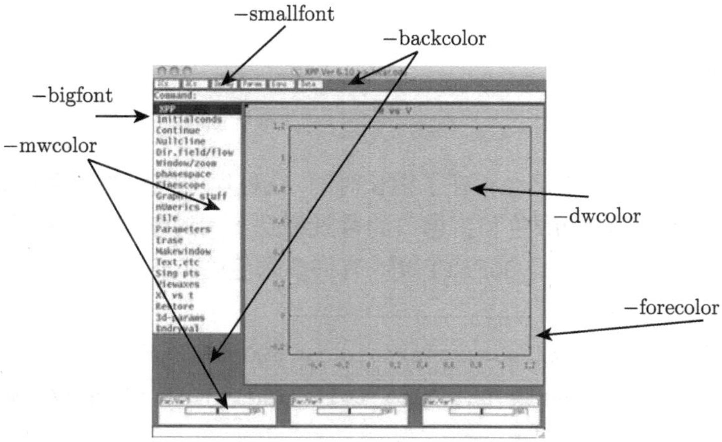

图 1.1 自定义 XPPAUT 窗口

1.7.2　RC 文件

自定义 XPPAUT 最直接的方法是创建一个 `.xpprc`文件. 在Windows中, 此文件可以在 `xppall` 目录中找到. 在Mac和Unix上, 必须自己创建该文件并将其保存在主文件夹中. 可以在 Mac 上使用 TextEdit 创建和编辑文件, 并使用 NotePad 在 Windows 上进行编辑. **一定要始终保存为纯文本格式**. 可以包含在`.xpprc`文件中的选项如下:

```
@ bell=<0|1>
@ grads=<0|1>
@ dwcolor=<######>
@ forecolor=<######>
@ dmwcolor=<######>
@ backcolor=<######>
@ smallfont=<fontname>
@ bigfont=<fontname>
@ backimage=<file.xbm>
@ width=N
@ height=N
@ YNC=<icol>
@ XNC=<icol>
@ SMC=<icol>
@ UMC=<icol>
@ SEC=<xcol>
@ UEC=<xcol>
@ SPC=<xcol>
@ UPC=<xcol>
```

1.7.3　颜色

不巧的是, XPPAUT 已经存在了很长时间, 在程序中使用的颜色定义是相当不一致的. 基本绘图窗口的颜色和主窗口的背景都是十六进制的, 用 # 符号表示, 例如红色是 FF0000, 而青色是 00FFFF 等. 有许多颜色的 RGB 颜色列表可以在网上找到, 例如

`http://cloford.com/resources/colours/500col.htm`

`http://www.web-source.net/216\_color_chart.htm` `http://www.taylored mktg.com/rgb/`

因此, 你几乎可以让你的界面变成任何颜色.

Backimage 文件不支持 X11 位图格式. 在 Linux 中, 很容易将图像转换为此

格式. 在 Mac 和 Windows 上, 你应该可以使用许多可用的 Unix 工具. 许多示例文件都包含在 XPPAUT 的各种发行版中. 有一个很好的文件转换网站支持这种格式: http://www.files-conversion.com/image-converter.php.

Y-零等值线、X-零等值线、稳定流形、不稳定流形 (分别为YNC, XNC, SMC, UMC) 的颜色可以取从 0 到 10 的数值, 并且是黑、红橙色、橙色、黄橙色、黄色、黄绿色、绿色、蓝绿色、蓝色和紫色. 因此, @ YNC = 5 将使 Y-零等值线变成黄色.

在 AUTO 中, 稳定平衡点、不稳定平衡点、稳定周期轨道、不稳定周期轨道 (分别为 SEC, UEC, SPC, UPC) 的颜色可以是20—129 或 0 的任何数字. 数字 20—29 是与上面相同的红色到紫色列表 (例如 23 是黄橙色), 颜色 30—129 取决于你选择的颜色图. 如果选择默认色彩映射, 那么颜色将覆盖通常 ROYGBI 顺序中从红色到蓝色的光谱.

1.7.4 字体

XPPAUT使用 X11 字体. 在安装了 X11 的 Linux 和 Mac 的计算机上, 你可以通过如下命令行获取可用字体的列表:

```
xlsfonts
```

程序中有成千上万种字体, 所以最好先进行过滤. 我发现 lucidasanstypewriter 字体很容易阅读 (没有衬线和固定宽度), 所以可以输入:

```
xlsfonts | grep lucidasanstypewriter | less
```

来滚动浏览以查看哪些可用.

在 Windows 中, 下载 Xming 只能提供非常有限的字体集合. 但是, 你可以到 Xming 网站获取完整的字体集

```
http://sourceforge.net/projects/xming/files/
```

可以通过查看

```
C:\Program Files \Xming \fonts \75dpi
```

目录和文件 fonts.dir 来知道哪些字体可用.

1.7.5 .xpprc 文件示例

下面是我的.xpprc 文件:

```
@ bell=0,grads=0,dwcolor=ffffee,forecolor=222200
@ mwcolor=FF82AB,backcolor=eeeeee
@ backimage=/Users/bard/Desktop/xppmac/galahs.xbm
@ bigfont=lucidasanstypewriter-bold-18
@ smallfont=lucidasanstypewriter-bold-12
@ SEC=20
@ UEC=0
```

```
@ SPC=26
@ UPC=28
#
@ height=640,width=840
@ nmax=2000,npr=500,ntst=60
@ ps_lw=15,ps_color=1,ps_font=Helvetica,ps_fsize=18
```

设置按钮和菜单为浅灰色, 画布为象牙色, 绘画颜色为黑巧克力色和一个带有鹦鹉图像的粉红色背景. 大号字体相当大, 因为我的桌面屏幕很大. 每当橄榄球季, 我调用 XPP 与命令行选项来覆盖 .xpprc 文件:

```
xpp -backimage ste.xbm -forecolor 000000 -mwcolor FFD700 ode/lecar.ode
```

这个文件中使用黑色和金色主题的匹兹堡钢人的标志. 对于这本书中的图片, 我使用了一个稍大的 smallfont 的灰度平原 (无背景):

```
@ bell=0,grads=0,dwcolor=ffffff,forecolor=222222
@ mwcolor=DDDDDD,backcolor=eeeeee
@ bigfont=lucidasanstypewriter-bold-18
@ smallfont=lucidasanstypewriter-bold-14
@ SEC=20
@ UEC=0
@ SPC=26
@ UPC=28
#
@ height=640,width=840
@ nmax=2000,npr=500,ntst=60
@ ps_lw=15,ps_color=1,ps_font=Helvetica,ps_fsize=18
```

如果你喜欢 XPPAUT的老式黑色屏幕, 可以通过以下方式调用, 例如:

```
xpp linear2d.ode -dwcolor 000000 -forecolor FFFFFF -mwcolor
111111 -backcolor 333333
```

这个操作对于 AUTO 的黑色窗口也有影响.

在上述 .xpprc 文件中还有其他一些有用的界面命令. 当 XPPAUT 完成计算并且 grads = 0 关闭 XPPAUT 菜单中按钮的“3D”外观时, bell = 0 关闭警报铃声. 最后两句话是有序的. 在旧版本的 XPPAUT 中, 必须为系统声明最大存储量 (例如 10000). 这意味着只能存储最多 10000 个时间点进行集成. 但是, 新版本的 XPPAUT 没有限制, 将根据需要动态重新分配更多存储, 直到物理内存耗尽. 最后, 对于方程的数量没有限制. 目前发布的版本允许最多 5000 个, 但是如果需要更多, 可以更改头文件 xpplim.h 并重新编译.

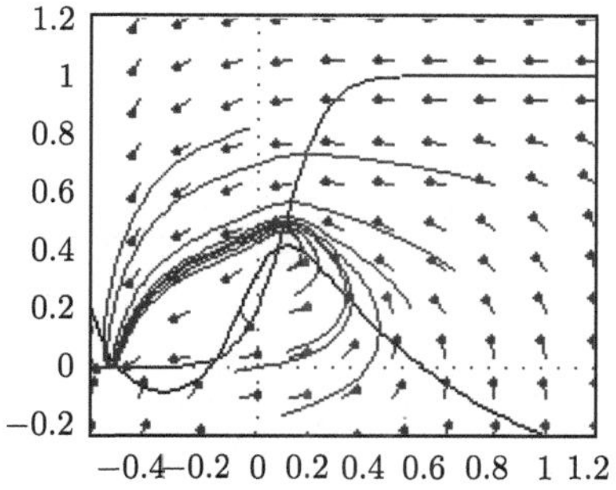

第 2 章 XPPAUT简介

旅行可以使人疯狂.

——弗兰克 · 扎帕

本章将开始学习使用和运行 XPPAUT. 很多人所需要解决的不同类型的问题可以通过本章来解决. 这里假定你对于微分方程已经有了一定的了解.

下面将通过两个例子 (线性微分方程和非线性微分方程) 来介绍如何使用 XPPAUT. 对于如何设置及求解微分方程, 这些内容已经可以足够应对. 对于更加高级的内容, 读者应该学习本书其他的内容.

注: 在下面的教程中, 菜单命令, 比如 `Command`, 会以现代字体出现, 比如: **A**. *不要使用大写锁定键* CapsLock; 所有的快捷键都使用小写字母. 每一个命令都可以通过一系列的按键来运行. 为了确保按键输入的正确, 点击标题栏来获得快捷方式的提示.

XPPAUT 读取和解释的文件称为 ode 文件. 一旦写出 `ode` 文件, 就可以用这个文件运行 XPPAUT. 你可以将文件拖放到 XPPAUT 中, 或者如第 1 章所示从命令行运行它. 命令行的优点是可以包括有很多选项.

2.1 创建 ODE 文件

看下面这个简单的线性微分方程:

$$\begin{aligned}\frac{\mathrm{d}x}{\mathrm{d}t} &= ax + by,\\ \frac{\mathrm{d}y}{\mathrm{d}t} &= cx + dy,\end{aligned} \tag{2.1}$$

其中 a, b, c, d 都是参数. 我们将使用 XPPAUT 来探究这个二维系统的属性. 要使用 XPPAUT 来分析微分方程, 需要建立一个导入文件来告诉程序变量的名字、参数值以及方程. 按照惯例, 这些文件的扩展名都是 ode, 所以称之为 ODE(常微分方程) 文件. 以下是式 (2.1) 的 ODE 文件：

```
# linear2d.ode
#
# right hand sides
x'=a*x+b*y
y'=c*x+d*y
#
# parameters
par a=0,b=1,c=-1,d=0
#
# some initial conditions
init x=1,y=0
#
# we are done
done
```

在上述 ODE 文件中通过使用 # 加入了一些注解, 这些不是文件必需的, 但是会使得文件的阅读性更强. 其余的部分都非常简洁明了. 参数值都是自选的, 默认值设定为 0, 初始值 init 也是自选的. 所以这个文件最小可以缩减到四行：

```
x'=a*x+b*y
y'=c*x+d*y
par a,b,c,d
done
```

当然, 在这个最小文件中所有的参数和初始值都默认为 0. 使用一个文本编辑器输入第一个 ODE 文件内容, 命名为 linear2d.ode, 然后保存. 恭喜你, 已经完成了你的第一个 ODE 文件. 本章末尾将会给出一些练习题目. 创建 ODE 文件基本步骤如下：

- 使用文本编辑器打开新文件.
- 在文件内写入微分方程；每一行一个微分方程.
- 使用 par 来声明你的系统中的所有参数. 使用 init 来定义初始值.
- 使用 done 来结束文件.
- 以 ode 为扩展名来保存文件 (要保存为纯文本模式).

  注：ODE 文件不区分大小写字母, AbC 与 abC 是等同的.

注：在声明初始值和变量的时候，不要在变量与等号和数字之间使用空格键. XPPAUT用空格键来作为定界符.

2.2 运行程序

正如在安装部分中指出的，有多种运行 XPPAUT 的方法. 大多数学生发现拖放法是最简单的. 一般从终端窗口中的命令行运行 XPPAUT，可以将刚创建的文件拖动到 XPPAUT 启动器上或者通过键入

```
xpp linear2d.ode
```

将 xpp 以及所有需要的命令行选项替换成你想要给定的名字. 例如，在 Mac 电脑终端安装的默认方法，你可能会写

```
/Applications/xppaut linear2d.ode
```

2.2.1 主窗口

主窗口 Main Window 包括一个大的图像区、目录，以及其他的小工具栏，如图 2.1 所示. 我们可以通过点击左边的目录或者输入快捷命令来发布指令. 随着对 XPPAUT 的逐渐熟悉，你会更多地使用快捷键. 通常来讲，快捷键经常是英文指令

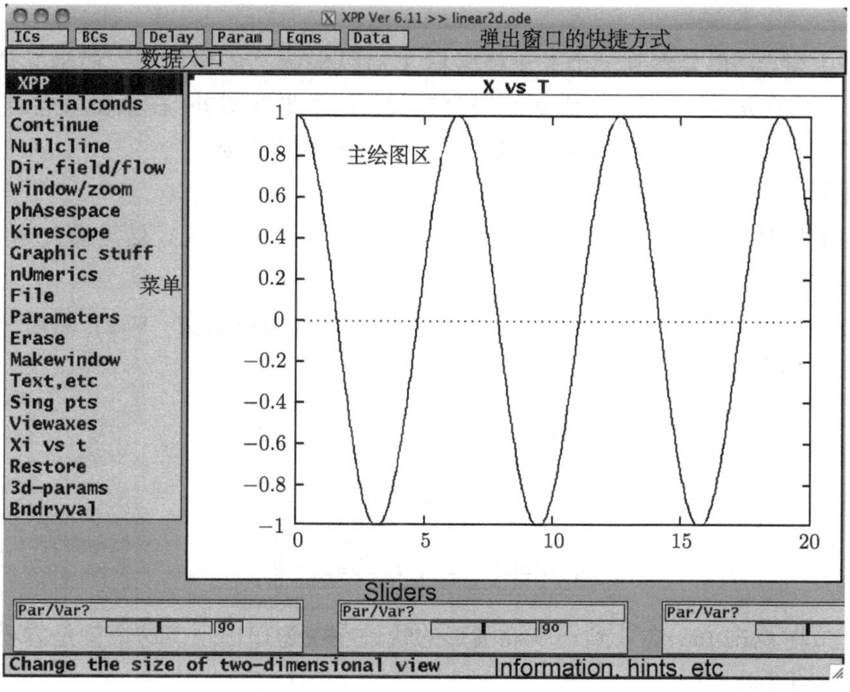

图 2.1 XPPAUT 的主窗口

的首字母. 但是如果出现 Nullcline 和 nUmerics 这样的情形, 快捷键会使用大写字母 (分别是 **N** 和 **U**). 在使用快捷键的时候, 输入键盘字母即可, 不要同时按 Alt 和 Ctrl 键. 主窗口的顶部是用于获得弹出窗口的按钮, 其允许便捷地输入初始条件 (ICs)、边界条件 (用于边界值问题 BCs)、用于初始化时滞方程的公式 (Delay)、改变参数 (Param)、查看微分方程 (Eqns) 和数值数据 (Data). 可以单击这些按钮来获取新的弹出窗口, 也可以添加将在 XPPAUT 中执行各种操作的其他按钮, 如积分方程或绘制零等值线. 按钮下方的区域用于输入如参数值或回答一些提示. 主窗口的底部显示有关各种事项的信息以及突出菜单项的简短描述. 标有Par/Var的三个小框是滑块, 允许在观看系统演变时更改参数和初始数据.

2.2.2　关闭程序

关闭 XPPAUT, 点击 File Quit Yes (**F Q Y**).

2.3　求解方程, 绘图

这里, 我们来求解常微分方程, 使用鼠标选择初始值, 保存不同类型的绘制, 然后创立文件打印.

求解

在主窗口, 你会看到一个关于横坐标 X 对纵坐标 T 的坐标图. 横坐标是从 0 到 20, 纵坐标是从 −1 到 1. 求解结果会显示到这个坐标图里. 在主窗口点击 Init CondsGo (**I G**). 正如我们期待的, 微分方程的解如同余弦波.

更改视图

如果想要绘制 Y 对 T 而非 X 对 T 的图. 点击 Xi vs t (**X**), 然后输入 Y, 点击回车键 **Enter**.

如果你想要绘制相平面图形, 即 X 对 Y, 点击 Viewaxes 2D (**V 2**), 然后一个窗口会出现. 填写如下:

X-axis: X	Xmax: 1
Y-axis: Y	Ymax: 1
Xmin: −1	Xlabel:
Ymin: −1	Ylabel:

当你完成时点击 OK, 会看到一个椭圆形的轨迹在主窗口出现. 这个就是方程解的相平面 (图 2.2).

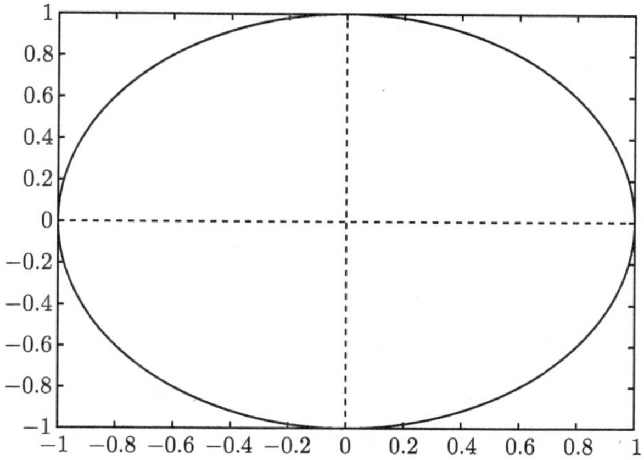

图 2.2 线性二维问题的相平面图

快捷键

这里有一个快速查看相平面的方法. 点击 `ICs`, 出现如图 2.3 所示的初始值窗口. 变量左侧有相应的小方格, 点击这两个方格, 然后点击 `XvsY` 键, 这样相平面的图就会显示. 这个快捷方法不会像目录命令里那样可以调节, 比如说窗口会自动调整大小, 标签不能改动, 而且辅助方程不能用这个方法绘制. 如果想观看更多的变量与时间的绘图, 可以点击相应的变量 (最多可以看是 10 个), 然后点击 `XvsT`.

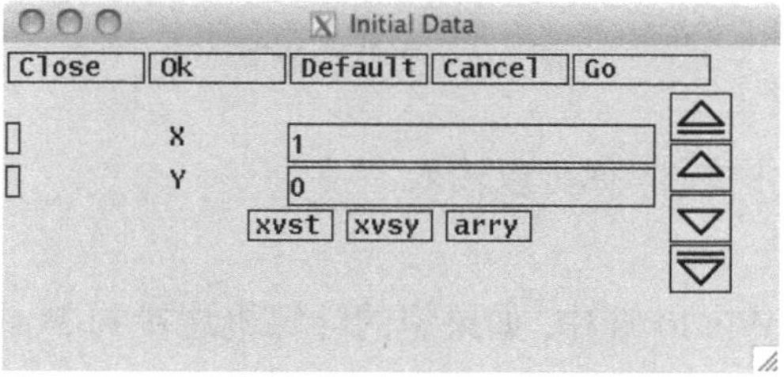

图 2.3 初值条件窗口

点击 `Init Conds Mouse` (**I M**), 然后用鼠标在窗口里点击, 会看到新的轨迹线出现. 这同样也是椭圆. 可以重复同样的命令画更多的轨迹线. 还可以点击 `Init CondsmIce` (**I I**), 来画更多的轨迹图. 可以通过点击窗口外或者 **Esc** 来终止.

点击 `Erase`, 然后 `Restore` (**E R**). 现在全部的轨迹线除了最后一个都消失了, XPPAUT只保存最后一个. 有一种方法可以存储很多, 但是现在暂不讨论.

打印图片

XPPAUT 不会直接将图像发送到打印机. 相反, 它创建一个 PostScript 文件, 可以将其发送到打印机. 如果没有 PostScript 的能力, 那么可能就要使用替代方法来得到拷贝. (注意 Word 支持导入和封装 PostScript. 它可以下载名为 GhostView

的 Windows 程序, 使你可在非 PostScript 打印机上查看和打印 PostScript. Linux 和其他 UNIX 发行版通常都有 PostScript 查看器.) 在 Mac 上, 预览将打开 PostScript 文件, 并将其转换为 PDF.

这里讨论如何创建一个 PostScript 文件. 点击 `GraphicsPostscript` (**G P**), 出现一个对话框并有三个问题需要选择: (i) 黑白或彩色; (ii) 横向或纵向; (iii) 轴的字体大小、字体类型和线宽. 立即接受所有默认值, 只需点击确定即可. 然后会被要求给出一个文件名. 文件选择框如图 2.4 所示. 可以通过单击<>来向上或向下移动目录树; 点击选择文件; 通过单击左侧上下箭头或者通过键盘上的 PageUp / PageDown 键来上下查看; 点击主页图标进入主目录; 改变通配符; 或输入文件名. 现在, 只需点击 `Ok`, PostScript 图将被创建和保存. 默认情况下, 该文件将被称为 `linear2d.ode.ps`.

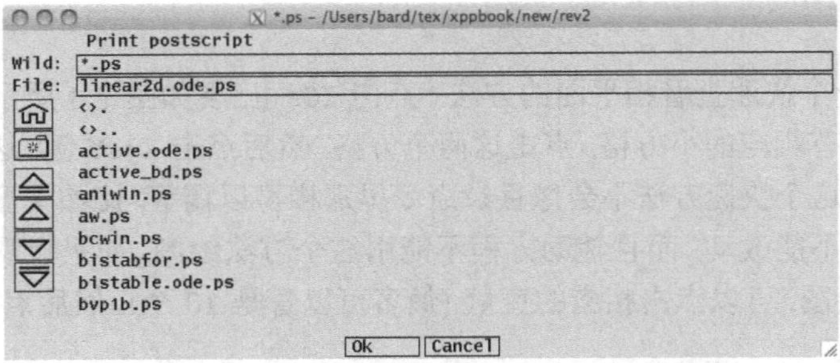

图 2.4　文件选择框

一旦有 PostScript 文件, 你可以输入

```
lpr filename
```

在 UNIX / MAC. 在 Windows 中, 如果您的计算机连接到 PostScript 打印机, 那这么做的技巧是

```
copy filename lpt1:
```

获得拷贝的其他方法

另一种可以导入到文档中获得拷贝的方式是从屏幕抓取图像. 在 Windows 中, 激活所需窗口后单击 `Alt+PrtSc`, 将其粘贴到 Paint 附件中, 然后使用 Paint 中的工具得出你想要的. 在 Mac 上, 打开预览并使用 File TakeScreenshot 从窗口抓取整个窗口. 然后你可以剪切想要的部分, 并保存. 在 Linux(尤其是 Ubuntu) 中, 可以选择 `Applications/Accessories/Take ScreenShot`, 然后选择窗口或直接选取.

可以使用 `Kinescope Capture` 命令捕获屏幕 (或一系列屏幕图像), 然后使用 `Kinescope Save` 命令将它们写入磁盘. 这将产生一个 gif 文件, 可供许多软件包使用, 包括大多数浏览器.

得到一个好窗口

如果你已经计算出结果, 但是不知道边界, 可以点击 Window/zoom (F)it, 窗口会自动调整到最佳. 快捷键是 **W F**, 你会经常用到它.

2.4 改变参数和初始值

XPPAUT 有很多不同的方式来改变参数值和初始值. 我们看到可以使用鼠标来改变初始值. 只要你想看到的是两个变量的相平面, 这种方法适用于 n 维系统. 下面是其他三种不同改变初始值的方式:

(1) 从主目录点击 Init Conds New, 然后在提示符里改变初始值. 需要按照顺序来改变初始值 (对于一个有上百个变量的系统, 这不是一个好的方法), 如果想要终止, 可以点击 Esc, 然后剩余的变量都会保存它们现有的初始值.

(2) 点击窗口上部的 ICs, 出现 Initial Data Window. 可以改动初始值, 然后点击 Go. Default 键是用来恢复程序开始设置的初始值的. 如果你只需要改变初始值但是不想运行程序, 只需点击 Ok.

(3) 在滑块中设置. 下面会介绍如何使用滑块.

同样有很多种方式来改变参数值. 下面介绍三种:

(1) 从主目录点击 Parameters. 需要在提示符里输入要改变的参数名, 然后输入相应的值点击 Enter, 再次点击 Enter 来改变另一个参数. 可能需要多次点击 Enter 来跳出提示符.

(2) 点击窗口上部的 Param, 如图 2.5 所示. 你可以改动参数值, 然后点击 Go. 如果你只需要改变参数值但是不想运行程序, 点击 Ok. 点击 Cancel 会取消你改变的参数值. Default 键是用来恢复程序开始设置的参数值的.

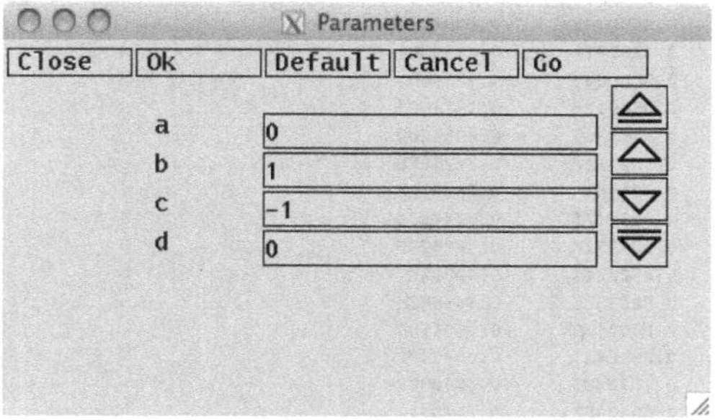

图 2.5 参数编辑窗口

(3) 使用滑块 (图 2.6). 点击没有使用的滑块, 填入如下的值:

Par/Var: d
Value: 0
Low: −1
High: 1

点击 Ok. (提示：如果点击对话框Par/Var左上角的小星号, 会显示所有的参数和变量.) 你已经添加参数 d 到这个滑块而且允许这个参数可以在 −1 到 1 之间取值. 你可以使用鼠标移动小滑块来改变 d 的值, 然后点击 Go. 方程会更新参数 d 的值然后求解. 同样地, 你可以改变初始值, 只需选择变量而不是参数.

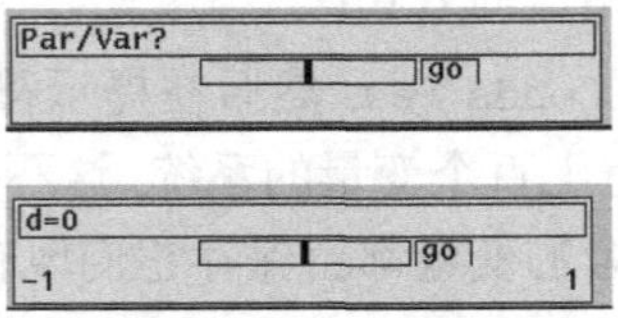

图 2.6　上图：未使用参数的范围. 下图：使用参数的范围

2.5　数据观察器

除了上述的各种绘图功能, XPPAUT 还可以给出所有的模拟数据. 点击窗口上部的 Data, Data Viewer 数据窗口 (图 2.7) 会出现. 它有许多按钮, 其中一些我

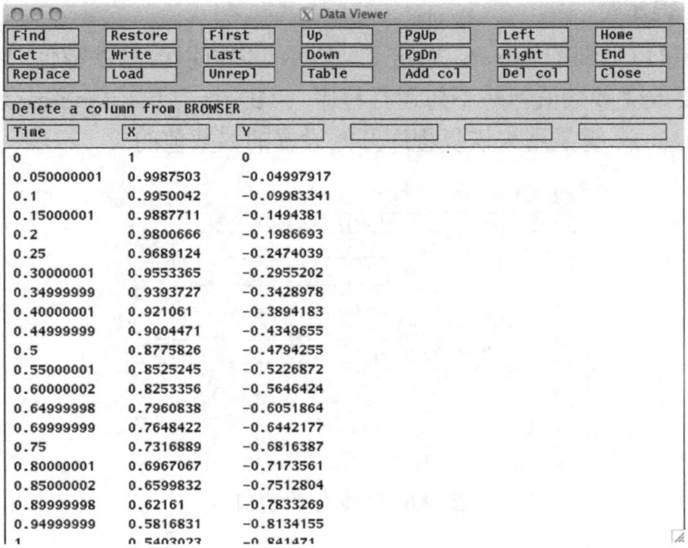

图 2.7　数据列表

们将在本书后面使用, 主要用途是从仿真中查看实际数据. 独立变量出现在最左列, 紧接着是因变量. 你可以使用方向键 (上下左右) 以及 PageUp, PageDown, Home 和 End 键来查看数据. 下面主要介绍三个有用的功能:

(1) `Find` 查找. 点击 `Find` 会打开一个对话框, 提示输入列名称和查找值. 你可以选定查找的变量以及数值, 然后点击 `Ok`. XPPAUT 会找到最接近的值, 然后把相对应的行显示在最前. 比如, 你可以设定想要查找的变量的一个极大值或者极小值来确定这个变量的最大值或最小值.

(2) `Get` 导入. 点击 `Get`, XPPAUT 会把数据观察框里的第一行数据保存为初始值.

(3) `Write` 写入. 把整个数据内容保存到一个文本文件里, 后缀名为 `dat`.

2.6 保存和恢复 XPPAUT状态

如果想保存现有参数值和初始值, 你可以在目录里点击 `File Write set` (**F W**), 这时会出现一个文件选择窗口, 输入你想要保存的名字, 默认的文件扩展名为`.set`, 而且这是一个人和机器都可读的 ASCII 码文件. 下面是文件开头与结尾的一个例子:

```
## Set file for linear2d.ode on  Wed Apr 25 16:57:28 2012
2   Number of equations and auxiliaries
4   Number of parameters
# Numerical stuff
1    nout
40    nullcline mesh

.......

RHS etc ...
dX/dT=A*X+B*Y
dY/dT=C*X+D*Y
```

一旦退出 XPPAUT, 你可以再次启动它, 然后使用 `File Read set` 加载保存的参数等.

现在应该退出程序. 我们接下来将看一个非线性方程, 找到不动点, 并绘制一些零等值线和方向场. 单击文件 `File Quit Yes` (**F Q Y**), 退出.

命令总结

`Initialconds Go`　在给定初始值后计算并绘制轨迹. (**I G**)

`Initialconds Mouse`　取鼠标所在处为初始值进行计算. (I M)

`Initialconds m(I)ce`　可以让你多次使用鼠标进行初始值设定来进行计算. (**I I**)

`Erase`　清理屏幕. (**E**)

`Restore`　恢复屏幕到最后一次绘图. (**R**)

`Viewaxes 2D`　显示自己定义的 2 维的运算结果. (**V 2**)

`Graphic stuff Postscript`　对当前的图像以 PostScript 文件的形式进行保存. (**G P**)

`KinescopeCapture`　捕捉当前视图到内存里.

`KinescopeSave`　可以保存当前的图像到磁盘.

`Window/zoom (F)it`　调整窗口使得包含所有解. (**W F**)

`File Quit`　退出程序. (**F Q**)

`File Write set`　保存当前 XPPAUT 的程序. (**F R**)

`File Read set`　加载已经保存的 XPPAUT`.set` 文件. (**F R**)

2.7　非线性微分方程

接下来讨论非线性方程, 查找平衡点、零等值线以及方向场. XPPAUT 里面有很多针对二维系统的分析工具, 主要用模拟神经传导的一个经典模型 Fitzhugh-Nagumo 方程之选取为例. 方程如下：

$$\frac{dV}{dt} = I + V(1-V)(V-a) - w, \qquad (2.2)$$
$$\frac{dw}{dt} = \epsilon(V - \gamma w),$$

其中, I, a, ϵ, γ 都是参数. 一般来说它们取值为 $a = 0.1, I = 0, \epsilon = 0.1$, 以及 $\gamma = 0.25$. ODE 文件如下所示：

```
# Fitzhugh-Nagumo equations
v'=I+v*(1-v)*(v-a) -w
w'=eps*(v-gamma*w)
par I=0,a=.1,eps=.1,gamma=.25
@ xp=V,yp=w,xlo=-.5,xhi=1.25,ylo=-.5,yhi=1.5,total=100
@ maxstor=10000
done
```

前四行: (i) 以 # 开始的是注解; (ii) 接下来两行是定义微分方程; (iii) 以`par` 开始的是定义参数值. 第五行以`@`开始的是定义 XPPAUT 一些选项设置. 这些都可以在运行程序中设置, 但是这种方式会在程序运行前全部设置好. 具体的选项设置可以参考附件 B. (这些设置设定 x 轴 (`xp`) 为变量 V, y 轴 (`yp`) 为变量w, 图像的范围是 $[-0.5, 1.25] \times [-0.5, 1.5]$, 总共会进行 100 次的积分求解). 最后一个选项 `@maxstor=10000` 很有用. XPPAUT 分配足够的存储来保存 4000 个运行点. 你可以通过这个选项定义更多的存储点数. 在这里我们定义 XPPAUT 存储 10000 个点. 把以上输入到 ode 文件里 (或者到 XPPAUT 的主页下载) 保存为`fhn.ode`.

2.7.1 方向场

运行保存的文件 `xpp fhn.ode`. 基于程序设定的主窗口会出现. 一般来讲可以通过画方向场在平面上分析微分方程. 假定微分方程是

$$x' = f(x, y), \quad y' = g(x, y).$$

对相平面进行网格化, 在网格里面的每一点 (x, y), 一个起始点为 (x, y)、终止点为 $(x + sf(x, y), y + sg(x, y))$ 的向量会被画出, s 是比例系数. 这就是所谓的方向场, 它能提供给你轨迹移动的概况. 使用 XPPAUT 可以非常简洁地画出方向场. 点击 `Dir.field/flow (D)irect Field` (**D D**) , 然后点击 `Enter` 接受的默认的 10 作为网格值. 大量的向量会出现, 而且大部分是水平的. 因为 ϵ 值很小, 所以导致 w 变量改变很小, 进而大部分向量都是水平的. 如果你想只要画水平面而不去考虑方向场的大小, 你可以点击 `Dir.field (S)caled Dir.  Fld` (**D S**). (我喜欢缩放方向场, 但这是一个个人品味的问题. 为了使新方向场不会叠加在旧方向场上, 请单击 `Erase` (pplE) 以清除屏幕.) 点击 `Initialconds m(I)ce` 可以画出不同的轨迹. 注意方向场里的向量都是与轨迹相切的, 如图 2.8 所示.

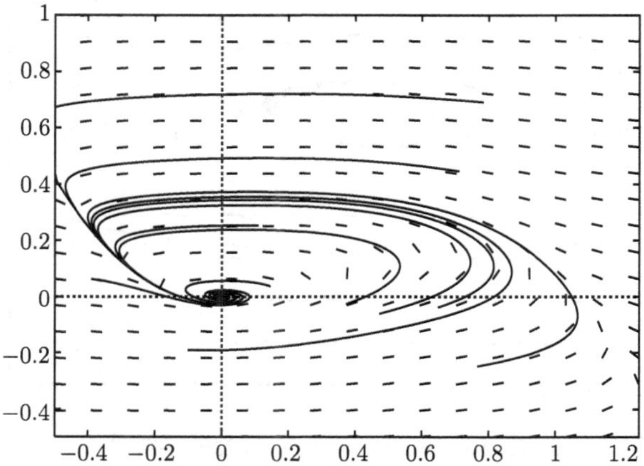

图 2.8 Fitzhugh-Nagumo 方程的方向场和轨迹图

2.7.2　零等值线和不动点

分析平面微分方程的一个有用的技术就是使用**零等值线**. 零等值线就是平面中变量的变化率为零的一条线. x- 零等值线就是使得 $\mathrm{d}x/\mathrm{d}t = 0$, 等同 $f(x, y) = 0$. 这些线的用处在于它们划分整个平面成为不同的区域, 而且每个区域的变量导数值的正负保持不变. 因此, 一般轨迹流动的方向很容易确定. 而且, 零等值线相交的地方就是微分方程的不动点.

XPPAUT 可以画出平面系统的零等值线. 点击 `Nullcline New` (**N N**), 你会看到两条线出现. 红色代表 V 的零等值线, 绿色代表 W 的零等值线. 绿色是直线, 红色是立方体. 它们只相交一次: 有一个单一的不动点. 将鼠标移动到相平面区域, 当你移动时按住鼠标, 在主窗口的底部将看到鼠标所在位置的 x 和 y 坐标. 零等值线的交集看上去在点 (0,0). 图 2.9 是当参数 $I = 0.3$ 时的代表性轨迹线的输出图. 如果绘制零等值线、轨迹和方向场, 可以附加参数到滑块来观察参数更改系统如何变化. 执行以下操作. 点击滑块并填写如下:

`Par/Var: I`
`Value: 0`
`Low: 0`
`High: 1`

完成后单击 `Ok`. 绘制零等值线, 并且添加一些方向场. 现在将滑块移向 $I = 1$, 观察零等值线的位移, 方向场弯曲, 轨迹从螺旋线切换到平衡点, 最后变为稳定极限环 (周期轨道).

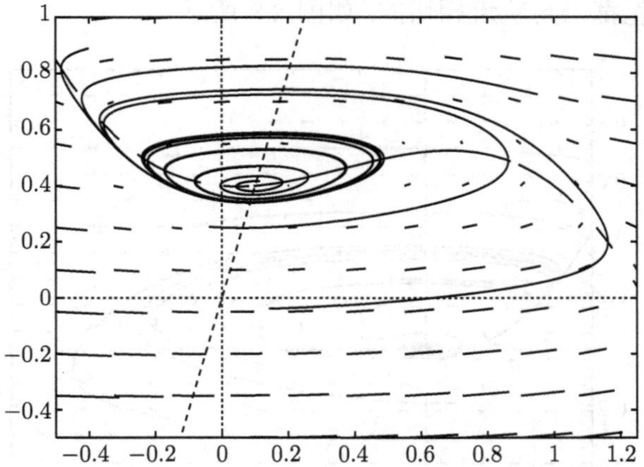

图 2.9　当 $I = 0.3$ 时, Fitzhugh-Nagumo 方程的零等值线、方向场和轨迹

不动点的稳定性取决于它们的线性化并且找到对应线性矩阵的特征值. XPPAUT 很容易实现这个过程. XPPAUT 使用牛顿法找到不动点, 然后对它们进行数值线性化, 以确定稳定性. 要使用牛顿的方法, 需要提供一个不错的猜测. 对于平面系统, 这很容易做到 —— 它只是零等值线的交点. 在 XPPAUT 中不动点及其稳定性是通过使用 `Sing pts` 命令得到的, 因为"奇异点"有时也表述为不动点或平衡点. 点击 `Sing pts Mouse` (**S M**), 并将鼠标移动到零等值线的交点附近. 单击按钮, 屏幕上将出现一个消息框. 单击 `No`, 因为我们不需要特征值, 所以将出现一个包含有关固定点信息的新窗口, 稳定性显示在窗口的顶部. 特征值的性质如下：**c+**是具有正实部的复特征值的数量; **c−**是具有负实部的复特征值的数量; **im** 是纯虚特征值的数量; **r+**是正实数特征值的数量; 并且**r−**是负实数特征值的数量. 回想一下, 如果所有的特征值都有负实部, 那么固定点是线性稳定的. 最后, 固定点的值显示在线下. 从该示例可以看出, 存在两个有负实部的复特征值: 固定点为 (0,0). (由于数值误差, XPPAUT报告了一个非常小的非零固定点.) 使用鼠标计算这个系统, 从固定点附近的初始条件开始. (在主窗口, 输入 **I I**.) 注意当解存在具有负实部的复特征值时是如何旋转到原点的.

对于非平面微分方程系统, 必须提供直接猜测. 在初始数据窗口中键入猜测值, 然后单击确定, 然后从主窗口单击 `Sing Pts Go`(**S**,`G`). 另一种获得固定点的方法是使用 `SingPts monte(C)ar` 命令, 随机选择一个范围内的起始猜测, 然后尝试用牛顿法找到它们. 你必须提供起始猜测的范围以及猜测的数量. 将找到的固定点列在数据查看器中. 当你没有固定点线索时应该使用这种方法. 然而, 这种方法也可以用于绘制复杂系统的相平面 (我们将在第 3 章中看到).

使用滑块将参数I从 0 更改为 0.4 或直接在参数窗口进行更改. 如果不使用滑块, 则在主窗口中擦除屏幕并重绘零等值线: `Erase Nullclines New` (**E N N**). 固定点已向上移动, 使用鼠标检查其稳定性 (`Sing pts Mouse`), 固定点应为 (0.1,0.4). 使用鼠标在平面中选择几个初始条件, 所有解都进入了一个极限环. 也就是说, 这些解的轨线都收敛到平面中的闭曲线 (稳定周期解).

让我们做一个漂亮的图片, 有零等值线、方向场和几个代表性轨线. 由于 XPPAUT只保留最后一个轨迹, 我们将"冻结"所计算的解, 可以自动冻结轨迹或一次一个. 我们会做前者. 点击 `Graphic stuff (F)reeze (O)n freeze` (**G F O**) 永久保存计算曲线. 在任何窗口最多可以保存 26 个轨线. 现在使用鼠标计算一批轨迹. 通过单击 `Dir.field/flow (D)irect Field` (**D D**) 直接绘制方向场. 最后, 标记轴. 单击 `Viewaxes 2D` (**V 2**) 将出现 2D 视图对话框. 只改变标签 (最后两个条目), 并将 `V` 作为**Xlabel**, 将 `W` 作为**Ylabel**. 单击 `Ok` 关闭对话框. 最后, 由于轴在已经繁忙的画面中看上去非常混乱, 单击 `Graphic stuff aXes opts` (**G X**), 并在对话框中更改条目 **X-org(1=on)** 和 **Y-org(1=on)**中的 1 为 0, 关闭 X 轴和 Y 轴的绘图.

完成后, 单击 Ok. 现在创建一个 PostScript 文件, Graphic stuff (P)ostscript(**G P**), 并接受所有默认值. 命名文件, 然后在文件选择框中单击确定. 图 2.9 显示了我做的版本. 你的版本可能略有不同. 如果你想再多玩一会, 那么关闭自动冻结选项: Graphic stuff Freeze Off freeze (**G F** O); 并删除所有冻结的曲线: Graphic stuff FreezeRemove all (**G F R**).

2.7.3 命令摘要

Nullcline New 绘制平面系统的零等值线. (**N N**)

Dir.field/flow (D)irect Field 绘制平面系统的方向场. (**D D**)

Sing pts Mouse 使用鼠标指定的初始猜测计算系统的不动点. (**S M**)

Sing pts Go 指定初始猜测为当前初始条件的系统计算不动点. (**S G**)

Graphic stuff Freeze On Freeze 将永久保持计算轨迹在当前窗口. (**GF O**)

Graphic stuff Freeze Off Freeze 冻结将关闭上面的选项. (**G F O**)

Graphic stuff Freeze Remove all 删除所有永久存储的曲线. (**GF R**)

Graphic stuff aXes opts 允许更改轴. (**G X**)

Viewaxes 2D 允许更改当前图形窗口的 2D 视图并对轴标记. (**V 2D**)

2.8 最重要的数值参数

XPPAUT 有很多内置的数值例程, 因此有很多可以设置的数值参数. 这些必要时将在本书的后续章节中讨论. 然而, 最想要更改的最常见的参数是积分总时间和积分步长. 你可能还想从默认固定步长 Runge-Kutta 算法更改为其他积分方法. 要更改数值参数, 需单击 nUmerics (**U**), 生成新菜单. 这是一个优先权很高的菜单, 它允许你在返回主菜单前改变很多参数, 要返回主菜单, 只需点击 [Esc]-exit 或点击 **Esc** 键.

数值菜单上有许多条目, 以下四种是最常用的:

Total 设置用于积分方程的总时间量. (快捷键: **T**)

Dt 设置固定步长积分方法的时间步长, 设置自适应积分器的输出时间. (快捷键: **D**)

Nout 设置绘制输出点之前要执行的步骤数. 因此要每第四个点进行绘制, 将 Nout 更改为 4. 对于变步长积分器, 这应该设置为 1.

Method 设置积分方法. 目前有 15 个可用. 它们在附录中描述. (快捷键: **M**)

完成数值参数设置后, 只需点击 Esc-exit 或点击 Esc 键.

2.9 练　习

1. 写出如下阻尼摆的 ODE 文件:

$$\ddot{x} + a\dot{x} + \sin x = 0.$$

提示: 将其重写为两个一阶方程的系统:

$$x' = v, \quad v' = -av - \sin x.$$

查看相平面 (沿着水平线绘制 x, 沿着垂线绘制 v) 在没有阻尼 ($a = 0$) 和很小的正阻尼的情况. 可以设置窗口为 $[-8, 8] \times [-3, 3]$. 绘制方向场并且对阻尼和无阻尼的所有固定点进行分类. (在任何与固定点计算有关的消息框中, 每个都回答 `No`. 如果错误地单击 `Yes`, 则重复点击 **Esc** 键) 绘制阻尼和无阻尼的一些代表性轨迹. 在阻尼和无阻尼的情况下使用 PostScript 文件保存绘制结果.

2. 启动 Fitzhugh-Nagumo 方程. 从 0 增加参数 I 来确定不动点变为不稳定的值. 继续增加 I, 来确定不动点稳定的值. 接下来, 设置 $I = 0$ 并更改 γ 到 10, 清理屏幕并重新计算零等值线. 存在多少不动点? 确定它们的稳定性. 多次选择初始条件, 看是否能检查出轨迹的长时间行为之间的差异.

3. 写出 Lorenz 方程的 ODE 文件:

$$\begin{aligned} x' &= s(-x + y), \\ y' &= rx - y - xz, \\ z' &= -bz + xy. \end{aligned}$$

初始条件为 $x = -7.5, y = -3.6, z = 30$, 起始参数值 $r = 27, s = 10, b = 2.66$. (在有乘法运算的地方不要忘记乘法符号`*`) 运行 XPPAUT和绘制 x 对时间的图, 然后绘制 x 和 z 的图. (提示: 在初始数据窗口点击变量 x 和 y, 然后单击 `xvsy` 按钮.) 你可能想要进入数值菜单, 使 `Dt` 更小, 总时间更长. 例如, 设定`Dt=0.025` 和`Total=40`.

4. 绘制如下系统在 $[-3, 3] \times [-3, 3]$ 窗口的相平面:

(a) $x' = y - 2x$, $y' = x + y$;

(b) $x' = x$, $y' = x^2 + y^2 - 1$;

(c) $x' = x(1 - x/2 - y)$, $y' = y(x - 1 - y/2)$;

(d) $x' = y^2$, $y' = x$;

(e) $x' = 2 - x - y^2$, $-y(x^2 + y^2 - 3x + 1)$.

(提示: 只创建一个 ODE 文件. 在 XPPAUT中, 点击 `FileEdit RHS's` 来编辑方程右侧. 当完成时点击 Ok. 确保在乘法时用`*`!)

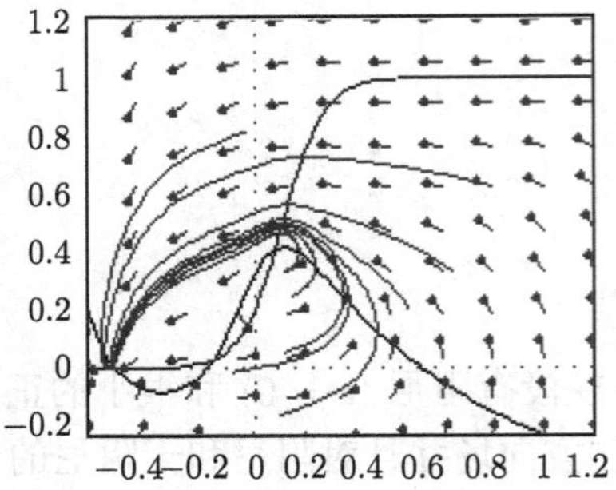

第 3 章 微分方程 ODE 文件

3.1 介绍

XPPAUT 有非常强大的解析器, 包含很多有用的函数和工具, 这也使得求解动力系统相关的问题变得更加容易. 并且, 其中也有很多操作技巧可以帮助解决复杂的问题. 第 9 章会提供一些处理特殊问题的操作技巧. 或许学习如何创建 ODE 文件最好的方法就是分类讲解不同类型的题目. 附录 D 对于如何使用程序语言创建 ODE 文件给出了完整的解释. 每个 ODE 文件都是一个普通的文本文件. 每行的长度要小于 1000 个字符. 单行的继续输入用 \ 符来完成, 如下所示:

```
x' = y \
 + z + \
w
```

这里 `x' = y+z+w`.

每个 ODE 文件都包括要解决的方程、所需参数以及将会用到的用户自定义函数. 每个 ODE 文件都会以 `done` 结束. 除此之外, 文件的形式非常灵活.

注: 在 XPPAUT 中用户定义的任何名字都必须少于 10 个字符. 可以用的字符包括常规的字母、数字, 以及下划线符号 "_". 其他的符号不推荐使用, 因为有可能会与 XPPAUT有关的符号产生混淆. 命名不要以数字开始.

大部分录入 ODE 文件的内容和你会写在纸上的非常接近. 主要的不同是: (i) 必须用*符号表示相乘; (ii) XPPAUT 不区分大小写.

本章以及书中其他部分所有的例子都在 XPPAUT 主页, 所以不需要重新输入. 我鼓励大家运行这些例子的 ODE 文件, 输入初始值或者参数值来更加熟悉 XPPAUT 模拟. 在很多例子中, 可以探索一些有趣的事情.

3.2 常微分方程和映射

最为简单录入的方程是常微分方程或者映射. 录入文件的格式与写在纸上的方式几乎相同. 有两种不同的方式来表示一个微分方程. 考虑下面这个常微分方程:

$$\frac{\mathrm{d}x}{\mathrm{d}t} = -x,$$

在 ODE 文件中相对应地输入

```
x' = -x
```

或

```
dx/dt = -x
```

我通常用第一种, 因为需要输入的少. (注: 空格不是必须而是为了易读.)

有两种不同的方式来定义映射. 例如

$$x_{n+1} = x_n/2,$$

可以用以下两种格式:

```
x' = x/2
```

或

```
x(t+1) = x/2
```

两者都表达同样的意思. 同样我会选择前者, 因为输入得少.

高阶微分方程或者映射必须要重新写成一阶微分方程组. 经典的阻尼弹簧方程

$$\frac{\mathrm{d}^2x}{\mathrm{d}t^2} + f\frac{\mathrm{d}x}{\mathrm{d}t} + k(x-l) = 0$$

写成

$$\frac{\mathrm{d}x}{\mathrm{d}t} = v, \quad \frac{\mathrm{d}v}{\mathrm{d}t} = -fv - k(x-l).$$

对应 ODE 文件如下:

```
# the spring
x'=v
v'=-f*v-k*(x-l)
par f=0,l=1,k=1
done
```

这里, 我随意设置了参数值并且加了一个注解.

考虑延迟逻辑映射:

$$x_{n+1} = rx_n(1-x_{n-1})$$

是一个二阶映射. 在 XPPAUT 中重新写为两个一阶映射

$$x_{n+1}=y_n,\quad y_{n+1}=x_{n+2}=rx_{n+1}(1-x_n)=ry_n(1-x_n),$$

因此, ODE 文件如下:

```
# delayed logistic
x(t+1)=y
y(t+1)=r*y*(1-x)
par r=2.1
init y=.25
@ total=200
done
```

这里加入了对于 y 的初始值设定. 同样, 迭代的次数从默认值 20 改为 200. "t+1" 告诉 XPPAUT 这个文件需要被考虑成离散动力系统模型, 因此解决这个问题的方法是自动设定为离散.

同样, 也可以写成如下文件:

```
# delayed logistic
x'=y
y'=r*y*(1-x)
par r=2.1
init y=.25
@ meth=discrete,total=200
done
```

(这里并没有使用 "t+1" 的构造, 需要告诉 XPPAUT 这个模型是离散的. XPPAUT 默认为连续微分方程.) 打开 XPPAUT 载入文件 (如`xpp delaylog.ode`). 点击 `Initialconds Go` (**I G**) 开始求解方程. 然后点击 `Window Window`, 把 `X Hi`改为 200, 这样可以扩展显示窗口范围. 改变参数 r 值, 变大或者变小, 观察相应的运行结果. 如果 r 太大, 结果会超过默认上界值.

3.2.1 非自治系统

XPPAUT 使用 t 来表示自变量. 对于微分方程和其他连续动力系统, t 表示连续时间. 对于映射, t 表示自然数 $0,1,2,\cdots$. 考虑下面受迫 Duffing 方程:

$$\frac{\mathrm{d}^2x}{\mathrm{d}t^2}+f\frac{\mathrm{d}x}{\mathrm{d}t}+ax(x^2-1)=c\cos\omega t.$$

如上所述, 需要写成两个一阶微分方程. ODE 文件, `duffing.ode` 如下:

```
# forced duffing equation
x'=v
v'=a*x*(1-x^2) -f*v+c*cos(omega*t)
par a=1,f=.2,c=.3,omega=1
init x=.1,v=.1
done
```

试着运行这个方程. 点击 nUmerics Total 并输入 200 来改变整体积分时间. 然后点击 Esc, 用 Initialconds Go 来积分这个方程组. 在显示窗口点击 Window Fit 来调整整个时间序列. 点击 Makewindow Create 来创建新窗口. 通过鼠标可以调节窗口的大小. 点击初始数据窗口 (**Initial Data Window**) 中靠近 x 和 v 的空格, 然后点击底部的 xvsy, 这样可以显示相平面. 结果应该与图 3.1 相近.

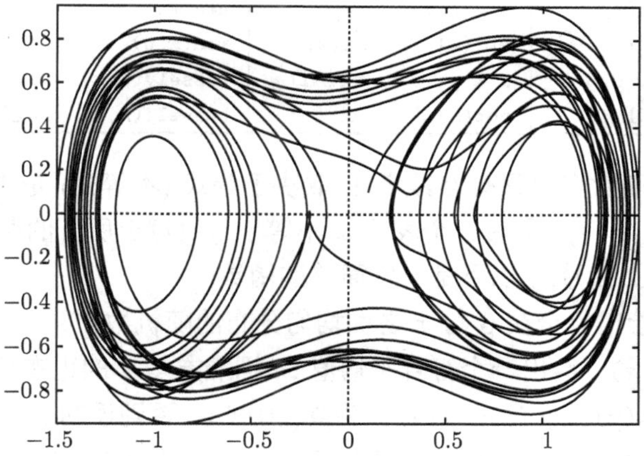

图 3.1 受迫 Duffing 方程的相平面图

同样, 我们可以用类似的格式来定义非自治映射. 例如, 带有缓慢增加承载能力的 Logistic 方程:

$$x_{n+1} = rx_n\left(1 - \frac{x_n}{1+an}\right)$$

写为

```
# time dependent carrying capacity
par a=.01,r=1.8
init x=.1
x(t+1)=r*x*(1-x/(1+a*t))
@ meth=discrete,total=200
done
```

3.3　函　　数

XPPAUT包含所有常规的函数及其标准名称 (表 3.1). 此外, 有一些非标准化的函数也可以应用到程序里.

表 3.1　XPPAUT 中的函数的标准名称

sin(x)	$\sin(x)$	cos(x)	$\cos(x)$	tan(x)	$\tan(x)$
atan2(x,y)	$\arctan(y/x)$	asin(x)	$\arcsin(x)$	acos(x)	$\arccos(x)$
atan(x)	$\arctan(x)$	sinh(x)	$\sinh(x)$	cosh(x)	$\cosh(x)$
tanh(x)	$\tanh(x)$	x**y,x^y	x^y	exp(x)	e^x
abs(x)	$\|x\|$	ln(x)	$\ln(x)$	log(x)	$\ln(x)$
log10(x)	$\log_{10}(x)$	sqrt(x)	$\sqrt{x}$	max(x,y)	$\max(x,y)$
min(x,y)	$\min(x,y)$	sign(x)	$x/\|x\|$	heav(x)	if $x \geqslant 0$ then 1 else 0
flr(x)	int(x)	erf(x)	erf(x)	mod(x,y)	x modulo y
erfc(x)	1−erf(x)	x & y	x AND y	bessely(n,x)	$Y_n(x)$
x y	x OR y	not(x)	~x	besselj(n,x)	$J_n(x)$

以下的逻辑函数取值只有 0 或者 1, 取决于等式 (不等式) 是否为真, x>y, x<y, x==y, x<=y, x>=y, x!=y. 最后一个表示 x 不等于 y. (对于所有的逻辑表达式, 最好在定义的时候加上括号.) 以下是一些简单的函数:

- ran(x)　给出一个在 0 与 x 之间均匀分布的随机数.
- normal(x,s)　给出一个符合平均值 x, 标准方差 s 的正态分布的随机数.
- if(x)then(y)else(z)　如果 x 为真, 返回 y. 否则返回 z.
- sum(x,y)of(z)　是一个求和函数 $\sum_{i'=x}^{i'=y} z$, z 是定义为指数i'的某种表达式.

例如, sum(0,10)of(i') 等于 55.

还有其他一些可以直接应用到变量上的复杂函数将会很快讨论到.

3.3.1　用户自定义函数

在 XPPAUT 中定义的函数最多可以包含 9 个变量. 函数的定义如下所示:

```
f(x,y) = x/(x+y)
```

函数的定义可以基于其他函数, 但是要注意递归定义, XPPAUT 不检查递归定义, 这样的函数被调用会引起程序崩溃. (正常的递归函数不会引起程序崩溃, 例如 fac(x)=if(x>0)then(x*f(x-1))else(1).) 对于 Wilson-Cowan 方程, ODE 文件, wc.ode 如下:

```
# the wilson-cowan equations
u'=-u+f(a*u-b*v+p)
v'=-v+f(c*u-d*v+q)
```

```
f(u)=1/(1+exp(-u))
par a=16,b=12,c=16,d=5,p=-1,q=-4
@ xp=u,yp=v,xlo=-.125,ylo=-.125,xhi=1,yhi=1
done
```

注意, 在这个 ODE 文件中, 已经定义了逻辑函数 $f(x)$ 而且附加了一行定义, 当程序运行的时候, 图像窗口会呈现 (u,v) 的相平面. 这些是由以@标记开始的所在行完成的. xp=u 表明 x 轴要绘制变量 u, yp=v 表示 y 轴绘制变量 v, 其他的声明是设置窗口大小. 运行这个程序, 改变不同的参数值, 来观察相平面. 例如, 点击 Nullclines New 来绘制零等值线. 通过 Initialconds Mice 来选取不同的初值条件. 改变参数 a 的值使其更小. 查明在哪个点极限环消失. 想要自动化这个过程, 就把 a 放置于参数滑块, 而且设定数值范围在 0 到 20 之间.

3.4 辅助量和临时量

在 XPPAUT 中, 定义在动力系统中的每一个变量的数值都可以绘制、存储和模拟. 然而, 有时候你想要对一些数量值进行观察, 比如说一个系统的总能量值或者一个细胞膜的电流值, XPPAUT 可以在 ODE 文件里定义这些以便可以绘制等. 在一行中定义这样的数量值以 aux 开始, 例如

```
aux stuff=x+y*sin(t),
```

stuff现在可以被绘制. 下面以摆为例:

$$ml^2\ddot{\theta} = -mgl\sin\theta,$$

l 是长度, g 是重力加速度, m 是摆的质量, θ 是摆与垂线的角度. 动能为 $K = m(l\dot{\theta})^2/2$, 势能为 $P = mgl(1-\cos\theta)$. 所以总能量值为

$$E = m(l\dot{\theta})^2/2 + mgl(1-\cos\theta).$$

写一下摆的 ODE 文件, 使得总能量 E 可以被绘制. 如前, 我们会先写成两个一阶微分方程系统:

$$\dot{\theta} = v, \quad \dot{v} = -(g/l)\sin\theta.$$

ODE 文件如下:

```
# the undamped pendulum
theta'=v
v'=-(g/l)*sin(theta)
par g=9.8,l=2,m=1
```

```
aux E=m*((l*v)^2/2+g*l*(1-cos(theta)))
done
```

现在运行这个文件, 能量值就可以得到. 你会发现这个伴随微分方程解的值是一个常数 —— 一个无摩擦机械系统的标记. 尝试不同的初始条件, 能量一直守恒. 在 XPPAUT 中, 辅助数量值可以进行绘制, 称之为**辅助变量**. 结合一个量为 f 的线性摩擦项重写上面的 ODE 文件:

$$\dot{\theta} = v, \quad \dot{v} = -(g/l)\sin\theta - fv.$$

运行这个文件, 绘制当 $f = 0$ 和 $f = 0.1$ 时的能量值, 观察当有摩擦时能量如何消散为 0.

3.4.1 固定变量

如果一个特别复杂的方程里有些数量值经常被使用, 那么从计算的简便和可读上来讲, 定义它们为临时变量是很有用的. 假定数值量叫做z, 你只需定义如下:

```
z=x+y*sin(t)
```

然后这个数值量已经定义而且可以在 ODE 文件里使用. 考虑下面的非线性振荡子:

$$\frac{\mathrm{d}x}{\mathrm{d}t} = x(a-R) - y(1+qR), \quad \frac{\mathrm{d}y}{\mathrm{d}t} = y(a-R) + x(1+qR),$$

其中 $R = x^2 + y^2$. 在 ODE 文件中定义 R, 写如下程序:

```
# standard nonlinear oscillator
R=x^2+y^2
x'=x*(a-R)-y*(1+q*R)
y'=y*(a-R)+x*(1+q*R)
par a=1,q=1
done
```

可以使用更多的临时数值量, 而且它们可以相互依赖. 在 XPPAUT中这叫做**固定变量**.

注意事项

- 辅助变量不为 XPPAUT 所认知, 所以不能在程序中调用.
- 固定变量用户不可使用, 它们不能被绘制, 但是可以在程序中调用.
- 固定变量的定义顺序非常重要, 因为它们是随着定义的顺序而被使用的. 因此, 如果想定义一个取决于另一个数值量 y 的数值量 x, 那么你应该先定义 y.

牢记, 如果你想在程式中使用一个变量, 则将其定义为固定变量. 如果你只是想绘制一个变量, 则将其定义为辅助变量. 你可以在辅助变量的定义中使用固定变量, 反之不行.

在上述振荡子的示例中, 通过加上如下定义可以使得R可绘制:

```
aux myr=R
```

因此 myr 是一个用户可绘制版本的R.

3.4.2 练习

1. 写斐波那契递归方程的 ODE 文件:

$$f_{n+1} = f_n + f_{n-1}, \quad f_0 = f_1 = 1.$$

2. 写出 Lotka-Volterra 方程的 ODE 文件

$$\frac{\mathrm{d}x}{\mathrm{d}t} = ax - bxy, \quad \frac{\mathrm{d}y}{\mathrm{d}t} = -cy + dxy,$$

参数值 a, b, c, d 为正. 观察数值量:

$$Q = a \ln |y| + c \ln |x| - by - dx,$$

初始值为 $x = y = \dfrac{1}{2}$.

3. 写出 Morris-Lecar 方程的 ODE 文件:

$$C\frac{\mathrm{d}V}{\mathrm{d}t} = -g_L(V - E_L) - g_{Ca}m_\infty(V)(V - E_{Ca}) - g_K w(V - E_K) + I,$$

$$\frac{\mathrm{d}w}{\mathrm{d}t} = \phi\frac{w_\infty(V) - w}{\tau_w(V)},$$

$$m_\infty(V) = 1/(1 + \exp(-(V - V_1)/V_2)),$$
$$w_\infty(V) = 1/(1 + \exp(-(V - V_3)/V_4)),$$
$$\tau_w(V) = 1/\cosh((V - V_3)/(2V_4)),$$

其中参数值为 $\phi = 0.8$, $g_K = 8$, $g_{Ca} = 4.4$, $g_L = 2$, $C = 1$, $E_K = -84$, $E_{Ca} = 120$, $E_L = -60$, $V_1 = -1.2$, $V_2 = 9$, $V_3 = 2$, $V_4 = 15$, 和 $I = 90$. 仿照第 2 章 Fitzhugh-Nagumo 方程来分析这个问题. 观察 (V, w) 相平面, 然后计算出一个周期解和一个稳定的固定点共存. (如果写 ODE 困难, 可以在作者主页上下载 `mlex.ode`.)

4. 把如下三阶系统:

$$x''' + ax'' + bx' + cx' = x^2$$

写为一阶微分方程组. (提示: 令 $y_1 = x$, $y_2 = x'$ 和 $y_3 = x''$. 尝试对 $y_3' = x'''$ 写方程.) 写 ODE 文件, 参数为 $a = 1, b = 2, c = 3.7$, 初始值为 $x = 1, x' = 0$ 和 $x'' = 0$. 需要运行很长时间才能观察到混沌轨迹. 把 `maxstor` 选项改成 20000(在 ODE 文

件中加入 `@ maxstor=20000`), 然后把总共时间改成 400. 观察 $x(t)$ 对 $y(t)$ (y_1 对 y_2).

5. 写出 Rossler 吸引子的 ODE 文件:

$$
\begin{aligned}
x' &= -y - z, \\
y' &= x + ay, \\
z' &= bx - cz + xz,
\end{aligned}
$$

其中参数 $a = 0.36$, $b = 0.4$, $c = 4.5$, 初始值为 $x = 0$, $y = -4.3$, $z = 0$. 设置总积分时间为 200. 通过点击在 **Initial Data Window** 里三个变量附近的小选项框来绘制三维图像, 然后在 **Initial Data Window** 里点击 **xvsy** 选项.

6. 模拟如下所示有三个极限环的微分方程:

$$
\begin{aligned}
x' &= xf(r) - y, \\
y' &= yf(r) + x, \\
f(r) &= (1-r)(2-r)(3-r), \\
r &= \sqrt{x^2 + y^2}.
\end{aligned}
$$

窗口设置为 $[-4, 4] \times [-4, 4]$. 你能否创建一个有五个极限环的微分方程组?

7. 作为奖励题目, 运行本书中的一些例子和一些自己写出的文件.

3.5 离散微分方程

3.5.1 积分放电模型

考虑神经元积分放电模型

$$
\frac{\mathrm{d}V}{\mathrm{d}t} = I - V,
$$

它带有重置功能, 即每次 V 达到 V_T 的某个特定值会重置为 0. 当 $I > V_T$ 时会出现振荡. 通常这类模型会通过 alpha 函数 $\alpha(t) = b^2 t \exp(-bt)$ 耦合起来. 因此, 对下面两个方程:

$$
\frac{\mathrm{d}V_1}{\mathrm{d}t} = I - V_1 + gs_2(t), \quad \frac{\mathrm{d}V_2}{\mathrm{d}t} = I - V_2 + gs_1(t).
$$

每次 t^*, 当 V_j 超过 V_T 时, 都会重置为 0, 而且数量值 $\alpha(t-t^*)$ 会加到 s_j. XPPAUT 有这样一个机制 ——**全局标志**, 来对应这些非连续的情况. 这些是求解过程中检查是否越过 0 的数值量. 如果越过 0 的情况发生, 变量会被更新而且会变为离散的.

积分器会被重新启动, 因此即使是自适应求解器, 也可以很好地使用. 以下是一个积分放电振荡子的 ODE 文件, iandf1.ode:

```
# integrate and fire model
v'=-v + I
global 1 v-vt {v=0}
par I=1.2,vt=1
@ dt=.01,ylo=0
done
```

新加入的一行是 global 1 v-vt {v=0}. 这会确定有一个全局标志来进行检查. 常规标志的文法定义如下:

```
global sign condition {event1;event2;...}
```

condition 每步都会被测评. 如果sign值为 1, 那么 condition 是从负到正的改变, 或者 sign 值为 −1 是从正到负的改变, 然后每个事件都完成. 如果 sign 值为 0, 那么事件只能在 condition 为 0 时才会发生. 事件经常会有 x=expr 的形式, x 是变量, expr 是其表达式. 因此, 在上述 ODE 文件中, 如果 $V - V_T$ 是从负到正的改变 (V 从下越过临界值), 那么 V 被重置为 0. 行 @ dt=.01,ylo=0设定时间步长为 0.01, y 轴最小值为 0. 运行这个文件, 你会发现一个很美的振荡图像. 在图形里移动鼠标并且移动的时候按住左键. 在主窗口的底部, 坐标会显示. 你可以用这个来计算振荡的周期, 约为 1.8.

让我们给耦合系统写一个 ODE 文件. 问题在于如何实现 alpha 函数. 因为 $b^2t\exp(-bt)$ 是如下方程的解:

$$s'' + 2bs' + b^2s = 0, \quad s(0) = 0, \quad s'(0) = b^2.$$

通过这个方程及其相对应条件, 当每次电压越过临界值时, $s_j'(t)$ 都会增加 b^2 . 以下是相应的 ODE 文件, iandf2.ode:

```
# two integrate and fire models coupled with alpha functions
#  b^2*t exp(-b*t)
#  we solve these by solving a 2d ode
v1' = -v1 + i1 + g*s2
v2' = -v2 + i2  + g*s1
s1'=s1p
s1p'=-2*b*s1p-b*b*s1
s2'=s2p
s2p'=-2*b*s2p-b*b*s2
```

```
#
init v1=.1
par i1=1.1,i2=1.1,vt=1,g=.2
par b=5
global 1 v1-vt {v1=0;s1p=s1p+b*b}
global 1 v2-vt {v2=0;s2p=s2p+b*b}
@ dt=.01,total=100,transient=80
@ xlo=80,xhi=100,ylo=0,nplot=2,yp2=v2
done
```

下面是对 ODE 文件的一些注解：

1. s 的二阶方程被重写成一对一阶微分方程组.

2. 设定初始值, $V_1 = 0.1$, 使得与 V_2 不一致来打破对称性.

3. 每次 V_1 从下越过 V_T, V_1 都会被重置为 0, s_1' (s1p) 会增加 b^2. V_2 也被设定为类似的条件.

4. 我已经设定好很多选项, 用户可以直接运行. 积分时间步长已经被设定为 0.01, 总共积分 100 个时间单位, 经过 80 个时间单位后数据开始存储. 设定 x 轴范围是 80~100. y 轴最低值为 0. XPPAUT 会绘制两条曲线并且第二条曲线是关于 V_2 的. (注意, 默认情况下绘图, x 轴为时间 t, y 是文件中第一个定义的变量.)

运行这个文件, 可以观察到 V_1 跟 V_2 两个同步. 改变你所想要的初始值 (但是保证 $V_j(0) < 1$), 结果一直会同步. 把 b 改成 1 然后运行, 振荡有所改变, 而且同步不稳定. 把 b 改回 5, 然后改变 g 成 -0.2, 再运行程序. 注意同步已经不稳定. 现在再次把 b 改成 1, 设定除 V_1 之外的变量均为 0, $V_1 = 0.1$, 然后运行. 你应该会看到同步振荡. 设定 $V_1 = 0.4$ 然后运行, 振荡会发生改变. 这个结果已经被 Van Vreeswijk 等 [39] 所证明, 见图 3.2.

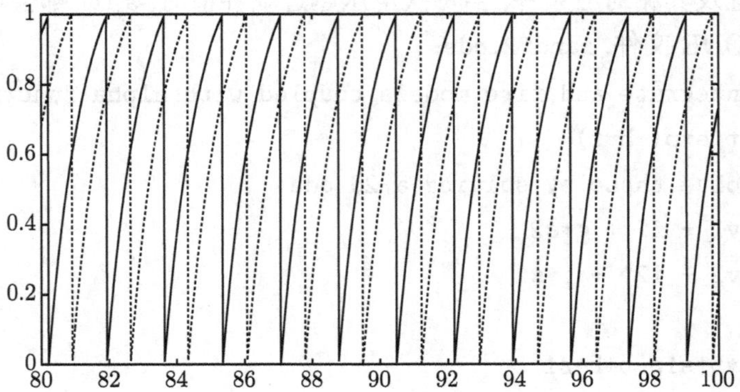

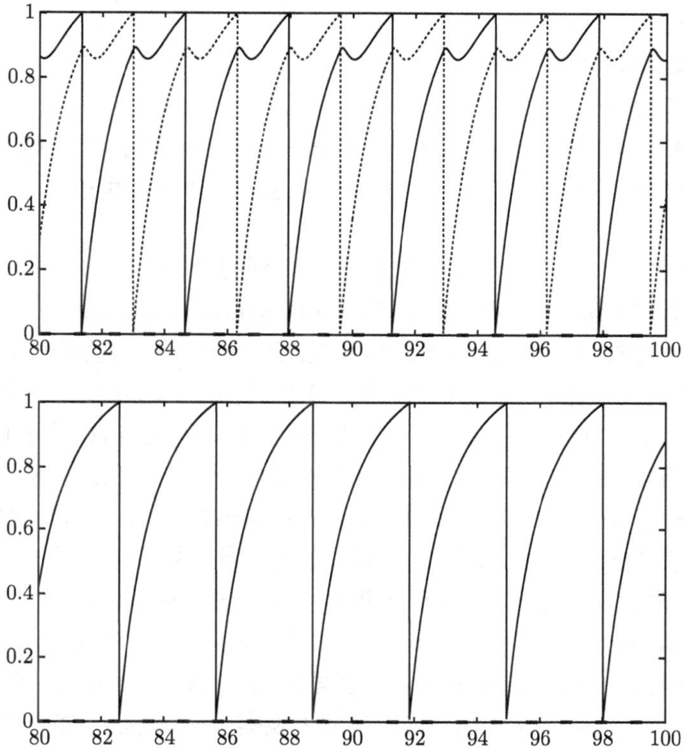

图 3.2 具有函数突触耦合的一对积分-放电神经元. 慢兴奋耦合时, 同步是不稳定的；快抑制时, 同步也是不稳定的；慢抑制时, 同步是稳定的

3.5.2 钟表：常态和非常态

还有很多其他模型的案例包括非连续. 简单的钟表就是一个极好的例子. 我们建立一下钟摆模型. 它包括一个衰退的正弦波, 每次右手边达到最大值时, 就会撞击一下. 设定 x 表示钟摆的角度, y 是其速度. 我们把衰退的正弦曲线建模为

$$\frac{\mathrm{d}x}{\mathrm{d}t} = -ax - by, \quad \frac{\mathrm{d}y}{\mathrm{d}t} = -ay + bx.$$

当 $y = 0$ 和 $x < 0$ 时, 撞击发生. x 从左侧接收到大小为 k 的撞击. 因此, 当 $y(t) = 0$ 和 $x(t) < 0$ 时, $x(t) = x(t) - k$. ODE 文件如下：

```
# the clock model - a linearly decaying spiral that is kicked out
# by a fixed amount
x'=-a*x-b*y
y'=-a*y+b*x
# heres the kicker
```

```
global -1 y {x=x-k}
par a=.1,b=1,k=.5
init x=.5,y=0
# change some XPP parameters to make a nice 2D phase-plane
@ total=150,xlo=-1.5,ylo=-1,xhi=1.5,yhi=1,xp=x,yp=y
done
```

我已经设定好一些内部的参数值, 因此你看到的是相平面的映射. 来看 global 这条语句. 线性方程是一个螺旋源, 因为 $b>0$, 所以流向是逆时针方向. (如果没有撞击, 这是线性方程, 因为撞击与变量值相关, 此 ODE 为非线性的.) 当 $y=0$ 和 $x<0$ 时, 变量 y 从正到负越过 0. 因此我们用-1在global声明里：这表明是从上往下的跨越. 当这个情况发生的时候, x 被撞击回 k 数量. 运行这个程序. 改变初始值 —— 注意无论如何选择, 结果会一直收敛到一个稳定的周期解. 再加入一个窗口来绘制 x 与 y 都关于 t 的函数. 点击 Makewindow Create (**M C**), 主窗口会被重复. 注意左上角的小长方形, 这表明现在这个窗口处在使用状态. 所有的绘制和图像的改变都会发生在这个窗口. 如果你想让主窗口恢复使用, 点击一下主窗口即可. 现在, 激活小窗口然后调整一下大小. 在 Initial Data Window 里, 点击靠近 x, y 变量的小盒子, 然后点击xvst选项. 这样 x 与 y 都会被绘制, x 是白色, y 是红色. 点击 Window/zoom Zoom in (**W Z**) 来放大观察一些环形, 选择合适的区域点击鼠标即可实现. 可以通过 Window/zoom Fit (**W F**) 来重新调整包含所有数据的窗口. 钟摆的周期约为 6.3.

混沌钟摆

我们可以通过介绍 XPPAUT其他的一些性质来使得这个钟摆有一定的混沌出现. 实际上, 很容易证明下面的系统是混沌. 把 a 从 0.1 改成 -0.1, k 从 0.5 改成 -0.5. 初始条件 $x=0.5$, $y=0$, 你会观察到如图 3.3 所示的混沌解. 可以证明这个解是混沌的 (留作练习). 关键点在于, $a<0$, 阻尼为负, 所以附近的轨迹会呈指数型的发散. 右侧的撞击会保持解的有界性. 然而, 如果 x 的初值非常大, 那么解会无限增大. 同样也可以证明存在一个非稳定的周期解, 初始条件约为 $(x,y)=(0.7831,0)$. 任何在非稳定周期内的初始数据都会收敛到这个混沌吸引子. 使用上次积分求解后的值作为新积分求解的初始条件 (点击 Initialconds Last, **I L**). 观察一下最大李雅普诺夫指数 —— 一个混沌的测度. 点击 nUmerics stocHastic Liapunov(**U H L**), 很快出现一个窗口, 并且给出近似的最大指数. 近似值并不是非常理想 (实际值为 0.1), 但是可以通过长时间积分求解来得到更好的近似值. (尝试：在 numerics 目录中, 把Total改成 1000, 把nout改成 5, 积分求解. 重新计算李雅普诺夫指数, 会得到更接近 0.1.) 另一个关于混沌的数值量是功率谱. 点击 nUmericsstocHastics Power (**U H P**), 然后选择变量 y 来进行转换. 在数据窗口 (Data Viewer) 中先前

被 x 与 y 占据的两列现在已经被功率和相值所取代. (快速傅里叶变换返回光谱的正弦余弦系数 (c, s); 功率 $p=\sqrt{c^2+s^2}$ 是大小, 相值 $\phi=\arctan(s/c)$ 是角度.) 之前代表时间 t 的列被换成频率. 现在可以绘制关于x 与t的光谱. 注意频率的宽度. 在 318, 636 附近会有孤峰出现, 对应的就是非稳定的周期轨迹. 点击 `nUmerics Stochastic Data` 可以恢复之前的轨迹, 然后点击 **Esc** 返回主目录.

还有非常多有趣的方法来分析混沌数据, 在后面的章节会再次提及.

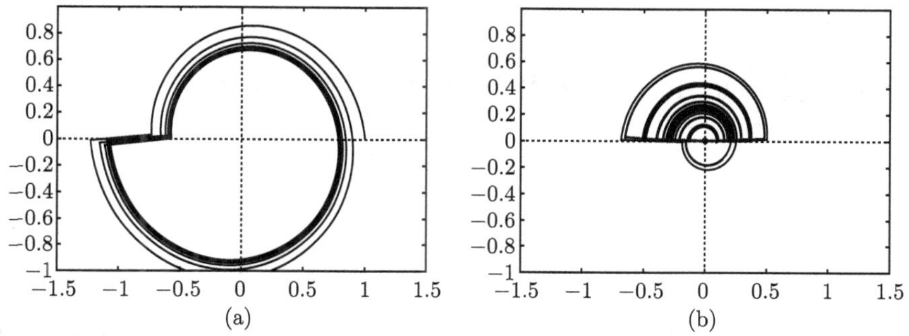

图 3.3 一个敲响的时钟和它的混沌的兄弟

3.5.3 滴水龙头

在物理系统中另一个混沌的经典例子是滴水龙头. Bob Shaw (1985) 收集了在水龙头上关于水滴间隔区间的数据. 通过一系列的分析, 发现这个过程是混沌的, 然后他在计算机上模拟了这个过程. 这个模型与弹簧上的重物运动模型一致. 重物质量呈线性增长, 当弹簧延展到一个特定的极限值时, 一定比例的重物开始脱落, 这个脱落比例与速度也是成比例的. 方程如下:

$$\frac{\mathrm{d}}{\mathrm{d}t}\left(m\frac{\mathrm{d}x}{\mathrm{d}t}\right)=mg-\left(\mu\frac{\mathrm{d}x}{\mathrm{d}t}+kx\right),\quad \frac{\mathrm{d}m}{\mathrm{d}t}=f,$$

如果 $x(t)$ 越过 1, 物体质量减少的大小取决于速度, $v=\mathrm{d}x/\mathrm{d}t$. 因此 $m(t)\to(1-hv(t))m(t)$. ODE 文件如下:

```
# faucet.ode
x'=v
v'=g-(k*x+(f+mu)*v)/m
m'=f
global 1 x-1 {m=max(m-h*m*v,m0)}
par f=.4,g=.32,h=4,m0=.01,mu=.6,k=1
init x=0,v=0,m=1
@ total=200
```

```
done
```

前三个方程很简单易读；只是利用 $(mv)' = m'v + mv'$ 来把二阶方程写成一阶方程组. global 声明表述的是：当 x 从下越过 1 时, m 减少 hmv. 附加的函数 max(x,m0) 确保重物不会降到某个给定的最小值或者变为负. 运行这个程序, 观察(x, v) 的相平面, 能看到与 Rossler 吸引子类似的结果. 改变参数 f 的值会看到不同的解和分岔.

3.5.4 练习

1. 写出关于 John Tyson 细胞生长的微分方程的 ODE 程序:

$$u' = k_4(v-u)(a+u^2) - k_6 u,$$
$$v' = k_1 m - k_6 u,$$
$$m' = bm,$$

其中, $k_4 = 200, k_1 = 0.015, k_6 = 2, a = 0.0001, b = 0.005$, m 是质量. 当变量 u 低于 0.2 时, 细胞分裂, $m = m/2$. 初始值为 $u(0) = 0.0075, v = 0.48, m = 1$. 积分求解这个系统至 1000, 时间步长为 0.25, 使用DoPri(8)积分器, 绘制质量与时间的图像. 注意, 经过一些短暂变化, 会出现周期解.

2. 考虑下面这个恒定平面矢量场:

$$x' = 1, \quad y' = a.$$

如果在环面上积分, 每次 $x = 1$(同样 $y = 1$), x(与 y) 都重置为 0. 如果 a 是无理数, 轨迹会密集地填满代表展开环形的单位正方形. 第一部分的练习是验证这个模拟. 在单位正方形上绘制这个相平面, 使用 Graphics Edit curve 0 来改变 Linetype 为 0, 使得只能画点. 使用 global 声明来重置 x 和 y.

好奇的是, 如果在 Klein 上而不是环面上来积分, 所有的解都是周期解. 如何创建一个克莱因瓶相空间? 你必须沿着正方形的一边来反向积分. 因此, 当 $y = 1$ 时, y 重置为 0, 设定 $x = 1 - x$, 这样改变方向. 创建一个 XPPAUT 文件来验证所有的解为周期解. 证明你的答案!

3. 把一个柠檬的种子放到一杯苏打水中. 柠檬子开始下沉, 随着下沉, 气泡聚集在上面, 因此有更多的浮力, 进而它会漂浮在表面. 当它到水表面时, 气泡漂起来, 然后又开始下沉. 我们可以仿照滴水龙头来进行建模. 随着种子的下沉, 可以认为比苏打水密度低的气泡开始聚集, 进而气泡的体积比例超过了柠檬子的密度, 使得种子浮起来. 种子跟苏打水的密度差提供了推动力. 假定苏打水足够黏稠, 因此可以忽略惯性. 一旦种子到底表面, 气泡浮起, 种子速度就会很高. 设定 V_0 表示没有气泡的种子体积, $d>1$ 表示其密度, 苏打水密度设定为 1. $V(t)$ 为聚集的气泡体积, 密度为 0. 种子的密度为

$$d_s = d\frac{V_0}{V_0+V(t)},$$

种子的速度为

$$x' = k(d_s-1)Q(\epsilon - x).$$

函数 Q 是防止种子超过水表面, 因为设定小于 ϵ. 使用分步函数来定义 Q. 气泡聚集为

$$V' = c,$$

c 是常数. $f(\dot{x})$ 表示当种子到达表面时气泡的比例. 当 $x=0$ 时, 用 $f(\dot{x})V(t)$ 替换 $V(t)$. 设 f 为线性是很好的近似:

$$f(\dot{x}) = \max(f_0 - f_1\dot{x}, 0),$$

写成 ODE 文件并模拟. 把参数值设置为 $\epsilon = 0.1$, $f_0 = 0.05$, $k = V_0 = 1$, $d = 2$ 和 $c = 0.1$, 可以得到一个不错的振荡种子模拟.

4. **项目扩展** 饮水鸭是一个著名的玩具, 包括一个充满了氟利昂的玻璃管, 整体装饰看起来像一只鸭子. 当鸭子的头部湿润时, 蒸发冷却使氟利昂升起到鸭子的头部, 这使得鸭子摇摆着没到杯子的水中. 这个动作湿润了鸭子的头, 也使氟利昂回到鸭子的肚里. 鸭子来回重复这个过程. 将其建模为具有两个重量的摆锤, 头部重量与角速度成正比地慢慢增长. 当头部下落时, 重量被重置到底部, 并且重新开始这个过程.

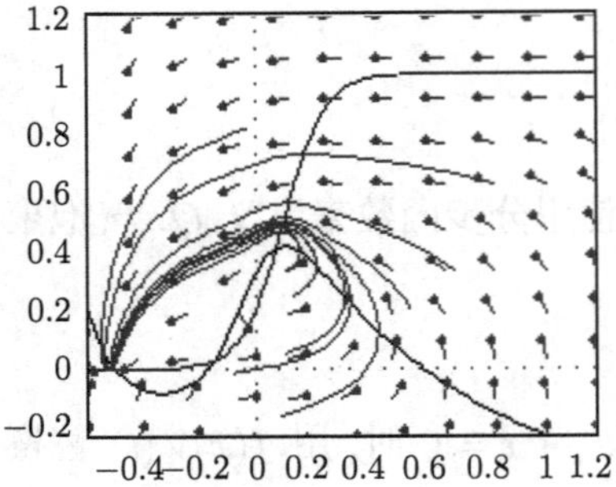

第 4 章

XPPAUT课堂应用

XPPAUT 是为科研人员开发的研究工具, 但是同样已经应用于很多课堂上, 来帮助学生学习和模拟微分方程. 因为程序免费而且可以在不同操作系统上使用, 所以很适合课堂使用. 尽管 XPPAUT 用户界面并不像 Java applets 或者是苹果系统等专用系统使用方便, 但是其非常灵活, 而且很容易通过创建 ODE 文件来绘制大多数书中的图像. 我已经在本科和研究生的微分方程和建模教学中多次使用 XPPAUT. 这其中包括一些很专业的课程, 如计算神经科学和定量心脏生理学. 然而, 我不会把这些专业课程带入本章. 你可以到 XPPAUT 主页上去了解更多关 XPPAUT高级课程的例子.

我会在不涉及微分方程的情况下, 以一些简单的例子来介绍如何使用 XPPAUT 描绘二维和三维图像; 然后会介绍一些关于一阶离散动力系统的问题. 我将展示如何画网状图、分岔图、计算旋转数, 以及画最大李雅普诺夫指数的图; 接着示范如何使用 XPPAUT建立茱莉亚集合和有名的曼德布洛特集合; 最后, 讨论一维非自治微分方程和平面动力系统.

4.1 绘图函数

假定你想绘制一个变量为 x 从 x_0 到 x_1 的函数 $f(x)$. 下面的 ODE 文件可以完成这个任务:

```
# plot1.ode
# plot f(x)
par xlo=-2,xhi=2
f(x)=x*(1-x^2)
```

```
s'=1
x_=xlo+s*(xhi-xlo)
aux y=f(x_)
aux x=x_
@ xp=x,yp=y
@ xlo=-2,xhi=2,ylo=-4,yhi=4
@ total=1.001,dt=.01
done
```

文件的大部分是定义绘图的区域和数值量. 想要改变绘图的区间, 改变 `xlo`, `xhi` 值即可, 想改变函数, 点击 File `Edit` `Functions` 即可. 想要保存原始图像和接下来的图像, 点击 `Graphics` `Freeze` `On` `freeze`, 可以最多保存 26 个图像.

下面这个例子是 $\sin(x)$ 函数的泰勒级数的前五项, 绘图区间为 $[-\pi, \pi]$:

```
# sintayl.ode
# first 5 terms of the Taylor series for sin
z1=x
z2=z1-x^3/6
z3=z2+x^5/120
z4=z3-x^7/5040
z5=z4+x^9/362880
x'=2*pi
init x=-3.1415926
aux y=sin(x)
aux y[1..5]=z[j]
@ total=1,dt=.005
@ xlo=-3.15,xhi=3.15,ylo=-1,yhi=1
@ nplot=6,xp=x,yp=y
@ yp[2..6]=y[j-1],xp[j]=x
done
```

注: 通过定义一系列中间变量 `z1`, $\cdots$, 可以逐次加入所需的新的项. 最后一行说明 XPPAUT所有的数值量都要被绘制, 它们会以不同颜色的曲线出现. 也可以很简单地通过 XPPAUT 来绘制极坐标 $r = f(\theta)$ (或 $\theta = f(r)$) 图像:

```
# polarpl.ode
# polar plots
f(z)=1+cos(z)
theta'=1
```

```
init theta=-12
r=f(theta)
aux x=r*cos(theta)
aux y=r*sin(theta)
@ total=25
@ xp=x,yp=y,xlo=-2,xhi=2,ylo=-2,yhi=2
done
```

存在一个参数 a, 使得我们可以绘制关于 a 的某个范围的图像. 编辑这个函数可以得到其他极坐标曲线.

参数方程的绘制也同样简单. 例如, 下面就是在平面上绘制 $(x(t), y(t))$:

```
# parametric.ode
f(t)=cos(a*t)
g(t)=sin(b*t)
par a=4,b=1
s'=1
aux x=f(s)
aux y=g(s)
@ xp=x,yp=y,xlo=-2,ylo=-2,xhi=2,yhi=2
@ total=50
done
```

同样, 也可以绘制三维参数方程. 下面的 ODE 文件已经设置好所有的坐标, 可以通过改变参数来进行绘制:

```
# param3d.ode
# 3d parametric plots
f(t)=cos(a*t)
g(t)=sin(b*t)
h(t)=sin(c*t+d)
par a=4,b=1,c=2,d=.75
s'=1
aux x=f(s)
aux y=g(s)
aux z=h(s)
@ xp=x,yp=y,zp=z,xlo=-2,ylo=-2,xhi=2,yhi=2
@ axes=3d
@ xmax=1.25,ymax=1.25,zmax=1.25,xmin=-1.25,ymin=-1.25,zmin=-1.25
```

```
@ total=50
done
```

作为三维绘图的最后一个例子, 这里是绘制三维参数图形及其底部的二维投影的一个小技巧.

```
# param3d2.ode
# 3d parametric plots with 2d projection
f(t)=cos(a*t)
g(t)=sin(b*t)
h(t)=sin(c*t+d)
par a=1.34,b=1.12,c=2.28,d=.75
par zlo=-4
s'=1
aux x=f(s)
aux y=g(s)
aux z=h(s)
aux zplane=zlo
@ xp=x,yp=y,zp=z,xlo=-2,ylo=-2,xhi=2,yhi=2
@ axes=3d
@ xmax=1.25,ymax=1.25,zmax=1.25,xmin=-1.25,ymin=-1.25,zmin=-4
@ nplot=2,xp2=x,yp2=y,zp2=zplane
@ total=100
done
```

我可以加上另一个图形, 其中保持 z 值为常数, 这是一个非常有用的技巧, 可以在坐标平面内绘制很多有趣的投影. 想要改变平面投影, 只需要改变 `zmin` 和参数 `zlo` 的值. 固定 x 值可以绘制 z, y 平面相图, 同理, 可以绘制 (y, z) 平面上的投影. 图 4.1 显示了这个结果.

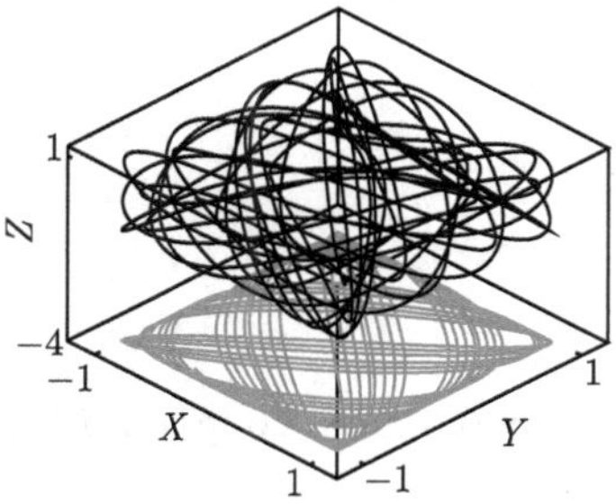

图 4.1　三维图形在坐标平面上的投影

4.2　一维离散动力系统

大部分动力系统的讨论是以学习一维映射开始的. 它们有如下形式:

$$x_{n+1} = f(x_n).$$

一个描述差分方程标准化的方法就是绘制网状图. 这是一个关于 x_{n+1} 对 x_n 在 $y = x$ 线和函数 $y = f(x)$ 上的网状图. XPPAUT 没有内置的网状图函数, 但是可以很容易写一个程序来绘制网状图. 每隔一点都有相同的 x 值或者 y 值, 因为网状图包含一系列的水平线和垂直线. 一旦这个工作完成, 你同样也想把函数和 $y = x$ 线绘制在同一图中. 下面是 logistic 函数网状图的例子 (图 4.2):

```
# cobweb.ode
# way to fool XPP into cobwebbing
# first I define a function that every other step evaluates
# the map -- in the alternate steps, it just keeps the same
# value so that it alternates between horizontal and vertical
# jumps
g(x,y)=if(mod(t,2)<.5)then(f(x))else(y)
# note that 't' is the iteration number 0,1,2,...
# if t is even evaluate f otherwise keep the old y
y(t+1)=g(x,y)
x(t+1)=if(t==0)then(x)else(y)
# note that x(t+2)=f(x(t)) so every other point is the map!
f(x)=a*x*(1-x)
par a=3.95
# these are just useful for plotting f(x),x
par xlo=0,xhi=1,nit=25
#
init y=0,x=.25
# always start y=0
#
# here I create scaled x-values to plot f(x)
xx=xlo+(xhi-xlo)*t/nit
aux map=f(xx)
aux st=xx
```

```
# some convenient settings for the graphics
@ xlo=0,ylo=0,xhi=1.001,yhi=1.001
@ xp=x,yp=y
@ nplot=3
# add the plots y=x and y=f(x)
@ xp2=st,yp2=st
@ xp3=st,yp3=map
# tell xpp that it is discrete and iterate 25 times
@ meth=discrete,total=25
done
```

这看起来有些复杂, 但是它的工作原理很容易适应其他的函数. 只需要编辑函数 $f(x)$ 和可能的 xlo,xhi 映射的参数范围. 取变量 $a<4$ 时运行, 尝试当 $a<1/2$ 时的映射 $f(x)=\mathrm{mod}(x+3/4+a\sin 2\pi x,1)$.

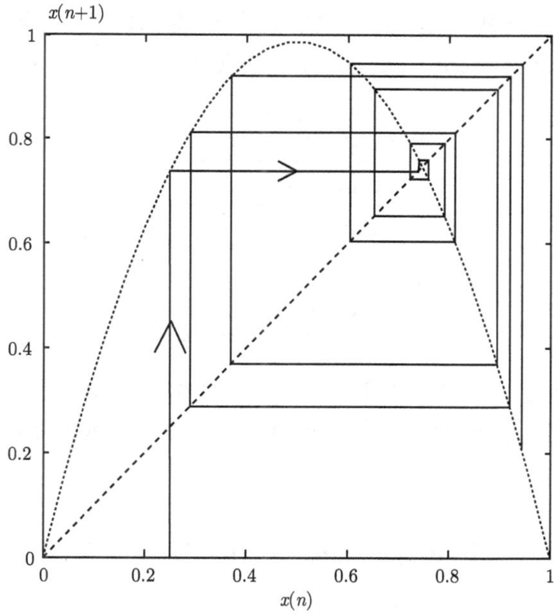

图 4.2 Logistic 映射的网状图

4.2.1 分岔图

另一个出现在很多书中的经典图就是逻辑函数的分岔图. 这是通过在 x 轴绘制参数 a, 在 y 轴上迭代这个映射 (经过短暂的时间) 实现的. 在 XPPAUT 中, 把参数 a 设为变量, 然后用 Range Integration 选项来绘图. 以下是 XPPAUT的文件:

```
# logbif.ode
# the logistic map bifurcation diagram
f(x)=a*x*(1-x)
x'=f(x)
a'=a
init x=.1
init a=2
@ maxstor=100000,total=500,trans=350,meth=discrete
@ xlo=2,xhi=4.001,ylo=0,yhi=1.001,xp=a,yp=x
done
```

注　设定 maxstor=100000, 因此 XPPAUT 会储存很多点. 舍弃前 350 次迭代来去掉暂态. 把参数当成变量, 因此可以绘制; 参数通常不能在坐标轴上绘制.

运行这个文件, 然后做如下工作: 首先点击 GraphicsEdit, 然后选择 0. 接着, 在相应的对话框中改变线类型, 从 1 改成 0, 这使得 XPPAUT 只绘点而非线. 我们能够画图. 点击 Initialconds Range, 然后按照下面对话框所示填写:

Range over: a
Steps: 200
Start: 2
End: 4
Reset storage: N

然后点击 **Ok**, 你应该看到分岔图显示. 可以把步数从 200 改到 500 来增加更多的点数. Range 命令可以允许改变其他参数或者初始条件, 然后保存结果. 图 4.3 是计算出的轨迹图.

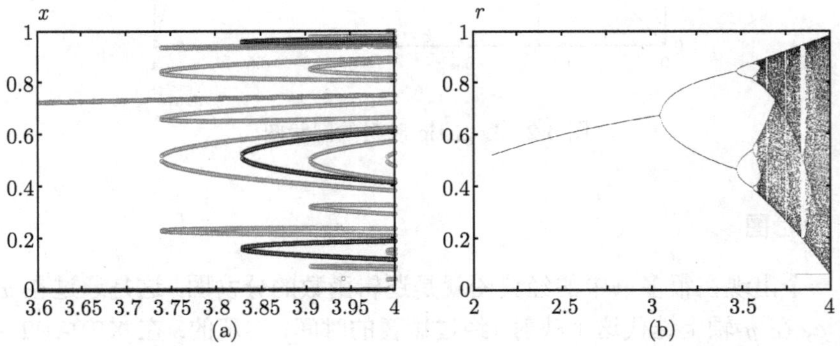

图 4.3　(a) Logistic 映射的分岔图; (b) 周期 3 和周期 5 的轨迹图

4.2.2 周期点

4.2.1 节构造的分岔图更确切地讲是轨道图. 它是在对每个特别选定的参数情况下记录的稳定解. 真正的分岔图像应该包括稳定解与非稳定解. 例如, 你可以问周期为 3 的点在哪里. 周期 3 值得关注, 因为它暗示出对于每个可能的周期都有周期性的点存在. 这是关于混沌性质的一个标准测量方法. 如何找到当某个参数变化时映射的周期点? 可以考虑固定参数值和图像迭代三次. 因为周期性的点不需要稳定 (事实上它们是非稳定的), 我们需要一种方法来找到它们并且这种方法不依赖于点的稳定性. 牛顿法是一个很好的选择, 因为迭代的收敛独立于稳定性. 因此, 对于一个固定参数值, 我们可以选择大量的不同初值, 然后绘制那些牛顿法迭代收敛的图. 这个快捷的方法有它的优势, 即随着参数的变化, 我们可以选取轨道的新分支. 在 XPPAUT 中, 有一个方法可以运行两个参数的模拟. 这允许我们可以同时考虑参数和状态空间. 给定映 $f(x)$, 一个周期为 p 的点满足 $f^p(x) = x$. (这里 $f^2(x) = f(f(x)))$ $g(x) = x - f^p(x)$. 我们需要找到 $g(x)$ 的根. 牛顿法迭代式如下:

$$r_{n+1} = r_n - g(r_n)/g'(r_n).$$

如果我们有较好的起始猜测, 那么它会快速收敛. 通过验证更多的 r 值, 我们几乎可以确定全部相对应的根. 因为我们寻找的是数值根, 所以希望它能收敛到 0. 因此, 如果 $|g(r)|$ 小于特定的公差, 我们就假定找到一个根. 最后, 我们数值计算出 $g'(r)$ 来简化计算过程. 有了这些预备知识, 下面的 XPPAUT 文件就可以帮助我们找到任意周期的点:

```
# logper.ode
# finds the periodic points of the logistic map
#
f(x)=a*x*(1-x)
# recursively define pth iterate
ff(x,p)=if(p<=0)then(x)else(ff(f(x),p-1))
# find zeros of g
g(x)=x-ff(x,p)
#
q=g(r)
# Newtons method with numerical derivative
r'=r-eps*q/(g(r+eps)-q)
a'=a
# if within tol of root, then OK
aux err=tol-abs(q)
```

```
par p=3,eps=.000001,tol=1e-7
@ meth=discrete,total=20,maxstor=50000
@ xp=a,yp=r,xlo=3,xhi=4.0001,ylo=0,yhi=1.00001
done
```

注　已经定义 f 的第 p 次递归迭代. 主要的迭代是实验牛顿法. 定义了固定变量 q, 因为需要调用三次, 所以计算速度会加快. 参数 tol 是给定的公差. 参数 eps 是用来计算数值导数的:

$$g'(x) \approx \frac{g(x+\epsilon)-g(x)}{\epsilon}.$$

使用这个来计算周期为 3 的分岔曲线. 运行 XPPAUT, 点击 Graphics Edit (**G E**) 选择 0 曲线. 改变线型为0, 使得点可以画出, 点击 **Ok**. 接着点击 Numerics Poincare map Section. 填入如下所示对话框:

Variable: err
Section: 0
Direction: 1
Stop on section: y

这告知 XPPAUT只有当 err 越过 0 时才画点. 这表明根的值在特定的容许范围之内, 同样也会保证不会画出牛顿迭代法不收敛的点. 点击 Esc 退出数值目录. 现在要设置两个参数的区间. 点击 Initialconds 2 Par range (**I 2**), 会出现一个对话框, 按照如下填写:

Vary1: R	Reset storage: N
Start1: 0	Use old ic's: Y
End1: 1	Cycle color: N
Vary2: a	Movie: N
Start2: 3	Crv(1) Array(2): 2
End2: 4	Steps2: 200
Steps: 50	:

对话框告知 XPPAUT 要改变的参数. Crv(1) Array (2)允许同时或者单独改变两个参数. 点击 Ok, 周期为 3 的点会被绘制. 如果想要更好的分辨率, 可以提高分岔参数的步长数 (Steps2). 如果要计算周期为 2 的点, 同样也需要增加起始估值的步长数 (Steps2), 因为有非常多这样的点, 而且你想得到所有的. 如果想存储这些点, 而且与其他的周期点叠加在一起, 点击 Graphics Freeze Freeze(**G F F**) 并

在color选项选择-1，-2，...，-9颜色条目, 使得 XPPAUT 使用点而不是线来画图. (图 4.3 是周期为 3 和 5 的点.)

4.2.3 一维图中的李雅普诺夫指数

混沌的一个标志是指在动力系统附近点的局部发散指数, 对于一维映射来讲相对容易测量. 需要观察一个吸引子的点代入到 f 导数的绝对值的指数的平均. 因此, 对于一维映射, 最大李雅普诺夫指数为

$$\lambda = \lim_{N\to\infty} \frac{1}{N}\sum_{j=1}^{N} \ln|f'(x_j)|.$$

如果 $\lambda < 0$, 吸引子是渐进稳定的. $\lambda = 0$, 吸引子是一个周期轨. $\lambda > 0$, 吸引子为混沌的. 对于 $a = 4$ 时的逻辑函数, 可能会显示 $\lambda = \ln 2 \approx 0.693147$. 下面的XPPAUT文件是讲解如何作为一个参数的函数来计算这个指数. 在去掉前 100 个迭代后, 我开始持续计算导数的对数值求和, 接着计算求和的平均值, 然后只保留经过 2000 次迭代后的最终计算值. 文件如下:

```
# logliap.ode
# the liapunov exponent of the logistic map
f(x)=a*x*(1-x)
fp(x)=a*(1-2*x)
init x=.1,a=2,z=0
x'=f(x)
a'=a
z'=z+heav(t-100)*ln(abs(fp(x))+1e-8)
aux liap=z/max(t-100,1)
@ xlo=2,xhi=4,ylo=-2,yhi=1
@ total=2000,trans=2000
@ meth=disc,bound=1000000
@ xp=a,yp=liap
done
```

注 z'=z+heav(t-100)*ln(abs(fp(x))+1e-8)有两个目的. 第一, 如果 $f' = 0$, 另外的数值 1e-8 会避免对数中的奇点. 第二, 乘 heav(t-100)只对于 100 步迭代后进行求和. 数值量 liap 是 z 运行的平均值以及关注的数量. 行 @total=2000, trans=2000告知 XPPAUT迭代 2000 次而且只保留最后一个点. 运行程序并使用范围选项. 保留同样的参数来运行这个程序, 计算分岔图.

还有一个更简单的计算某一参数范围内的李雅普诺夫指数的方法. XPPAUT 有内置的计算微分方程和映射的李雅普诺夫指数的算法, 其使用过程与上述表达基

本一致. 载入如下 Logistic 方程:

```
# logistmap2.ode
x(t+1)=a*x*(1-x)
par a=3
init x=.54321
@ total=1000,trans=500,meth=disc
done
```

设定迭代次数为 1000, 摒弃前 500 次. 一旦 XPPAUT 开始运行, 点击 nUmerics stocHastic Liapunov 选择 1 来看区间. 选择 a 为参数来进行范围设定, 选择步长为 500, 选择 3 和 4 作为开始和结束. 点击 Ok, 计算很快就会结束. 点击 Escape 回到主目录, 点击 Xivst, 然后点击 Enter, 会得到关于参数 a 的最大指数函数图. 当 $a = 4$ 时, $\lambda_{\text{Max}} = 0.6911265$ 已经很接近真实值 $\ln(2) = 0.69314$. 误差是因计算的点数有限而产生的, 见图 4.4.

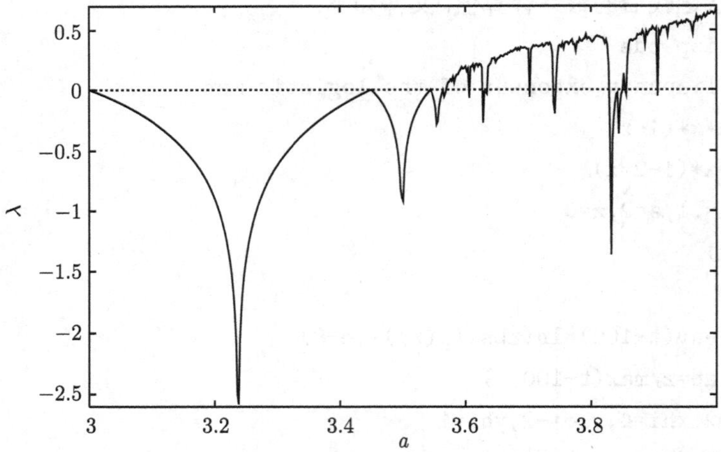

图 4.4 Logistic 映射中最大李雅普诺夫指数关于参数 a 的函数

4.2.4 魔鬼阶梯

如果对振荡施加周期性激励, 很多有趣的现象就会发生. 其中之一为锁相, 其结果表现为周期性. 如果强迫振子周期性振荡 N 次, 同时激励函数 M 次, 叫做 $N:M$ 锁相. 模拟周期性强迫振荡的一种方法是使用一维映射:

$$x_{n+1} = f(x_n),$$

函数 f 是周期性的单位圆. x_n 是振荡子经过第 n 次作用后的相位. 标准的图函数如下:

$$f(x) = x + b + a\sin(2\pi x) \bmod 1.$$

先让 $a=0$, 假定 $b=N/M$, 经过 M 次作用, $x_n=N+x_{n-M}$, 即 x 有 N 次遍历而作用力有 M 次遍历. 这就是 $N:M$ 锁相. 但是, 这种情形鲁棒性不强. 考虑如下比值:

$$R_n=\frac{x_n}{n},$$

当 $n\to\infty$ 时, 很明显 $R_n\to N/M\equiv\rho$. 极值 ρ 叫做旋转数. 假定 $a\neq 0$, 我们不能写出 x_n 的显式. 然而, 旋转数仍然存在 (如果 $f'(x)>0$, 如果 $|a|<1/(2\pi)$), 而且取决于连续的参数 b. 这是 Denjoy 定理的一个结论 (p. 301, Guckenheimer & Holmes). 而且, 它几乎处处都是常数. 因为如果绘制 ρ 作为 b 的函数图, 我们会得到所谓的魔鬼阶梯. 可以使用 XPPAUT 来绘制旋转数作为参数 b 的函数图, 下面是文件:

```
# rotnum.ode
# the rotation number for the std map
f(x)=x+b+a*sin(2*pi*x)
x'=f(x)
b'=b
par a=.15
init b=0
init x=0
aux rho=x/max(t,1)
@ bound=100000
@ total=1000,trans=1000,meth=disc
@ xp=b,yp=rho,xlo=0,ylo=0,xhi=1.001,yhi=1.001
@ rangeover=b,rangestep=200,rangelow=0,rangehigh=1,rangereset=no
done
```

注 对于其他分岔问题, 我们把参数作为变量, 所以可以画图. 这里没有计算对 x 求余数为 1, 因为我们可以计算总体的相位累计. 转数可近似为比值比 x/t, t 为迭代次数. 因为只有最后的值是有意义的, `trans=1000` 告知 XPPAUT 只看最后的点. 最后一行设置积分的范围, 这样你甚至不必填写对话框. 运行 XPPAUT, 点击 `Initialconds Range` (**I R**), 对话框会有如下形式:

Range over: b
Steps: 200
Start: 0
End: 1
Reset storage: N

点击 **Ok**. 图 4.5 即为魔鬼阶梯. (如果想要更细节的图像, 步长设为 2000.) 放大不同的区域会发现有许多平的区域对应固定转数. 如果振幅参数大于 $1/(2\pi) \approx 0.16$, 图不再可逆而且 Denjoy 定理中的假设也不成立, 改变 a 为 0.4 来重新画阶梯图.

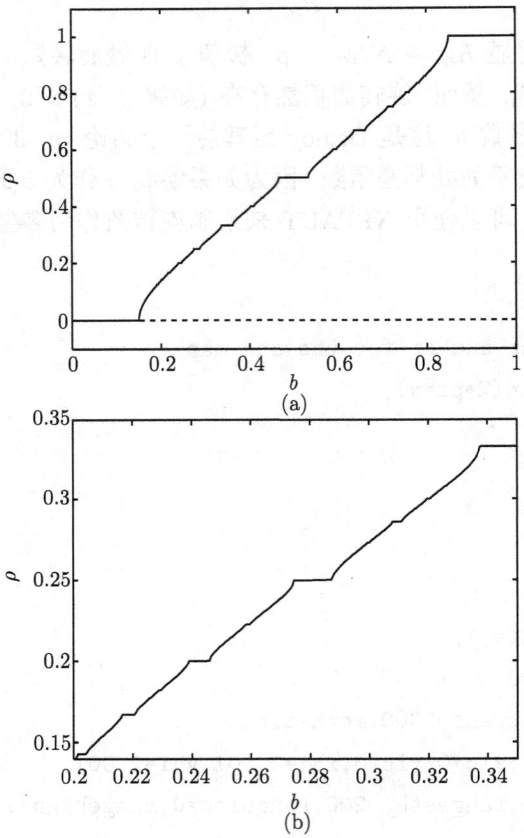

图 4.5　标准映射对参数 b 的旋转数以及一个小区域的放大图

4.2.5　一维复映射

曼德布洛特集合经常被称为数学中最复杂的问题. 尽管很可能有误, 但是这个集合的计算已经引发了大量的小应用, 可以为你作出任何有希望的分解. 这些应用对这个集合的解释甚少, 也没给出其数学上的重要性. 这里, 我会给出这个集合的简单介绍. 首先, 看之前的逻辑方程:

$$x_{n+1} = ax_n(1 - x_n),$$

设 $a = 4$, 然后做如下变换: $u = 2x - 1$, 可得

$$u_{n+1} = 1 - 2u_n^2.$$

使 $z=u+\mathrm{i}v$，考虑如下复杂图：

$$z_{n+1}=z_n^2,$$

或者以坐标形式表示

$$(u_{n+1},v_{n+1})=(u_n^2-v_n^2,2u_nv_n).$$

假定我们限制 z 的长度为 1, 那么 $u^2+v^2=1$. $u^2-v^2=1-2u^2$，我们看到当 $a=4$ 时逻辑映射等同于限制在单位圆上的复映射 $z\to z^2$. 单位圆上的动力系统可以通过 $z=\exp(2\pi\mathrm{i}\theta)$ 来进行更好的研究, 映射为

$$\theta_{n+1}=2\theta_n \bmod 1,$$

这表明动力系统几乎处处为混沌. 如果表达一个以 2 为基础的位于 0 到 1 之间的数, 那么映射只是左移而且失去最低位. 每个可能的周期解都可以找到, 比如 $0.100100100\cdots$ 就是周期为 3 的点. 而且, 李雅普诺夫指数为 $\ln 2$, 因为映射把所有的点都扩展了 2 倍.

再次看复映射 $z\to z^2$, 很明显在单位圆之内的初值最后会收敛到不动点 0, 单位圆之外的初值会趋于无穷. 因此, 在复平面单位圆起到分界的作用. 这些不被不动点吸引的点的集合叫做茱莉亚集合. 因此, $z\to z^2$ 的茱莉亚集合为单位圆. 现在考虑一般性的带有复参数 c 的二次图：

$$z_{n+1}=z_n^2+c,$$

如果参数 c 很小, 那么茱莉亚集会很接近单位圆 —— 它是一个连通集, 有外部和内部. 但是, 如果 c 很大, 茱莉亚集看上去不会是圆形. 事实上, 在初值保持有界或者趋于无穷之间没有分界. 著名的曼德布洛特集合即为茱莉亚集连通的所有点 c 的集合.

现在我们已经通过茱莉亚集把逻辑映射和曼德布洛特集合建立起联系, 如何计算茱莉亚集？因为茱莉亚集是不动点的分界线, 我们可以在单位圆内部开始计算然后反向迭代. 映射 z^2+c 的逆为 $\pm\sqrt{(z-c)}$. 我们计算的方式为：在每次迭代的两个平方根之间随机选择一个. (注：随机选择平方根中的一个的思想与迭代函数系统有关, 后面会对其进行讨论.) 为计算平方根, 先把 $z-c$ 写为极坐标 $r\exp(\mathrm{i}\theta)$, 然后计算 r 的平方根, 把 θ 除 2. 如果 $u+\mathrm{i}v$ 是复数, 那么 $r=\sqrt{(u^2+v^2)}$ 是大小, $\theta=\arctan(v/u)$ 为弧度. 写为二维实映射, 茱莉亚集 XPPAUT ODE 文件`julia.ode`如下：

```
# julia.ode
```

```
# julia set for z -> z^2+c
par cx=0,cy=0
r=sqrt(sqrt((x-cx)^2+(y-cy)^2))
th=atan2(y-cy,x-cx)/2
s=sign(ran(1)-.5)
init x=.1
x'=s*r*cos(th)
y'=s*r*sin(th)
@ total=2000, meth=disc,trans=100
@ xp=x,yp=y,xlo=-2,xhi=2,ylo=-2,yhi=2
@ lt=0
done
```

注　函数atan2(v,u)考虑到 u, v 的符号然后返回 $u+\mathrm{i}v$ 的弧度 θ. 已经摒弃前 100 个点, 迭代 2000 次. 最后一行lt=0告知 XPPAUT 不能把点连成线.

载入文件, 在运行前先关闭坐标, 以免跟茱莉亚集混淆：点击 Graphics aXes opts (**G X**), 把三个部分X-org(1=on)从 1 改为 0, 关闭坐标. 现在积分方程会看到环形的茱莉亚集. (该环形是椭圆的, 是因为图形视图框架是长方形) 改变 cy 为 -0.5 再次积分. 再尝试 cy=0.5, 有没有观察到茱莉亚集的对称性？尝试 cy=0,cx=-0.5, 然后尝试 cy=1.5,cx=0. 看上去像是连通的么？尝试 cy=1,cx=0, 迭代 4000 次. 这次或许不是连通. 很难说.

动画茱莉亚集　制作很多茱莉亚集, 然后当参数变化时将结果制成动画. 设 cx=0, cy 从 -1 到 1. 改变迭代次数回 2000. 点击 Initialconds Range (**I R**) 然后按照如下对话框填写：

Range over: cy
Steps: 20
Start: -1
End: 1
Reset storage: Y
Use old ic's: Y
Cycle color: N
Movie: Y

在 Movie 输入 Y 是指保存这个动画窗口的内容. 同时, 确保只有对话窗口在主窗口之上. 点击 **Ok**, 会计算 20 个茱莉亚集. 每步的图都会被保存, 因此我们可以重复播放. 点击 Kinescope Playback (**K P**), 你可以通过点击鼠标来观察每次的图. 点击 **Esc** 退出. 点击 Kinescope Autoplay(**K A**) 可以得到更流畅的茱莉亚集动画. 可以告知 XPPAUT你想重复多少次 (比如 2 次) 动画, 每一帧之间间隔是多少毫秒 (比如 100ms). 之后, 动画重复.

可以有很多保存动画的方式. 其中一个方式需要有一个单独的软件, 可以把静态图片处理成动态. 一个简单但并不高效的方法, 即创建一个 GIF 文件. GIF 可以被很多浏览器播放, 比如 Netscape 或者 Explorer. 点击 Kinescope Make Anigif, 动画会重新播放. 同时名为 anim.gif 的文件已经创建在你的存储器上, 可以通过多种方式来观看这个文件 (浏览器, xanim, 或者其他软件).

曼德布洛特集合 已经使用 XPPAUT 制作了茱莉亚集动画. 对于开集的参数, 茱莉亚集是通的. 连通的茱莉亚集中的参数 c 的集合即为曼德布洛特集合. 另一种理解曼德布洛特集合的方式为: 定义参数集 c, 然后在原点开始迭代 $f(z)=z^2+c$, 而且保持有界. (因为茱莉亚集为连通的, 所以不可能趋于无穷). 这个集合一般为先选定参数 c, 然后迭代一定次数直到 z_n 超过某个界. 如果经过固定次数的迭代, z_n 仍有界, 则认为 c 在曼德布洛特集合中. 迭代的次数需要根据是否有一个点在曼德布洛特集中且在集合的边界变大. 通常, 根据迭代次数成为无界的点会被涂色以表示不在集中.

为了在 XPPAUT 中计算这个集合, 我们使用了一系列的特征来控制输出和颜色. 下面是 ODE 文件mandel.ode, 用来计算曼德布洛特集合:

```
# mandel.ode
#  drawing the mandelbrot set
#
x'=x^2-y^2+cx
y'=2*x*y+cy
# so that the parameter axes are plottable
cx'=cx
cy'=cy
init x=0,y=0
#
# if this crosses 0 then we are out of the set
aux amp=x^2+y^2-4
#
#
```

```
@ xp=cx,yp=cy,xlo=-1.5,xhi=.5,ylo=-1,yhi=1,lt=-1
@ maxstor=40000,meth=disc,total=50
@ poimap=section,poivar=amp,poipln=0,poisgn=1,poistop=1
done
```

注　这是一个带有很多控制量的简单的 ODE 文件. 可以在 XPPAUT 定义控制量, 但是在文件中定义更方便使用. 前两行是用实变量来定义的映射 $z = x + iy$. 接下来的行需要用参数来作为坐标系. XPPAUT只允许以辅助变量和动态变量为坐标. 当 z 超过 2 时, 辅助变量 amp 会由负变为正. 可以看出, 一旦这种情况发生, z_n 会发散到无穷. 控制的第一行设置绘图的坐标和界. 下一行软件要存储 40000 点 (默认为 4000); 积分方法; 每次运行的总迭代次数. 所以设定总迭代次数为 50. 想粗略估计曼德布洛特集合, 最后一个选项 poimap=section 是告知 XPPAUT 会计算庞加莱映射, 即我们只绘制某些情况发生后的点. XPPAUT 中有很多不同的庞加莱映射. 如果某个数值量 Q 越过一个值 v 而且为正, 我们要绘制所有的变量. 在现在这个例子中, 当 z_n 为 2 时, 我们想让数值量 amp 消失. 语句 poivar=amp,poipln=0,poisgn=1 告知 XPPAUT 检查数值量 amp 以一个正导数越过 0. 此时 poistop=1 表示模拟停止.

运行这个文件. 通过点击 Graphic stuff aXes opts, 设置 X-org 等为 0, 从而关闭坐标. 接着, 我们做跟逻辑方程分岔图类似的双参数的区间积分. 点击 Initialconds 2 par range (**I 2**), 然后按如下填写:

Vary1: cx	Reset storage: N
Start1: -1.5	Use old ic's: Y
End1: .5	Cycle color: N
Vary2: cy	Movie: N
Start2: -1	Crv(1) Array(2): 2
End2: 1	Steps2: 200
Steps: 200	:

点击 **Ok** 运行进行模拟. 因为要运行 40000 次模拟, 可能会需要一些时间. 你会看到曼德布洛特集出现在窗口中, 集合内的点为空. 这是因为庞加莱映射规定, 如果在规定时间内设定条件不发生, 就不会有点绘制. 因此, 如果在少于 50 次迭代时参数值离开半径为 2 的圆, 一个点 (cx,cy) 将被绘制.

因为 XPPAUT知道要多少次迭代然后退出, 所以我们可以给点着色. 观看 Data Viewer 的第一列, 这是当迭代离开半径为 2 的圆时的时间, 所以我们可以给这些时间着色. 点击 nUmerics Colorcode Another quant (**U C A**), 选择默认的 T. 点击

Choose 然后选择 `Min` 为 2, `Max`为 12. 点击 `Esc` 退出回到主目录, 点击 **R** 来重画, 你会看到熟悉但有些粗并着色的曼德布洛特集. 可以创建一个更小的 2200 × 200 的小窗口来得到一个更好的图像. 点击 `Makewindow Create`, 然后调整大小, 会看到如图 4.6 所示的图像.

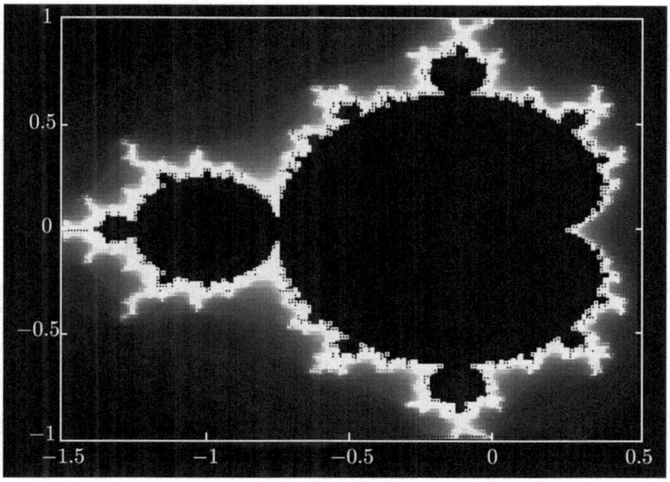

图 4.6 曼德布洛特集合

练习 使用函数 $f(z) = z^3 + c$ 创建茱莉亚集动画, 然后用这个函数创建一个曼德布洛特集合. (注意, 对立方根, 你想要在三个可能的根之间随机选择.) 一个很好的曼德布洛特集合范围是: c_x 在 −0.8 和 0.8 之间, c_y 在 −1.5 和 1.5 之间. (提示: $z^3 = x^3 - 3y^2x + \mathrm{i}(yx^3 - y^3)$) 通过改变一些上面非线性系统的系数来创建一些艺术作品. 添加一些二次项, 改变几个正负号来再次尝试. 为了加快计算速度, 在双参数范围将 200 改为 100. 当你发现一些很酷的结果时, 做一个更好的版本. 不需要创建一个新的 XPP 文件, 点击 `File Edit RHS's` 编辑右侧即可.

4.2.6 迭代函数系统

很多有趣的分形都可以通过在平面上随机选择仿射映射来实现. 一个仿射映射是如下变换:

$$x \mapsto Ax + b.$$

如果作一系的仿射映射 $\{A_n, b_n\}$, 在某一项上带有概率 p_n, 称为迭代函数系统 (IFS). 选择平面上的一点 x, 选择一个图像映射, 应用后得到一个新点, 然后画点. 重复几千次后, 结果经常会是很有趣的图形. 基于这些想法, Barnsley 与其他人已经开发了相关的图像压缩算法. 然而, 我们将要用它来构建分形图像. 作为一个不需要电脑辅助的示范案例, 我们着重来看一维下的例子. 每一步都用 1/3 乘以 x, 然后抛硬币, 如果正面向上则加 2/3, 否则加 0. 可以看出, 区域中间的 1/3 段不会画到, 左右两边的中间的 1/3 段也不会画到. 因此, 被画点的区间的每一个中间 1/3 段都为空 —— 这就是康托集. 可以通过下面的 ODE 文件来看这个例子:

```
# cantor.ode
# plots the Cantor set
x'=x/3+2*heav(ran(1)-.5)/3
y'=.5
@ xlo=0,xhi=1,xp=x,yp=y,ylo=.4,yhi=.6
@ meth=discrete,total=40000,lt=0,maxstor=40001
done
```

注　第一个等式完成迭代. 如果在 0 到 1 之间的随机数小于 0.5, 则`heav (ran(1)-.5)`为 0, 否则为 1. 关于y的等式是虚, 因为我们想绘制一维集合而且保持 y 坐标为常数. 语句`lt=0`是设定线类型为 0 从而用来绘制点.

运行这个 ode 文件. 使用 `Window/zoom Zoom in` 来放大左半边或者右半边. 注意你会看到同样的集合. 不断地像这样放大, 每一次你都会看到同样的集合. 康托集是自相似, 即放大的区域跟原集合一样. 还有一个很棒的小技巧: 用 100 个统计库来创建康托柱状图. 点击 `Numerics Stochastic Histogram` (**U H H**), 选择 100 个统计库, 然后接受默认值. 点击 **Esc** 退出数值目录. 接下来改变 linestyle: 点击 `Graphic stuff Edit curve`. 选择 0 作为要编辑的线, 把 linetype 改为 1, 点击 **Ok**. 最后点击 `X vs t` 选择 `X` 为绘制变量. 你会看到康托集的柱状图. 回到 Numerics 目录建另一个柱状图, 这次选择 1000 个统计库, 重新绘制. 新的柱状图有更多的内容, 如果放大, 可以发现柱状图仍是分形.

现在创建一个二维的迭代函数系统. 以经典的谢尔宾斯基三角形为例. 这个分形是通过把一个等边三角形分成四个面积相等的三角形, 把中间的三角形去掉, 然后在每个小三角形中重复这个过程. 得到的结果很像二维情况下的康托集合. 迭代函数系统包括三个映射, 每个映射都包含把坐标除 2. 然后由 1/3 的概率为 x 坐标加 1/2, 为 y 坐标加 1/2, 或者不加. 下面是 ODE 文件:

```
# simple iterated function system
# sierpinsky triangle
par c0=0,c1=.5,c2=0
par d0=0,d1=0,d2=.5
p=flr(ran(1)*3)
x'=.5*x+shift(c0,p)
y'=.5*y+shift(d0,p)
@ meth=discrete,total=20000,maxstor=100000
```

```
@ xp=x,yp=y,xlo=0,xhi=1,ylo=0,yhi=1,lt=0
aux pp=p
done
```

注 在乘 1/2 后定义了三个常数值相加: (c0,d0), (c1,d1), (c2,d2). 然后我开始抛一个“三面”硬币 p, 取值 0,1,2. 函数shift(c0,p)将根据 p 为 0,1,2 而分别取值 c0,c1,c2 . 运行这个文件会发现谢尔宾斯基三角形出现, 放大来观察会看到相似的图形.

以下面这个包含四个常规概率和四个仿射映射的迭代函数系统来结束这一节, 由此可知如何推广到更高维的映射.

```
# ifs4.ode
# general code for ifs with 4 choices
par a1=0,a2=.85,a3=.2,a4=-.15
par b1=0,b2=.04,b3=-.26,b4=.28
par c1=0,c2=-.04,c3=.23,c4=.26
par d1=.16,d2=.85,d3=.22,d4=.24
par e1=0,e2=0,e3=0,e4=0
par f1=0,f2=1.6,f3=1.6,f4=.44
par p1=0.01,p2=0.85,p3=0.07,p4=0.07
s1=p1
s2=s1+p2
s3=s2+p3
z=ran(1)
i1=if(z>s1)then(1)else(0)
i2=if(z>s2)then(2)else(i1)
i=if(z>s3)then(3)else(i2)
x'=shift(a1,i)*x+shift(b1,i)*y+shift(e1,i)
y'=shift(c1,i)*x+shift(d1,i)*y+shift(f1,i)
@ meth=discrete,total=20000,maxstor=100000
@ xp=x,yp=y,xlo=-3,xhi=3,ylo=0,yhi=10,lt=0
done
```

注 前 6 行给出仿射映射的值:

$$x' = ax + by + e, \quad y' = cx + dy + f.$$

紧接着的一行给出每个映射的四个概率. 注意这些概率是不一致. s1,s2,s3是累积概率. 接着, 随机数z被选定. 接着三行根据z 值是否大于每个累积概率来决定使用哪个映射. 这些代码跟将要讲到的 Gillespie 算法实现很类似 (见第 5 章). 最后, 每个映射是通过移位算子作用在映射的参数上进行定义的. 例如, 如果 $i=0$, 那么第一个映射会被调用. 对于更大的参数集, 需要使用查表 (第 6 章的元胞自动机案例). 运行这个文件, 你将会看到著名的蕨叶分形.

4.3 一维常微分方程

很多微分方程的课程会以可解的一阶微分方程来开始. 然而, 在最近的书中, 包括 Blanchard et al,Strogatz, Borelli 和 Coleman 进行了更多的定性分析, 而且着重以图形和几何方法来解决微分方程. 有几种方法去获得微分方程的定性分析, 其中一个便是画**相线**. 考虑下面的微分方程:

$$\frac{\mathrm{d}x}{\mathrm{d}t}=f(x),$$

绘制 $f(x)$ 对 x 的图即可得到相线图. 用 $f(x)$ 在点 x 的正负来表示沿 x 轴的方向, 故不动点即为 $f(x)$ 的零点. 因此, 为画相位线图, 首先画 $f(x)$, 然后在 x 轴上画具有代表性的轨迹图. XPPAUT可以执行整个过程. 我们会创建一个动画文件来绘制函数 $f(x)$ 和一个移动的点来表示 $x(t)$ 的性质. 目的是观察 $f(x)$ 的值是如何决定不动点的速度. 首先, 对标量系统创建 ODE 文件, 然后加上动画文件. ODE 文件如下:

```
# phase-line.ode
# one-dimensional autonomous system
f(x)=x*(x-.25)*(1-x)
x'=f(x)
init x=.26
# transformation information for the animator
par x0=-.5,x1=1.5,y0=-1,y1=1
tr(x)=x0+(x/100)*(x1-x0)
ff(x)=(f(tr(x))-y0)/(y1-y0)
@ ylo=-.25,yhi=1.25,total=40,xhi=40
done
```

文件非常的简单. 定义四个参数 `x0,x1,y0,y1` 来缩放动画器中的 x 轴和 y 轴. 动画中的相空间会在 $[x_0,x_1]$ 范围. `y0,y1` 是 y 轴上 $f(x)$ 可绘制的最大值和最小值. 因为 x 轴为相空间, 所以 `y0` 应小于 0, `y1` 应大于 0, 这样 $y=0$(x 轴). 可见函数 `tr(x)`被动画器调用. 如果运行这个文件, 常规的 $x(t)$ 对 t 的图像会出现. 如果我们看动画会看到有趣的地方. 在动画文件中, 我绘制函数 $f(x)$, 然后绘制一个小球沿 x 轴运动的过程的动画. 以下是动画文件:

```
# animation file for a phase-line
# phase-line.ani
permanent
# this code draws a function ff(x)
line [0..99]*.01;ff([j]);[j+1]*.01;ff([j+1]);$RED;2
# a straight line along y=0
line 0;-y0/(y1-y0);1;-y0/(y1-y0);$BLACK
transient
# following the dancing ball
fcircle (x-x0)/(x1-x0);-y0/(y1-y0);.02;$BLUE
end
```

由于并没有深入地研究动画文件, 下面我们详细解释这个文件. 第 8 章会详细介绍如何制作动画. 以 # 开始的行表示注释. 行 `permanent` 告知动画器进阶的都为静态. 例如, 标题在动画中通常不会因时间而改变. 行 `line [0..99]`有些神秘, 我们会将其拆开来进行分析. `line` 命令的标准形式为

```
line x1;y1;x2;y2;color;thick
```

这会画一条从 `(x1,y1)` 到 `(x2,y2)` 的线, 即颜色为 `color` , 宽度为 `thick` 的线. 动画的坐标为左下角 (0,0), 右上角 (1,1). `[0..99]` 告知 XPPAUT 重复这条线 100 次且标记从 0 到 99. (第 6 章会更有详细的讲解) 因此, 有 100 条线绘制. 第一条线的第一个 x 坐标为 0, 第二条线的第一个 x 坐标为 1*.01, 以此类推. 第一条线的纵坐标为 `ff(0)`, 因为 `[j]` 指向当前行的标记, 是 0. 最后一条线在 XPPAUT 中表示为

```
line 99*.01;ff(99);100*.01;ff(100);$RED;2
```

函数 `ff(u)`在 ODE 中被定义. 因此, 这个代码只是绘制函数 $f(x)$. 接下来的代码告知动画器绘制在从 $y = 0$ 开始的水平轴. `transient` 告知 XPPAUT接下来都要进行动画. 一个实心圆被绘制在 x 坐标轴上, 半径为 0.02 的动态系统 02 半径 (整个动画窗口的 2%), 蓝色.

点击 `View axes Toon` (**VT**) 打开动画窗口. 点击 `File` 然后载入文件 `phase-line.ani`. 除非有错误, 否则你应该运行动画 (如果报错, 可能是名字输入有错), 点击 `Go` 按钮, 在动画窗口, f 的图像伴随一个小球会展示这个动力系统的演化.

注 (1) 编辑动画文件并且载入 XPPAUT, 无须退出 XPPAUT.

(2) 如果点击动画窗口右上角的小盒, 模拟和动画会同时进行. 不过这样会减慢模拟的速度.

练习

1. 尝试将以下方程制成动画：

$$x' = \sin \pi x + 1.05.$$

为此, 在主窗口中, 单击 `File Edit Functions` (**F E F**), 并将第一个函数改为 `sin (pi*x)+1.05`, 然后点击 `Ok`. 然后使用 x(0)=0：5 作为初始条件运行 ode. 通过设置参数重新调整动画的相变量轴 `x0=-.5` 和 `x1=10.`, 然后运行动画.

2. 尝试为一维非自治方程创建一个 ODE 文件和一个动画文件. 注意, 由于该函数是非自治的, 我们必须在每个帧重绘函数曲线. 这不是查看一维非自治系统最好的方式. 4.3.1 节会给出一个更好的办法. 下面是这两个文件：

```
# phase-line2.ode
# one-dimensional nonautonomous system
f(x,t)=x*(x-.25)*(1-x)+a0+a1*sin(w*t)
par a0=0,a1=0,w=0
x'=f(x,t)
init x=.26
# transformation information for the animator
par x0=-.5,x1=1.5,y0=-1,y1=1
tr(x)=x0+(x/100)*(x1-x0)
ff(x,t)=(f(tr(x),t)-y0)/(y1-y0)
@ ylo=-.25,yhi=1.25,total=40,xhi=40
done
```

```
# animation file for a phase-line2.ode
# has time-dependence
permanent
# a straight line along y=0
line 0;-y0/(y1-y0);1;-y0/(y1-y0);$BLACK
transient
# this code draws a function ff(x,t)
line [0..99]*.01;ff([j],t);[j+1]*.01;ff([j+1],t);$RED;2
# following the dancing ball
fcircle (x-x0)/(x1-x0);-y0/(y1-y0);.02;$BLUE
end
```

4.3.1 非自治一维系统

对非自治系统的研究相对较难. 上述的练习给你一种研究方法, 但是严格数值化的考虑.

$$\frac{\mathrm{d}x}{\mathrm{d}t}=f(x,t) \tag{4.1}$$

可以在 (t,x) 平面来观察这个系统. 方向场对于理解系统的动力学很有用. 对于平面中的数组 (t,x), 在上面沿着向量方向 $(1,f(x,t))$ 画一个小箭头. 这是解 (4.1) 通过点 (t,x) 的切线, 因此我们可以画出这个方法近似解而非解. XPPAUT 有内置画方向场的工具. 然而这些工具箱仅适用于二维动力系统. 考虑如下微分方程:

$$\frac{\mathrm{d}s}{\mathrm{d}t}=1,\quad \frac{\mathrm{d}x}{\mathrm{d}t}=f(x,s),$$

这与式 (4.1) 一致而且为二维. 基于这些考虑, 下面介绍常规一维非自治微分方程:

```
# oned.ode
# generic one-dimensional ODE file
f(x,t)=x*(1-x)
s'=1
x'=f(x,s)
@ xp=s,yp=x,xlo=-5,xhi=15,ylo=-2,yhi=2
done
```

运行这个文件. s 为横坐标, x 为纵坐标. 点击 `Dir.field/flow` `Scaled dir. field` (**D S**), 然后提示框中把 10 改成 15, 会出现方向场. (可以尝试无标度方向场 **D D**. 在无标度方向场内, 长度与向量 $(1,f)$ 的大小成比例.) 根据方向场, 现在可以从任一点来找到方程解的轨迹. 检查是否正确, 点击 `Initialconds` `Mice` (**I I**), 使用鼠标点击不同的点. 点击视窗外来终止这个过程.

文件存储 XPPAUT只保存最后积分内容, 因此如果想保存所有随着方向场计算的轨迹是不行的. 但是, 有一种方法可以保存到 26 组轨迹. 点击 `Graphic stuff` `Freeze` `On freeze` (**G F O**) 来自动“冻结”屏幕上的轨迹图. 现在重新画方向场计算轨迹. 最后, 点击 `Graphic stuff` `Postscript` 来保存, 选择默认文件名 `oned.ode.ps`; XPPAUT 会在目录中创建一个 Postcript 文件, 可以绘制或查看. 点击 `Graphic stuff` `Freeze` `Remove all` 来删除保存的轨迹. 图 4.7 展示了一个例子.

练习 绘制以下函数 $f(x,t)$ 的方向场: (i)$x-t/10$; (ii) $\sin(4x)\cos(t/2)$; (iii) $t-x^2$; (iv) $t/10-x$; (v) $\sin(xt)$. 基于方向场猜猜看解的形式, 并通过计算这个轨迹来验证你的猜测. (提示: 单击 `File` `Edit` `Function` 来改变函数 $f(x,t)$.)

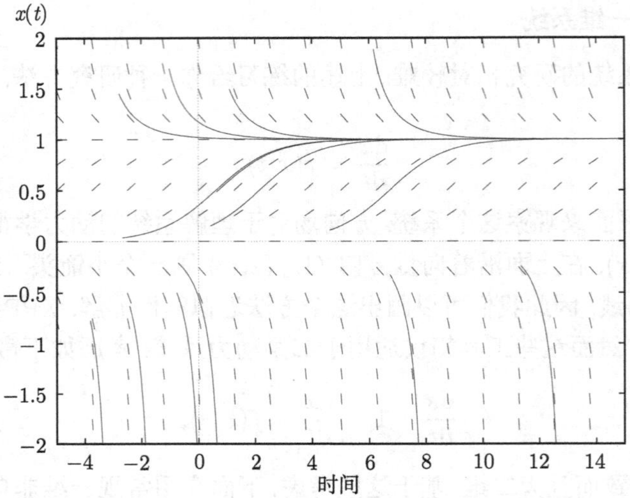

图 4.7　$x' = x(1-x)$ 方程的向量场及轨道示例

4.4　平面动力系统

二维微分方程在很多本科微分方程课中扮演着重要的角色. 这是因为平面具有的特殊的拓扑性质, 特别是约当曲线定理. 也即在平面上的吸引子只有不动点和极限环. 很多教材都会用一到两章来讲述平面微分方程的定性分析. XPPAUT 有很多分析的工具, 包括绘制方向场、零等值线、鞍点的分界线. 恰当使用 XPPAUT 可以很好地讲解一些复杂的动力系统概念. 本节内容是以分析二维线性系统为开端的. 常规线性系统有如下形式：

$$x' = ax + by,$$

$$y' = cx + dy,$$

a, b, c, d 都是参数. 这个系统的性质取决于矩阵的特征值

$$A = \begin{bmatrix} a & b \\ c & d \end{bmatrix}.$$

如果特征值均为实数且有同样的符号, 则原点为*结点*；如果特征值均为实数但符号不同, 则原点为*鞍点*；如果特征值为复数且实部不为 0, 则原点为*涡点*或*焦点*. 对于结点和焦点, 如果实数部为负, 那么结点或焦点都吸引至原点；反之则逃离原点. 还有一些退化案例. 如果特征值为 0, 那么对应的特征向量是一条不动点的线. 最后, 如果特征值为纯虚数, 原点叫做*中心*.

在介绍程序前, 回顾线性二维系统的一些特性. 定义迹为 $T=a+d$, 行列式为 $D=ad-bc$, 判别式为 $Q=T^2-4D$. 如下:

- If $D<0$ 原点为鞍点;
- If $T<0$, $D>0$, and $Q>0$ 原点为稳定结点;
- If $T>0$, $D>0$, and $Q>0$ 原点为非稳定结点;
- If $T<0$, $D>0$, and $Q<0$ 原点为稳定焦点;
- If $T>0$, $D>0$, and $Q<0$ 原点为非稳定焦点;
- If $T=0$ and $D>0$, 原点为中心;
- If $D=0$, 存在一条不动点线.

将要通过下面这个二维线性微分方程来进行讲述:

```
# twodl.ode
# simple linear planar dynamical system
x'=a*x+b*y
y'=c*x+d*y
par a=1,b=2,c=-3,d=-1
@ xlo=-2,ylo=-2,xhi=2,yhi=2,xp=x,yp=y
@ total=30,nmesh=100
done
```

注 文件很简单. `nmesh=100` 告知 XPPAUT 做一个更好的网格来画零等值线. 运行这个文件, 点击 `Dir.field/flow Direct field` (**D D**) 来画无标度的方向场. 因为 $T=0$,$D>0$, 原点为中心. 改变 $d=-2$, 原点变为稳定焦点. 改变 $d=-3$, 原点变为什么? d 如何取值原点会变为结点? d 如何取值会出现不动点线? 改变 $d=-6$, 画方向场和某些轨迹, 不动点线 $y=-x/2$ 会出现. 把 d 改回 -2, 点击 `Dir.field/flow Flow` (**D F**), 改 grid 为 5 来绘制系统的流动图, 涡旋出现. 缺点是: XPPAUT不能保存这些轨迹, 但是可以呈现漂亮的图形.

文件存储 点击 `Kinescope Capture` 来保存截屏. 点击 `Kinescope Save` 并命名 (比如`twodl`), 选择`2:GIF`格式, 文件`twodl_0.gif` 会被创建. `Kinescope Capture` 可以保存很多截屏而且可以制作动画. 单个截屏图可以在浏览器或者图形软件下打开 (Linux 系统中`xv`). 在 Windows 系统中, 可以截屏保存到画板或者 Word 文档. (按住`Alt PrtScrn`键.)

清理图像, 使用鼠标在 $(-2,2)$ 附近开始会得到螺旋线. 通过速度的绝对值 $\sqrt{\dot{x}^2+\dot{y}^2}$ 来对这个轨迹着色. 点击 `nUmerics Colorcode Velocity` (**U C V**), 选择 `Optimize`. 返回主目录. 轨迹已经被很好地着色, 最小速度为绿色, 最大速度为红色. 接着对整个相平面进行着色. 点击 `Dir.field/flow Colorize` 改变 grid 为 100. 可以根据不同的量进行着色 (比如: 接下来会遇到的保守系统的能量), 由于

XPPAUT 不能直接把图片创建为 PostScript 版. 但如上所述, 可以保存图像成 GIF 文件. 在 PostScript 文件中个别的轨线会被消除. 清理图像 (**E**) 并返回数值目录, 关闭着色 (`nUmerics Colorize No color`), 返回主目录 **Esc**.

XPPAUT可以告知原点的属性. 点击 `Sing pts Go` (**S G**), 在对话框中点击 `Yes`, 奇异点、不动点或者是平衡点会被计算. 在终端窗口可以看到不动点的特征值被计算出来: $-1/2 \pm \mathrm{i}1.93$. 新窗口会显示: 总结说明不动点的稳定性、特征值性质以及不动点的值. 在此窗口可以看到原点是稳定的, 因为有两个复数特征值实数部均为负 (参考文件`c-=2`). 改变`c`从 -3 到 3, 绘制方向场和流向图. 因 $D=-8$, 鞍点. 点击 `Sing pts Go` 并在 `Print eigenvalues` 选择 `No`, 另一信息框出现, 询问是否想绘制不动点集, 点击 yes. 按 `Enter` 四次, 可以看到四个从原点出现的轨迹 (分别朝向东北, 东南, 西北, 西南): 两条黄线为鞍点的不稳定流形 (因为是线性系统), 对应特征向量正的特征值; 另外两条为蓝色稳定流形的分支, 对应特征向量负的特征值. XPPAUT 首先绘制不稳定流形, 然后绘制稳定流形. 当存在一维不稳定流形时, XPPAUT 会首先绘制. 清理图像会失去这些流形. 但是 XPPAUT 保存初值可以重新计算. 绘制不稳定流形, 点击 `Initialconds sHoot` (**I H**), 光标会令你选择 1 到 4, 选择 1 或者 2, 因为 XPPAUT 首先计算不稳定流形. 为得到全部分支, 可以在 "冻结" 第一个后再绘制第二个. 如果要得到稳定流形, 需要改变积分方向, 即反向时间求解方程. 为解决 XPPAUT 中 ode 文件的反向求解, 点击 `nUmerics Dt` 改成负值 (比如`-0.05`)), 退出数值目录. 点击 `Initial conds sHoot` 选择 3 或者 4, 稳定流形一般是最后两个. 如果想更多了解这个系统, 确保把`Dt` 改回正值. (**注**: 可以用 Kinescope 来截屏保存.)

4.5 非线性系统

XPPAUT使用数值方法处理问题, 所以系统是否为线性没有影响. 接下来我们转向二维非线性系统分析:

$$\frac{\mathrm{d}x}{\mathrm{d}t}=f(x,y), \tag{4.2}$$

$$\frac{\mathrm{d}y}{\mathrm{d}t}=g(x,y). \tag{4.3}$$

线性系统中方向场可以给出很好的定性分析图解. 另一个计算向量场的方法用**零等值线**. 零等值线把相平面分成不同区域, 每个区域中 $(\mathrm{d}x/\mathrm{d}t,\mathrm{d}y/\mathrm{d}t)$ 符号保持一致, 因此它们会给出流的方向. x 零等值线是 $f(x,y)=0$, y 零等值线对应 $g(x,y)=0$, 而且零等值线的交点即为不动点. XPPAUT 不但可以计算零等值线, 甚至可以当做一个函数的参数来动画这个过程.

假定一个非线性系统有一个不动点而且线性化后没有实部为 0 的特征值, 因此这个非线性系统的性质和对应的线性系统一致. 特别的是, (i) 稳定性不变, (ii) 鞍点的稳定和不稳定流形都与对应的线性系统相切. 这表明 XPPAUT可以计算非线性系统的稳定性和稳定/不稳定流形.

通过这个工具, 我们就可以分析任意一个二维系统. 考虑下面的一个例子:

$$
\begin{aligned}
\frac{\mathrm{d}x}{\mathrm{d}t} &= x + y + x^2 - y^2 + 0.1,\\
\frac{\mathrm{d}y}{\mathrm{d}y} &= y - 2xy + x^2/2 + y^2,
\end{aligned}
$$

在没有电脑帮助下分析这个系统并不容易. 这就是我们使用电脑画图的原因. 首先把方程输入 XPPAUT 中. 以下是 ODE 文件`ex2d.ode`:

```
# example from Golubitsky
#
x'=x+y+x^2-y^2+0.1
y'=y-2*x*y+x^2/2+y^2
@ xp=x,yp=y
@ xlo=-6,xhi=6,ylo=-6,yhi=6,dt=.02
done
```

设定中心为原点而且范围是 12×12 的相平面. 想得到正常图像, 点击 `Dir.field/ flow Direct Field` 来接受默认值绘制方向场. 另一个获取流图片的方法的: 点击 `Dir.field/ flow Flow` 并接受默认值来绘制前向或后向的轨迹图的分支.

不确定有多少不动点, 但是肯定多于 1 个. 点击 `Nullcline New` (**N N**) 得到不动点一个大概的数量和位置. x 零等值线为红, y 零等值线为绿. (**注**: 有时零等值线比较模糊, 可以增加网格数来解决. 点击 `nUmericsNcline ctl` 改变 mesh 从 40 到 100. 点击 `Escape` 退出, 清理图像, 重新计算) 可能有 2 个或者 4 个不动点. 可以通过适当放大不动点所在的区域而确定不动点的个数. 可以点击 `Window/zoomZoom` (**W Z**) 来进一步观察不动点所在的区域. (可以查看 (−5,4)X(−2,5), 点击 `Erase` 清理图像. 重新绘制零等值线和方向场 (**N N**; **D Enter Enter**), 可以清楚地看到有 4 个不动点. 通过零等值线的交叉点判断不动点的性质. 点击 `Sing.Pts Mouse`, 然后点击右上角的不动点. 对于特征值选 **No**, 不动集选 **Yes** . 一个黄色的轨迹线出现 (不稳定流形的分支), 然后一个警告窗口出现 (已经超出界限). 按任意键另一条不稳定流形出现. 然后再次按任意键, 稳定流形 (蓝色) 出现. 点击 `Esc` 得到其他分支. 发现对于这个鞍点有四个轨迹线: 两个黄色 (不稳定流形), 两个蓝色 (稳定流形). 重复这个过程可以得知剩下的两个不动点为鞍点, 最后一个为不稳定焦点. 如图 4.8 所示. (图中, 为了可以看清, 把图分为两部分, 左边为流和零等值线, 右边为稳定和不稳定的流形) 箭头从鞍点随黄色轨迹向外, 接着朝向蓝色轨迹趋近鞍点, 因此起始于蓝色轨线附近点的轨线趋向于鞍点. 这个例子中没有稳定不动点和极限环, 正向积分会导致解趋于无穷. 尝试一些新的初值来确认这一事实.

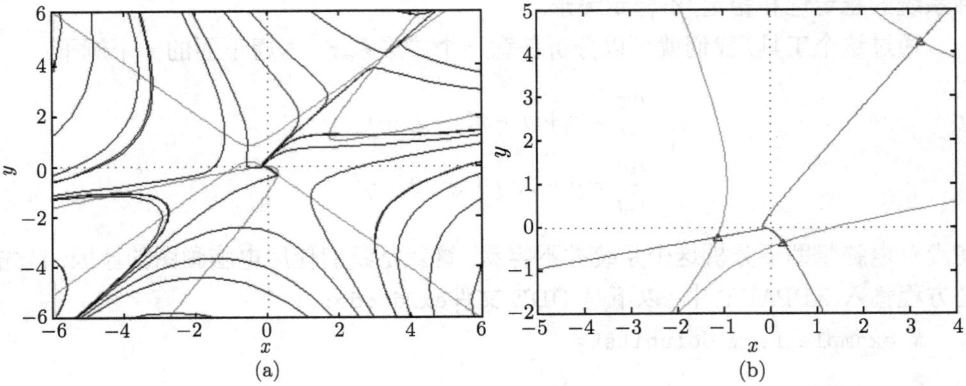

图 4.8　(a) 二维非线性系统相平面中的示例轨线和零等值线;
(b) 不动点的稳定和不稳定流形

改动文件来学习一个新系统, 让我们来检验下面的方程:

$$\frac{\mathrm{d}x}{\mathrm{d}t} = x(x(1-x)-y), \quad \frac{\mathrm{d}y}{\mathrm{d}t} = y(x-0.4).$$

点击 `File Edit RHS` 来修改右边项. 仔细输入这两个方程后点击 **Ok**. 通过 `Window/Zoom Window` 来改变 (−0.25,1.25)X(−0.25,1.25). 使用`Scaled` 或者`Unscaled` 绘制方向场. 缩放化方向场只表示方向, 非缩放方向场长度会随着向量大小而改变. 我喜欢前者, 这是个人品味的问题, 尝试任意一个. 点击 D S 使用网格数 16(替代 10) 会得到更纯的方向场. 点击 **N N** 得到零等值线.

如图 4.9 所示, 明显有两个不动点, 原点看上去有些牵强但是仍然是不动点, 因为零等值线算法不完美. 可验证 (0,0) 是鞍点, 其稳定流形为 y 轴, 不稳定流形为 x 轴. 检验不动点 (1,0) 同为鞍点. 注意, 黄色的不稳定流形看上去以极限环为极限. 点击 `Esc` 退出, 来停止积分这个轨迹. $x = 0.4, y = 0.24$ 是不稳定焦点. 在第一象限选择一些初值来验证存在稳定极限环. **极限环**是微分方程的一个孤立的周期环.

4.5.1　平面守恒动力系统

一个无摩擦质量为 m 的物体在势能函数 $P(x)$ 作用下的方程如下:

$$\frac{\mathrm{d}}{\mathrm{d}t}\left(m\frac{\mathrm{d}x}{\mathrm{d}t}\right) = -\frac{\partial P}{\partial x} \equiv -f(x), \tag{4.4}$$

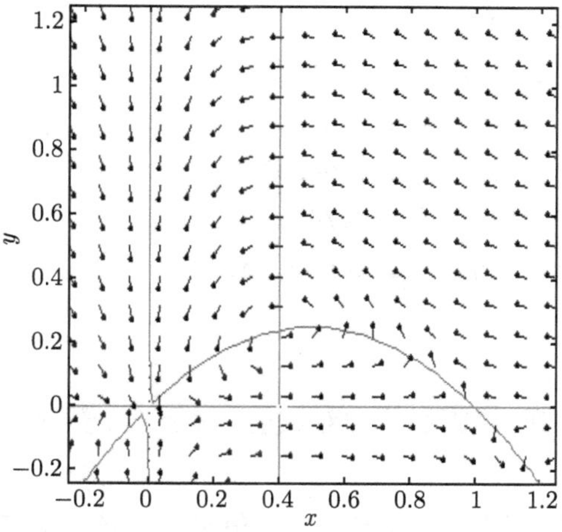

图 4.9 捕食者–食饵示例的方向场和零等值线

$f(x)$ 是作用力, m $(\mathrm{d}x/\mathrm{d}t)$ 是动量. 如果把上式写成位置 x 和速度 v 的方程, 可得

$$\frac{\mathrm{d}x}{\mathrm{d}t}=v, \quad m\frac{\mathrm{d}v}{\mathrm{d}t}=-f(x),$$

假定物体质量为常数. 把式 (4.4) 乘 $\mathrm{d}x/\mathrm{d}t$ 然后积分这个等式, 可以得到总能量 (动能和势能) 是守恒的:

$$E=\frac{1}{2}mv^2+F(x);$$

$\mathrm{d}E/\mathrm{d}t=0$. (如果存在函数 $I(x,y)$, 使得在轨迹线上 $\mathrm{d}I/\mathrm{d}t=0$, 则通常系统 (4.2) 称为可积的). 一个简便验证二维系统是否可积的方法是

$$\frac{\partial f}{\partial x}+\frac{\partial g}{\partial y}=0.$$

在这里积分 I 很容易找到, 可当做练习. 例如, 系统

$$x'=xy+y^3, \quad y'=-y^2/2+x^2(1-x)$$

可积, 函数 I 为

$$I(x,y)=xy^2/2+y^4/4+x^4/4-x^3/3$$

在系统解上为常数. 首先来探索这个系统, 随后会讨论更多标准力学系统. XPPAUT文件如下:

```
# integrable.ode
# an integrable system with its integral
x'=x*y+y^3
```

```
y'=-y^2/2+x^2*(1-x)
# here is the integral
aux i=x*y^2/2+y^4/4+x^4/4-x^3/3
# here is the log of the integral
aux li=log(x*y^2/2+y^4/4+x^4/4-x^3/3)
@ xp=x,yp=y,xlo=-2,ylo=-2,xhi=2,yhi=2
@ total=100
done
```

注　为了提高缩放, 计算积分的对数值, 对于一个数量值取对数, 可以更好地描述大数量级.

文件已经设定绘制相平面. 设定一下初值来研究这个系统. 注意到几乎每个解都为周期解. 这是守恒系统基本的性质. 点击 Data Viewer, 数值量 I 在每个轨迹上均为常数. 开启"冻结"(`Graphic stuffFreeze On freeze`), 使用鼠标来选择好的轨迹 (`Initial conds mIce`). 通过积分的对数来着色. XPPAUT允许对轨迹或者相平面根据其向量场的值来进行着色. 根据现在的时间与轨迹, 速度或者其他数值量来进行着色. 这个数量值必须是单独变量或者可以绘制的数量值. 点击 `nUmerics` 进入数量目录. 点击 `Colorize Another quantity` 选择`li`, 将积分的对数作为数量值. 对于着色缩放, 选择 `Choose`. 选择 -7.5 为最小值, 1 为最大值. 点击 `Escape` 返回主目录. 点击 `Dir.field/flow` 和 v 选择网格为 100, 应该看到图像充满颜色. 红色为主, 越远离原点, I 值变大. 在原点附近, 颜色变化很快, 如图 4.10 所示.

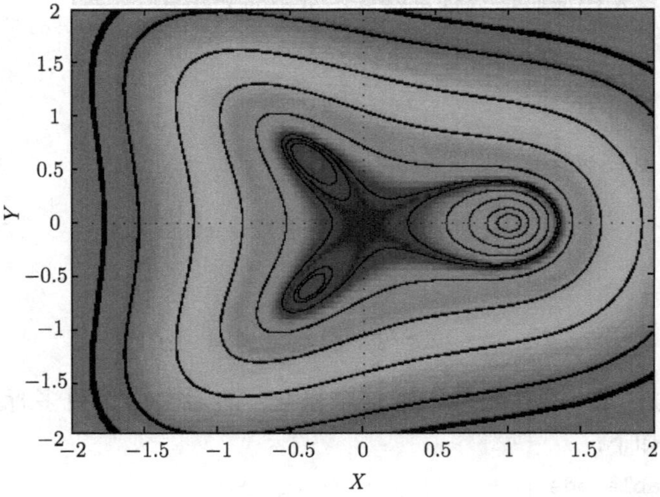

图 4.10　彩色保守系统: 灰度级表示积分取对数 (文后附彩图)

现在来看双势阱问题, $P(x)=x^4/4-x^2/2$. 微分方程为

$$m\ddot{x}=x-x^3,$$

可以写成系统:

$$\dot{x}=y,\quad \dot{y}=(x-x^3)/m,$$

总能量为

$$E=my^2/2+x^4/4-x^2/2.$$

你可以写一个新的 ODE 文件或者修改之前文件的右边. 以下是 ODE 文件:

```
double\_well.ode:
# double well potential
x'=y
y'=(x-x^3)/m
par m=1
aux e=m*y^2/2+x^4/4-x^2/2
@ xp=x,yp=y,xlo=-1.5,ylo=-1.5,xhi=1.5,yhi=1.5
done
```

进行以下步骤:

1. 点击 Graphic stuff Freeze On freeze;
2. 点击 Initial conds mIce 选择 10 或者其他初始情况得到比较好的轨迹;
3. 点击 nUmerics Colorize Another quantity 并选择E 为数值量, 然后点击 Choose; 最小值为 −0.25, 最大值为 0.75; 点击 Escape 返回主目录;
4. 点击 Dir.field/flow Colorize 选择网格 100;
5. 点击 Restore 重新绘制.

可以看到如图 4.11 所示图像.

4.5.2 练习

这里有一些方程要研究, 其中一些是可积的, 所以可以找到积分. 对于每一个方程, 绘制零等值线、方向场、鞍点的稳定和不稳定流形.

1. $x'=y(1-x^2)$, $y'=3-x^2-y^2$ 在窗口 (−3,3)X(−3,3). 这是一个有趣的矢量场, 因为一方面它看起来可积, 另一方面两个不动点是结点.

2. $x'=y(1-x^2)$, $y'=x(3-x^2-y^2)$ 与上面所在窗口相同.

3. $x'=x+4x^3-x^5-y$, $y'=x$ 在窗口 $-3<x<3$ 和 $-6<y<6$. 有多少个极限环和不动点? (提示: 应该对时间向后积分以找到不稳定的极限环; 单击 nUmerics Dt, 并将其更改为 −0.02.)

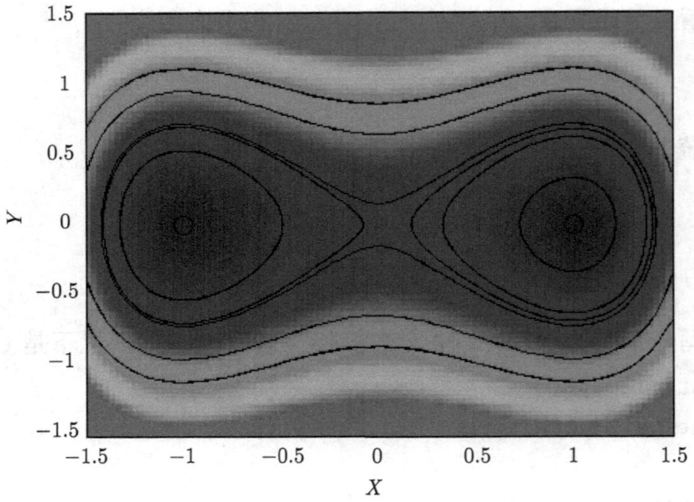

图 4.11　双势井 (文后附彩图)

4. 绘制此系统的相位图像, $x' = y - y^3 - x^3$, $y' = x^3 - x + 3x^2y$, 表明是可积的. 存在多少不动点, 并且它们有什么性质? 绘制所有从鞍点到鞍点的可能连接轨迹.

5. $x' = y(1 - y^2)$, $y' = -x(1 - 2x^2)$. 这个系统可以通过扰动来产生 11 个极限环!

6. 这是一个经典的两神经元网络:

$$\tau_1 u_1' = -u_1 + f(w_{11}u_1 + w_{12}u_2 - \theta_1), \quad \tau_2 u_2' = -u_2 + f(w_{21}u_1 + w_{22}u_2 - \theta_2)$$

其中 $f(u) = 1/(1 + \exp(-u))$. 四个 w_{jk} 是权重, τ_j 是时间常数, θ_j 是阈值. 函数 $f(u)$ 是作为输入的函数的放电速率. 这个系统有一个令人难以置信的不同相图的范围. 写成 ODE 文件.

a. 使用以下参数值: $w_{11} = 12, w_{12} = -6, w_{21} = 13, w_{22} = -2, \theta_1 = 3.5, \theta_2 = 6$, $\tau_1 = 1$, 和 $\tau_2 = 1$, 绘制零等值线. 有三个不动点, 中间不动点是鞍点. 绘制不稳定和稳定流形. 注意: 不稳定 (黄色) 流形的两个分支形成一个终止于最左侧的不动点的环. 现在减少 θ_1 到大约 3.2 并绘制零等值线. 注意左下两个不动点已经消失. 积分方程, 看会发生什么. 从由鞍点的不稳定流形 (不再存在) 形成的环出现了一个稳定的极限环, 这是从圆上鞍结点形成的大振幅周期轨的经典分岔. 存在一个 θ_1 值, 其中鞍点和稳定结点合并为一个点, 尝试找到这一点. (提示: 在 3.2 和 3.5 之间.) 将 θ_2 更改为 0.9, 将 θ_1 改回 3.5, 再看鞍点稳定和不稳定流形. 将 θ_1 更改为 3.4, 并重新进行流形计算. 注意, 不稳定流形的右分支终止于极限环上. 对于 θ_1 在 3.4 和 3.5 之间, 右分支不稳定的流形, 不是终止于稳定结点上, 而是沿着稳定流形终止于鞍点. 这就是所谓的同宿轨. 对于略小于此临界值的 θ_1, 一个稳定极限环从这个同宿轨中出现. 在此参数中有三个不动点 (最左稳定) 和一个稳定极限环. 从同宿轨出现的极限环是稳定的, 因为所谓的鞍量, $\lambda_1 + \lambda_2$ 是负的, λ_j 是鞍点的特征值. (验证这个结论.)

b. 与极限环进行更多的互动. 验证有以下参数的神经网络模型有 3 个极限环和一个不动点: $w_{11} = 8$, $w_{12} = -6$, $w_{21} = 16$, $w_{22} = -2$, $\theta_1 = 0.34$, $\theta_2 = 2.5$, $\tau_1 = 1$, 和 $\tau_2 = 6$, 确定它们的稳定性. (提示: 平面系统中的不稳定极限环可以通过向后积分找到.) 更改 $\theta_1 = 0$, $\theta_2 = 3.55$ 和 $w_{21} = 7$, 并证明有一个稳定的极限环、一个稳定不动点和一个不稳定极限环. 这种双稳性与上面的同宿轨分岔引发的双稳性具有完全不同的机制.

c. 找到有 9 个不动点的参数! (提示: 尝试 w_{11}, w_{22} 值为正且大 (大约 10), θ_1, θ_2 为正, w_{12},w_{21} 值为负且小.)

4.6 三维及更高维

XPPAUT可以对高维动力系统进行三维绘制. 这里会展示一些经典问题, 讲述一些很酷的投映绘图. 考虑下面用来模拟大规模大气模型的洛伦茨方程:

$$\frac{\mathrm{d}x}{\mathrm{d}t} = s(y-x),$$
$$\frac{\mathrm{d}y}{\mathrm{d}t} = rx - y - xz,$$
$$\frac{\mathrm{d}z}{\mathrm{d}t} = -bz + xy.$$

标准参数值为 $s = 10, r = 27, b = 8/3$. 下面的 XPPAUT文件更为复杂, 因为我想展示一些很酷的绘图技巧. 基本思想: 首先绘制三维图像, 然后在一个或几个坐标平面绘制其相应的二维投影. 如图 4.1 所示. 在这个例子中我们会讨论到庞加莱映射、傅里叶光谱、李雅普诺夫指数. 以下是 ODE 文件, `lorenz.ode`:

```
# the lorenz equations
# with some fancy graphics options
x'=s*(-x+y)
y'=r*x-y-x*z
z'=-b*z+x*y
par r=27,s=10,b=2.66
init x=-7.5,y=-3.6,z=30
# now add some projection planes for 2D plots
aux x2=xplane
aux y2=yplane
```

```
aux z2=zplane
par xplane=-35,yplane=60,zplane=-10
# set up the numerics
@ total=50,dt=.02
# set up 3D plot
@ xplot=x,yplot=y,zplot=z,axes=3d
# tell XPP there are 4 plots altogether
@ nplot=4
# here are the 3 projections
@ xp2=x,yp2=y,zp2=z2
@ xp3=x,yp3=y2,zp3=z
@ xp4=x2,yp4=y,zp4=z
# set up the 3D window
@ xmin=-40,xmax=18,ymin=-24,ymax=64,zmin=-12,zmax=45
@ xlo=-1.4,ylo=-1.7,xhi=1.7,yhi=1.7
# and rotate the plot a bit so it looks nice
@ theta=35
done
```

注　如我所言, 上面这个简单的 ode 文件看起来相当的复杂. 前三行是方程, 然后加入三个均为常数的辅助变量. 如果绘制在三维空间 $(x, y, z2)$ 的话, z 坐标为常数, 这就是在 (x, y) 平面上的投影. 平面的选择是根据很多试验结果给出的最优视角. 剩下的部分是设定 XPPAUT 绘制的参数. 描述部分应该很清楚地解释程序. 参数 `phi`, `theta` 控制三维图像的视角.

运行 XPPAUT 并积分方程, 应该看到如图 4.12 所示图像. 三维投影被着色而且位于中间的洛伦茨吸引子被标记白色. 坐标轴都有标记. 想要给坐标轴添加标记, 点击 `View axes 3D` 填写最后三行. 可以沿着垂线对图像进行旋转来看到更好的吸引子. 点击 `3D params`, 按如下对话框填写:

Movie(Y/N): Y
Vary (theta/phi): theta
Startangle: 35
Increment: 15
Number increments: 23

这告知 XPPAUT在转角 theta 以 35° 为开始并且每次变化 15° 的条件下抓取 23 个图像. 使用 Kinescope 可以播放这个类似电影的文件. 填好表后点击 Ok, (确保绘制图像的窗口除了对话框之外不被其他窗口遮盖, 否则不能完成抓图) 一组图片会出现在屏幕中. 图片可以在缓冲区被播放或者使用 Kinescope 连续. 点击 Kinescope Autoplay 来流畅地运行这些抓屏, 选择重复次数 (选择 3 次) 或者每个图像的时间间隔 (50~100ms), 会看到三维图流畅地旋转, 而且重复播放 3 次. 如果想手动观察每个图像, 点击 Kinescope Playback, 点击鼠标到下一图. 点击 **Esc** 退出. 可以使用 Kinescope Make Anigif 来创建 GIF 文件, 文件名为 anim.gif.

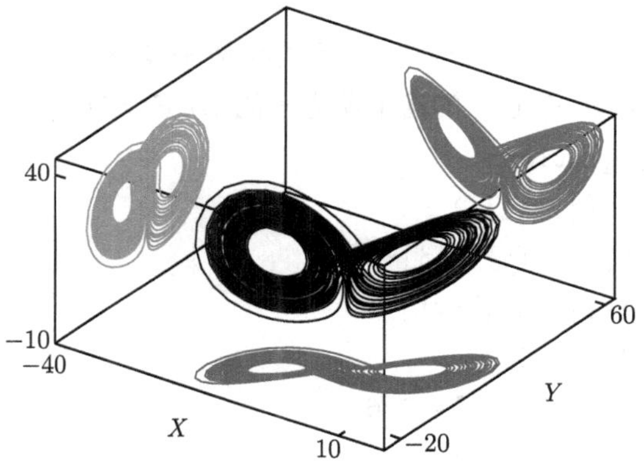

图 4.12 洛伦茨吸引子

4.6.1 庞加莱映射, 快速傅里叶变换和混沌

洛伦茨方程是以带有混沌性质的早期数值问题而闻名的. 在确定性动力系统中有很多证明混沌的方法, 最常见的一种就是存在无限多的非稳定周期解. 经典的 Sarkovskii 定理表明, 对于离散动力系统, 如果存在周期为 3 的轨道线, 那么会有无穷多周期轨道线, 后来被 Li 和 Yorke 在一篇经典文章中重新证明. 在 4.2.2 节我们已经找到所有周期为 3 的逻辑方程的轨迹. 另一个证明混沌的方式是对于初值的依赖敏感性. 即如果选择两个很接近的初值, 方程解会以指数速率相互偏离.

敏感依赖 点击 Graphic stuff Remove all (**G R**) 来清除除了最原始的洛伦茨方程外的绘图. 点击 **X** 在光标处选择x提示符, 对 **X** 作为时间的函数进行绘制. 冻结这个线 (**G F F**) 选择颜色 1(红色). 在 Initial Data Window 里, 把初值z 从 30 改成 30.001, 然后点击 **Go**. 前 $t = 10\text{s}$ 轨迹很接近, 之后两条轨线发散, 这提供了发散率的一个估计. 精确的发散率由最大李雅普诺夫指数来决定. 这是通过积分线性化系统 (在轨道附近线性化原始方程而得到) 来得到的数值量. 根据定义, 发散率 $d(t)$ 近似为

$$d(t) = d(0)\exp(\lambda t)$$

λ 为最大指数. 设定 $t = 10, d(0) = 0.001, d(10) = 1$ 可以得到 $\lambda \approx \ln(1000)/10 = 0.69$, 这个值很接近实际值 0.9. 点击 nUmerics Stochastic Liapunov (**U S L**), 选择 0 来避免得到一系列的值, 在指数出现后点击 **Esc** 退回主目录. 这次得到的结果仍然有些低, 可以通过长时间积分来忽略过程中的暂态. 使用 Initialconds Last (**I L**) 把积分时间调至 99, 会得到一个更接近 0.9 的值. 重点是如果最大李雅普诺夫指数为正, 则引出在轨迹上存在发散. (注：XPPAUT中的李雅普诺夫指数计算是通过线性化轨迹上每个点, 使用单位向量来设定一个时间步长, 计算扩展式, 然后对于扩展式求对数进而求和. 这个计算的平均值是最大李雅普诺夫指数的一个近似值.)

可以通过设置 50 个不同但非常接近的初值来观察洛伦茨方程的敏感依赖性. 使用模拟器创建包含 50 个独立的洛伦茨方程的 ODE 文件. 文件名为 lorenz50.ode:

```
# 50 lorenz equations
x[1..50]'=s*(y[j]-x[j])
y[1..50]'=r*x[j]-y[j]-x[j]*z[j]
z[1..50]'=-b*z[j]+x[j]*y[j]
par r=27,s=10,b=2.66
init x[1..50]=-7.5,y[j]=-3.6
init z[1..50]=30.00[j]1
@ total=50,dt=.02
done
```

注　已经使用 XPPAUT 文件读取器来开始 z[j]. [j]是数值 j 的展开式, 例如 j=15, 那么表达式30.00[j]1 会被展开为30.00151, 因此初值都很接近但又不同. 最后的“1”是来区分30.0041 (j=4) 和30.00401 (j=40) 的.

运行程序, 积分方程点击 (**I G**), 然后点击 View axes Toon 来调出动画窗口. 动画文件名为 lorenz50.ani, 并有如下形式：

```
# animation for lorenz50.ode
fcircle (x[1..50]+20)/40;z[j]/50;.02;[j]/50
done
```

这是在 (x, z) 平面绘制一个着色的小球, 坐标按适当的比例缩放. (详细内容请见第 8 章) 在动画窗口, 点击 Go 开始动画, 会发现一个小球开始随着轨迹的发散变成一个彗星, 吸引子里有 50 个小球.

退出 lorenz50.ode 文件, 返回洛伦茨方程. 如果你已经关闭原始的洛伦茨文件, 应该重新开始并清理所有的投影图, 积分并绘制 x 与时间的图. 现在来看功率谱. 点击 nUmerics Stochastic Power 在光标处选X, 点击 Esc 退回主目录. 功率在第二个数据列 (x), 对应模编码在第一列 (t), 点击 Xvst 然后选择X来绘制光谱. 你也许想放大最低 200 左右模编码, 注意光谱没有真实的峰, 而这正好是混沌出现的表现.

4.6.2 庞加莱映射

最后通过洛伦茨吸引子来计算庞加莱映射. 庞加莱映射包含一个离散数集合, 是通过其中的值越过一个给定值时来选定的. 在庞加莱研究中, 选择画变量 z 的连续最大值, 会看到这个图最终是一维的. 注意, 我们在三维系统中固定了一个变量, 期待会看到一个二维映射. 计算过程可能会花费一些时间, 因为需要把步长变小 (更精确地找到最大值), 并且增长积分时间. 点击 `nUmerics`, 然后把 `Total` 改成 200. 点击 Dt 改成 0.01. 点击 `Poincare map`, 然后在 `Max/min` 中选择一个变量的最大或者最小值. 剩余的按照下面表格填写:

`Variable: Z`
`Section: 0`
`Direction(+1,-1,0): 1`
`Stop on sect (y/n): N`

点击 `Ok`. 这会告知 XPPAUT 每次 Z 有局部最大值 ($+1$ 为局部最大值, -1 为局部最小值, 0 对应两者兼有), 然后每次越过最大值的时候不要停止, 绘制所有的变量. 点击 `Esc` 退出主目录. 接着积分方程, 这会花费一些时间. 当每次 $Z(t)$ 有局部最大值时会有一系列的值 (t_n, x_n, y_n, z_n). 洛伦茨绘制 z_{n+1} 与 z_n 来获得一个一维图. XPPAUT 很容易实现这个计算. 首先设置一个绘制 z 与自己的迭代图. 点击 `Viewaxes 2D` 填写如下表格:

`X-axis: Z`	`Xmax: 45`
`Y-axis: Z`	`Ymax: 45`
`Xmin: 30`	`Xlabel:`
`Ymin: 30`	`Ylabel:`

点击 `Ok`, 会看到一个从左下角到右上角的对角线出现. 点击 `Graphics Edit` 选择 0. 选择 `Linetype` 为 -1, 然后点击 `Ok`, 对角线变成了一系列的点. 现在如何看到映射图? 首先, 冻结对角线点, 画直线 $y = x$. 点击 `Graphics Freeze Freeze` 后点击 `Ok`, 对角点变成一条实线. 最后, 绘制 z_{n+1} 对 z_n 的曲线. XPPAUT有一个命令叫做 `rUelle`, 这个名字是根据数学家 David Ruelle 的名字来命名的, 它证明你可以通过观察点 $(x(t), x(t-\tau_1), \cdots, x(t-\tau_n))$ 而得到的关于变量 $x(t)$ 的时间序列来重新构建任意系统的动力学, 因此我们观察 (z_{n-1}, z_n). 进而我们想在 x 轴向上移动相应

的值, 点击 `nUmerics rUelle` (**U U**), 然后改变 `X-axis shift` 到 1. 点击 `Escape` 退出数值目录, 并点击 `Restore` 来重画, 会看到这个尖状线几乎是一维的. 交对角线 $z = 38.5$, 这对应于周期点. 如果你很擅长从图像形状猜测相应的方程, 你可以考虑给出一个关于 z 的近似函数. 下面是我的猜测函数:

$$f_{lorenz}(z) = 27 + 18\exp(-|z - 37.3|/5). \tag{4.5}$$

任何情况下, 洛伦茨方程都可以很好地用一维映射来近似. 如何找到其他周期点? 如果改变 `X-axis shift` 为 2, 那么绘制 z_{n-2} 与 z_n 的图, 所以与对角线相交的点为周期 1 和周期 2 的点. 这种情况下会看到 2 个周期为 2 的点. 最后尝试周期为 3 的点. 改变 X-axis shift 为 3 在 Ruelle, 会发现有 6 个周期为 3 的点. 如图 4.13 所示数值计算映射以及二三次迭代. 第 9 章 (9.6.4 节) 会讨论更快创建庞加莱映射的方法.

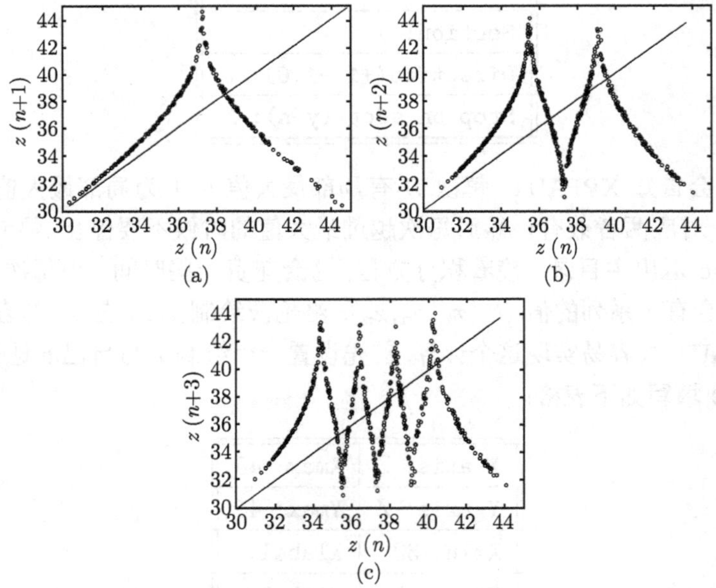

图 4.13　洛伦茨吸引子的庞加莱映射, 最大值 z 的连续值: 周期 1, 周期 2 和周期 3

通过三个证明, (i) 对初值敏感, (ii) 复杂光谱, (iii) 周期为 3 的轨道线, 可以得出洛伦茨方程是混沌的. 事实上, 这个系统仅有几个严谨的结论.

4.6.3　练习

1. 探索简单的映射 f_{Lorenz}(公式 (4.5), 并验证最大的李雅普诺夫指数约为 0.64, 使其不与实际的 Lorenz 系统"混沌"一致, 找到周期为 1、2 和 3 轨道的值. 长时间积分这个映射, 以表明有 6 个不同的周期为 5 轨道.

2. 分析 Rossler 方程:

$$x' = -y - z,$$
$$y' = x + ay,$$
$$z' = bx - cz + xz,$$

其中 $a = 0.36, b = 0.4, c = 4.5$, 初始值 $(x, y, z) = (0, -4.3, -0.054)$. 首先将它以 200 为总时间进行积分, 时间步长为 0.1. 查看时间序列和各种相空间投影. 在三维空间查看方程解. (注意, `Window/zoom Fit` 是无价的, 因为将为你自动计算缩放!) 计算李雅普诺夫指数, 计算功率谱, 你应该看到一个大峰和一些侧峰, 但在那里仍有许多其他频率. 然而, 由某些频率占优势和李雅普诺夫指数接近 0, 足以证明它不像 Lorenz 系统那么混沌.

计算该吸引子的庞加莱映射如下. 不是选择 `Max/min`, 而是选择 `Section`. 选择 `X` 作为变量, `0` 作为 section, +1 作为方向 —— 每当 x 与 0 交叉并有一个正导数时, 将存储一个点. 积分总时间为 2000. 使用 Ruelle 图绘制 y_{n-1} 对 y_n 的图形, 所得到的映射基本上是一维的, 并且看起来像一个颠倒的逻辑斯蒂映射. 查找周期 2 和 3 的点. 为了好玩, 模拟映射:

$$y_{n+1} = -6 + 0.65(y_n + 3.5)^2$$

其中 $y_0 = -5$, 这是真实映射的合理拟合. 查找周期为 1、2 和 3 的点.

3. 模拟 Chua 电路, XPPAUT 文件如下:

```
# chuas scroll chaos
x'=a*(y-if(x>=1)then(m1*x+(m0-m1))\
                else(if((x+1)>0)then(m0*x)else(m1*x-(m0-m1))))
y'=x-y+z
z'=-b*y
par a=9,b=14.28
par m0=-0.1428,m1=0.2856
init x=.1,y=.1,z=.1
@ total=200
done
```

三维绘图, 看看为什么它被称为滚动混沌. 计算光谱和李雅普诺夫指数. 选用不同的庞加莱截面; 看能否找到一个潜伏在下面的一维映射.

4. 混沌也发生在二维系统中, 如果它们是周期性受迫. 经典的例子是 Duffing 受迫方程, 我们写为

$$\ddot{x} + x(x^2 - 1) + f\ddot{x} = a\cos t,$$

改写为如下系统:

$$x' = v, \quad v' = -fv + a\cos(t) - x(x^2 - 1),$$

写一个 ODE 文件. 设置 $a = 0.3$ 和 $f = 0.25$, 将积分时间定为 200, 并在 (x, v) 平面中观察它. 把窗口设置为 $[-1.5, 1.5] \times [-1, 1]$. 现在, 我们将计算一个关于 t 的庞加莱映射, 时间 t 达到 2π 的倍数绘制一个点: 如果你选择截面变量为 t, 那么 XPPAUT假定它是周期性的, 并且每当 t 是一个截面值的倍数时绘制点. 因此, 要获取映射, 请选择 Poincare 映射选项, 选择 `Section`, 选择`T` 作为变量, 并在 section 中键入 `6.283185307`. 更改积分的总时间为 10000, 然后在主菜单将线型更改为 0, 以便指向点 (`Graphics stuff Edit`), 并选择 0 作为要编辑的图形. 最后, 通过单击 `Graphics stuff aXes opt` 关闭轴, 更改`X-org`和`Y-org` 从 1 为 0. 现在运行模拟, 你会看到一个美丽的折叠映射. 这种结构的产生是由于该系统中存在所谓的 Smale 马蹄. 马蹄是最早严格证明在动态系统中的混沌的示例之一. 如果你让摩擦力 f 和受迫 a 在受迫 Duffing 方程中取很小的值, 通过简单查某个积分的零点可以严格证明存在一个 Smale 马蹄的系统! 这是少数的已经在动态系统中严格证明了混沌的常规方法.

Henon 映射是一个具有相似折叠结构的简单映射:

$$x_{n+1} = 1 - ax_n^2 + y_n, \quad y_{n+1} = jx_n,$$

是二维映射. 这里是 ODE 文件, 文件名为 `henon.ode`:

```
# the henon map
x'=1-a*x^2+y
y'=j*x
par a=1.4,j=.3
init x=.316,y=.206
@ xp=x,yp=y,xlo=-1.3,xhi=1.3,ylo=-.4,yhi=.4
@ total=20000,meth=discrete,lt=0,maxstor=40000
done
```

迭代设置为 20000 次. 告诉 XPPAUT增加存储, `maxstor=40000`, 这样可以保留所有的点. 同时告知 XPPAUT使用线型 0. 尝试这个, 然后放大折叠部分, 看到它就像某些多层蛋糕一样更紧的折叠起来.

5. Field-Worfolk 方程作为某些对称分岔的四维范式出现. 方程是

$$x' = (\lambda + ar^2 + by^2 + cz^2 + dw^2)x + eyzw,$$
$$y' = (\lambda + ar^2 + bz^2 + cw^2 + dx^2)y - exzw,$$

$$z' = (\lambda + ar^2 + bw^2 + cx^2 + dy^2)z + exyw,$$
$$w' = (\lambda + ar^2 + bx^2 + cy^2 + dz^2)w - exyz,$$

其中参数是 $r^2 = x^2 + y^2 + z^2 + w^2$ 和 a, b, c, d, e. 参数 λ 是分岔参数. 方程是很出名的, 因为 $a - e$ 取一些值, 随着 λ 越过 0, 会产生引起瞬时混沌的分岔. 尝试 $a = -1, b = 0.1$, $c = -0.05$, $d = 0.015$, $e = 0.55$, 并变换 λ. 使用初始条件 $x = y = w = 0.1$ 和 $z = 0.2$, 你可能会积分一段时间. 下面是一个 XPPAUT文件:

```
# field-worfolk equations
x' = (l+a*r+b*y^2+c*z^2+d*w^2)*x+e*y*z*w
y' = (l+a*r+b*z^2+c*w^2+d*x^2)*y-e*x*z*w
z' = (l+a*r+b*w^2+c*x^2+d*y^2)*z+e*x*y*w
w' = (l+a*r+b*x^2+c*y^2+d*z^2)*w-e*x*y*z
r=x^2+y^2+z^2+w^2
par l=1,a=-1,b=.1,c=-.05,d=-.1,e=1
set fw1 {l=1,a=-1,b=.1,c=-.05,d=-.1,e=1}
set fw2 {l=1,a=-1,b=.1,c=-.05,d=.015,e=.55}
set fw3 {l=1,a=-1,b=.1,c=-.085,d=.005,e=.572837}
init x=.1,y=.1,z=.2,w=.1
@ maxstor=20000,dt=.5,meth=qualrk,tol=1e-5,total=4000
done
```

尝试第二组参数fw2.

6. 作为最后一个例子, 考虑 (我所知道) 有混沌行为的最简单方程, 并通过一系列的倍周期分岔来进行讨论:

$$x' = y,$$
$$y' = z,$$
$$z' = -cx - by - az + x^2,$$

选择 $a = 1, b = 2$, 让 c 从 3 变化到 3.5. 这个系统与 Rossler 吸引子很类似.

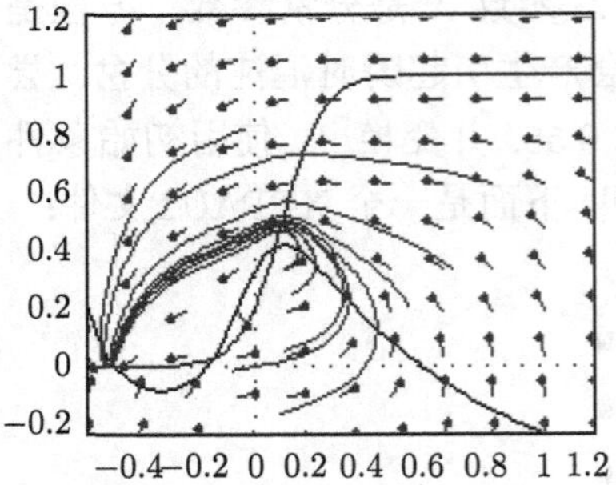

第 5 章 高等微分方程

在第 5 章和接下来的第 6 章, 我们会研究一些比简单的应用中看到的常规简单的微分方程更高等的微分方程. 很多物理问题对于局部时间没有依赖, 相反, 系统的状态取决于已经发生的历史或者早期的有限时间状态. XPPAUT 有很多工具来帮助使用者分析解决这类函数方程. 很多生物系统并不是确定性的而是包括随机成分, 随机部分形式很多, 例如热噪声 (布朗运动) 和随机状态转换 (随机开闭通道) 等. XPPAUT 有很多工具可以用来学习和模拟这些随机系统. 最后, 在化学和力学系统中, 经常有与变量相关的代数限制, 即微分代数系统. XPPAUT 可以解决这类有限制性的模型. 本章来教你如何写这些复杂模型系统的 ODE 程序.

5.1 函 数 方 程

很多有趣的系统被描述为函数方程, 比如时滞方程和沃泰拉积分方程. XPPAUT 中允许用数值方法来解时滞方程和各种沃泰拉方程.

5.1.1 时滞方程

先从时滞微分方程开始看, 考虑下面的时滞逻辑方程:

$$\frac{\mathrm{d}x}{\mathrm{d}t} = rx(t)(1 - x(t-\tau)),$$

其中 $\tau \geqslant 0$ 是时滞. 在 XPPAUT 中用 `delay` 函数来写. `delay(x,r)` 返回 $x(t-r)$, 其中 r 是非负数. 以下是 ODE 文件:

```
# del_log.ode
# delayed logistic equation
x' = r *x *(1-delay(x,tau))
```

```
par r=2,tau=0
init x=.5
aux dlx=delay(x,tau)
@ total=50,delay=10,yhi=6,xhi=50
done
```

注 上面加入额外的可以被绘制的数值量 dlx, 它表示 x 的时滞值. 倒数第二行是在 XPPAUT 中的一些设置. 总共积分 50 个时间单位, 最大的时滞是 10, y 轴上最大可画图到 6, x 轴上最大可画图到 50. XPPAUT 默认最大时滞为 0, 也可以通过 nUmerics dElay command (**U E**) 来设置时滞.

载入文件并积分方程. 把参数 τ 改成 1, 再次积分, 注意到振荡产生. 把 τ 换成更小再进行尝试. 找到 τ 的临界值, 使得恒定稳态不再稳定. XPPAUT 可以自动完成这个任务. XPPAUT 可以追踪时滞方程的不动点的稳定性, 然后尝试能否发现正的特征值. 尝试: 把初值 x 改为 1, 然后积分, 这样你会只看到水平线 $x = 1$. 点击 Sing. pts Range, 填入如下内容:

Range over: tau
Steps: 20
Start: 0
End: 2
Shoot (Y/N): N
Stability col: 2
Movie (Y/N): N

点击 **Ok**, 在控制窗口应看到很多可以滑动的数. 在 Data Viewer 中你会看到在时间列中数字从 0 到 2 以 0.1 的速度增长, 在 X 列中还有其他数值. 第一列中包括 tau 值的范围, 第二列中包括线性方程无穷多特征值的实数部. (存在无穷多特征值是因为特征方程是超越方程而且包含指数函数), 点击 X vs t 然后选择 X 绘图, 会发现特征值的实数部大约在 0.8 越过坐标轴. 因此, $\tau > 0.8$ 时不动点为非稳定, 可能存在霍普分岔; $\tau < 0.8$ 时是稳定的. 尝试设定 tau=0.75, 初值 $x(0) = 0.8$, 然后同样尝试 tau=0.85. 前者会看到小幅阻尼振荡, 后者解会进入周期轨道. 点击 Sing pt Go, 会看到一个小的不动点的窗口, 显示这个不动点是非稳定的. 如果看控制窗口, 会发现非稳定的根为 $0.066 \pm 1.88\mathrm{i}$. 霍普分岔理论预示周期轨由失稳不动点处产生, 而且周期为 $2\pi/1.88 \approx 3.34$, 分母为不稳定特征值的虚数部分. 可以验证真实周期为 3.6, 与我们的估值很接近.

不同于常微分方程, 时滞方程需要整个区间的初值. 如图 5.1 所示, XPPAUT

可以编辑 Delay ICs Window 的输入. 点击在主窗口上部的 Delay. 点击任何一个变量, 然后写成t的方程, 点击 Ok 或者 Go, 会启动在 0 到 $-r$ 之间的变量 t, r 是最大时滞. 同样也可以在 ODE 文件中加入一行设定初值

```
x(0)=f(t)
```

x 是变量.

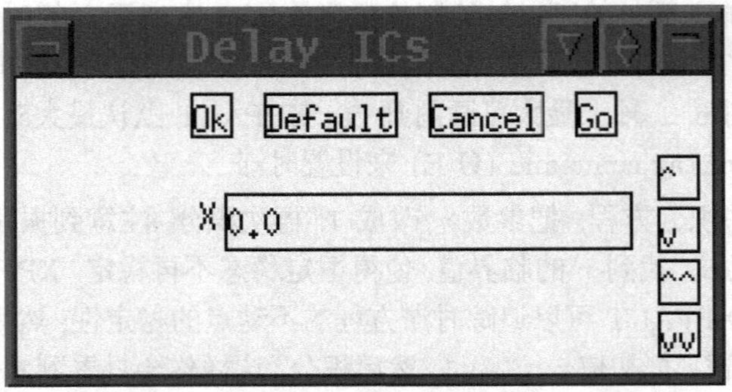

图 5.1 时滞方程的初始条件窗口

时滞并不需要是常数, 只需要保持非负和小于最大时滞即可. 这里有一个 Ken Cooke 提出的有趣问题. 方程是

$$\frac{\mathrm{d}x}{\mathrm{d}t} = rx(t)(1 - x([t]))$$

$[t]$ 是 t 的整数部分. 这个方程介于常微分方程和映射之间. 实际上, 从 $t = [t]$ 到 $t = [t + 1]$ 的积分给出的映射很容易分析. 同样, 我们可以把 ODE 文件写成这个类型. 因 $[t] = t - (t - [t])$, 所以 $x([t]) = x(t - r)$,$r = t - [t]$ 是延迟. XPPAUT 有内置函数flr(t), 可以返回小于t 的最大整数. 下面就是 ODE 文件:

```
# cook.ode
# a delay equation due to Ken Cooke
# x' = r x (1- x([t]))
# where [t]=integer part of t
#
frac(t)=t-flr(t)
x'=r*x*(1-delay(x,frac(t)))
aux xd=delay(x,frac(t))
par r=2.2
init x=.8
@ delay=2,total=100
done
```

加入时滞变量作为一个额外可以被绘制的量. 用户自定义函数`frac(t)`, 取t的分数部. 因为 $[t]$ 在 $(n, n+1)$ 上为常数, n 是整数, 这表明 $x([t])$ 也是常数, $x(n)$. 因此 $x' = rx(1 - x(n))$ 在区间内, 积分这个方程可以得到这样一个映射 $x_n = x(n)$:

$$x(n+1) = x(n)\mathrm{e}^{r(1-x(n))}.$$

这个单峰映射经过常规的倍周期级联而发展到混沌, 因此这个延迟方程也是混沌的. 可以尝试不同的 r 值, 比如在 2 与 3 之间. 同时, 编一个映射的 ODE 文件对不同的 r 值进行迭代. 图 5.2 中显示了方程在 $r = 3$ 的一个解, $x(t)$, $x([t])$, 相平面.

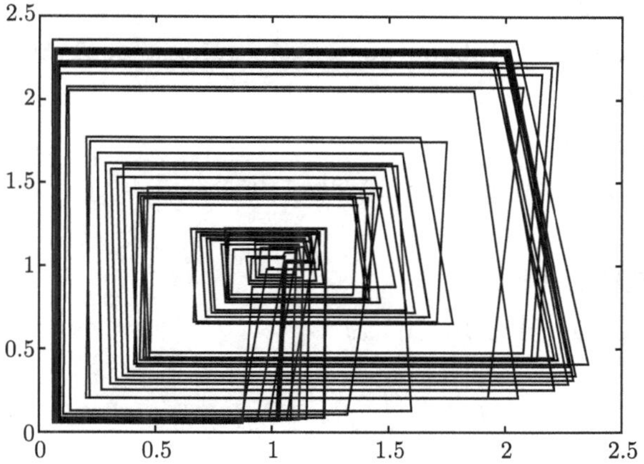

图 5.2 Ken Cooke 时滞方程的解

5.1.2 积分方程

很多物理问题经常会用积分方程描述而不是微分方程. XPPAUT 可以解决多种沃泰拉积分方程. 最常见的形式如下:

$$u(t) = f(t) + \int_0^t K(t, s, u(s))\,\mathrm{d}s,$$

$$\frac{\mathrm{d}u}{\mathrm{d}t} = f(t) + \int_0^t K(t, s, u(s))\,\mathrm{d}s,$$

$f(t)$ 是任意时间依赖的函数 (包括依赖于 u 或者其他变量). 通常来讲, 如果存在可以求导的方法使得积分方程转换为微分方程, XPPAUT 会更有效率地解决问题. 原因很简单, 求解积分方程需要很长的区间来进行积分. 有很多方法可以加速 XPPAUT. 例如, 如果积分方程包含卷积, 可以告知 XPPAUT, 然后积分过程会加快. 看下面一个关于参数值变化出现分岔的问题. 方程如下:

$$u(t) = f(t) + r\int_0^t \mathrm{e}^{(t-s-\tau)^2} u(s)(1 - u(s))\,\mathrm{d}s.$$

$f(t) = a\mathrm{e}^{-bt}$ 是超越函数, 其作用是强迫 u 远离 0. 很明显, 当没有 $f(t)$ 时, 0 是一个解. 如果你对于方程的长时间行为兴趣, 这是一个很有用的技巧. 下面是 ODE 文件:

```
# chao_int.ode
# a chaotic integral equation
# I take advantage of the convolution to make a lookup table
x(t)=c*exp(-b*t)+r*int{exp(-(t-tau)^2)#x*(1-x)}
par tau=3,b=8,c=.1,r=2.4
par d1=1.8,d2=3.6
# I add two more variables so we can make a cool 3D plot
aux y=delay(x,d1)
aux z=delay(x,d2)
@ delay=4,total=300,trans=100,dt=0.05
done
```

下面是一些文件的注释:

• `int{f(t)# g(t)}` 是卷积, $J(t)$ 为

$$J(t) = \int_0^t f(t-s)g(s)\ \mathrm{d}s,$$

而且创建一个对 $f(t)$ 的可查看表, 因此可以快速赋值.

• 加入了两个辅助变量 y, z, 所以可以绘制 (x, y, z) 的三维图. (y, z) 是 $x(t)$ 的时滞形式. 也可以在 XPPAUT 中调整 `nUmerics` 下的 `rUelle`, 在不同象限绘制时滞形式的变量.

• 用 `trans=100` 来忽略前 100 次单位时间的瞬态.

运行这个文件, 发现随着时间进行, 计算会有很大的减慢. 原因是随着时间 t 进行, 积分的值域会变得越来越大. XPPAUT 在 `T=4000*dt` 时截断. 对于现在的问题, 因为核函数是高斯函数, 总数是高于估计的. 对于计算机来讲, $\exp(-400)$ 就是 0. 因为把点的最大数设定为 1000 会极大地提高运行速度. 点击 `nUmerics Method`, 选择 `Volterra` (唯一正确的选择), 把 `maxPoints` 改成 1000(或 400) 并接受其他默认值. 点击 **Esc** 退回主目录, 积分然后绘制三维图像. 点击 `View axes 3D`, 前三个选项依次填写 x, y, z. 点击 `Ok` 会看到一个空窗口, 点击 `Window/zoom Fit` (**W F**) 窗口会选择最优显示, 如图 5.3 所示.

你可以进一步了解随着参数 r 变化时方程的分岔图. 存在一个常数 $c_1(\tau)$, 使得如果 $r < c_1(\tau)$, 那么 $u = 0$ 是一个稳定的不动点. 在 $r = c_1(\tau)$ 处, 对一个非零正不动点, 存在一个跨临界分岔. 稳定一直保持到 $r = c_2(\tau)$, 此处霍普分岔出现. 小

幅度振荡出现, 然后经过周期倍增级联至混沌. 可以尝试来证明这些, 因为这个问题从来没有被认真分析过.

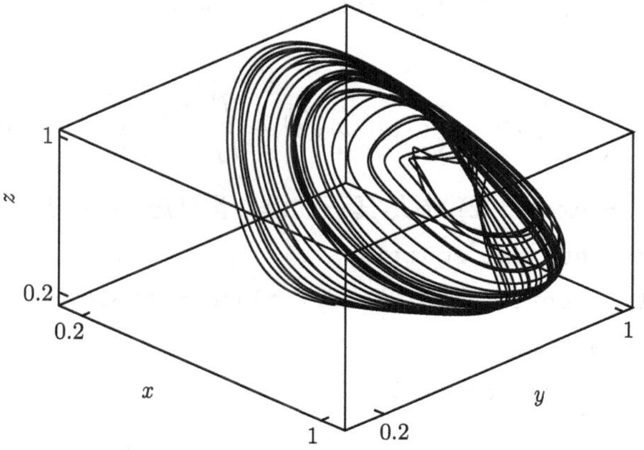

图 5.3 对混沌积分方程的三维重构

5.1.3 制作三维动画

这个软件可以制作 3D 小动画. 点击 `3d-params`, 忽略对话框第一列, 第二列按如下填写:

`Movie(Y/N):` Y
`Vary (theta/phi):` theta
`Start angle:` 45
`Increment:` 15
`Number increments:` 23

这告知 XPPAUT 以 `theta` 轴 (z 轴) 的 45° 开始每次递增 15° 旋转来保存 23 个屏幕图像. 在点击 **Ok** 之前, 确保没有其他窗口在图像上. 点击 **Ok** 后 23 个图像会被绘制. 这些图像都已经被保存. 点击 `Kinescope Autoplay`, 点击 5 为重复次数, 接受默认值 50ms 为播放间隔. 点击 `Kinescope Make AniGif` 后 XPPAUT 会创建名为 `anim.gif` 的 GIF 文件. 可以使用软件或者浏览器打开软件, 通过变换 `phi` 来重复这个练习.

5.1.4 奇异积分方程

XPPAUT 可以解决可去奇点的积分方程, 例如,

$$J(t)=\int_0^t \frac{k(t-s)}{(t-s)^{\mu}}R(s)\,\mathrm{d}s,\quad 0\leqslant\mu<1. \tag{5.1}$$

因为 $\mu < 1$, 可以使用分步积分. 在 Linz [28] 中可以看到关于解决奇点和非奇点的沃泰拉方程的数值方法讨论. 在附录 C 的 C.2 节, 我们会讲到 XPPAUT 使用方法的更多细节. 表达式 (5.1) 的形式为`int[mu]{k(t)#R}`. 奇点部分在 [ ] 中. 下面看一个例子:

$$u(t) = \exp\left(-\frac{t}{2}\right)\sqrt{t} + \frac{4}{3}\exp(-t)\sqrt{t^3} - \int_0^t \frac{\exp(-(t-s))}{\sqrt{t-s}} u(s)^2 \, \mathrm{d}s.$$

很容易验证, $u_T(t) = \exp(-t/2)\sqrt{t}$ 是真正的解. 下面是 ODE 文件:

```
# a singular integral equation
u(t)=exp(-t/2)*sqrt(t)+(4/3)*exp(-t)*sqrt(t^3)-int[.5]{exp(-t)#u^2}
# and the true solution
aux utrue=exp(-t/2)*sqrt(t)
done
```

运行这个文件并把真正解添加到在图像中, 可以看出两者很接近.

5.1.5 有趣的技巧

周期性的蝉 在 Murray 的经典书籍*Mathematical Biology* [31] 中描述了一个蝉周期性出现的模型. 我们不会讨论构建这个模型而仅仅是对其进行简单介绍. 某些特别的昆虫的幼虫会在地下很多年后以成熟体同步出现. 同步出现意味着所有的昆虫在同一年出现. 13 年和 17 年的蝉同步出现, 然后 7 年蝉每年出现. 主要思想是幼虫仍然在地下吃树的根. 当幼虫出现时, 捕食者会吃掉它们, 而且树根的存储量是有限的. 令 n_t 代表每年出现的成熟蝉的数量, 每年有比例 μ 的蝉存活. 食物的数量可以满足的成熟蝉的数量为

$$c = d - \sum_{j=1}^{k-1} \mu^j n_{t-j+1},$$

d 是食物的最大量. 捕食者在 t 年的数量定义为

$$p_t = \nu p_{t-1} + a\mu^k n_{t-k},$$

新的幼虫数量是繁殖能力乘以捕食后的数量:

$$n_t = \min(f \max(\mu^k n_{t-k+1} - p_t, 0), c).$$

这个问题中有趣的地方在于参数 k, 这是一个 k 阶微分方程. 你不会想写 17 个方程来创建一个 17 阶的微分方程. 可以用 delay 来避免这种情况出现. 而且, 我们也可以让 k 成为一个参数. `delay(x,k)` 等于 $x(t-k)$, 因此只要 t 和 k 都为整数, `delay(x,k)` 就是 x_{t-k}. 下面是 ODE 文件:

```
# cicada model
#
# here are the predators decay plus feeding on emerged adults
pt1=nu*p+a*mu^k*delay(n,k)
# amount of food left after taking into acct of all the grubs
c=max(d-sum(1,k-1)of((mu^i')*delay(n,i'-1)),0)
#
#
p(t+1)=pt1
# new number is what's left after predation and what could have
eaten n(t+1)=min(f*max(mu^k*delay(n,k-1)-pt1,0),c)
# set initial delay to 100
n(0)=100-0*t
aux ct=c
par a=.042,f=10,d=10000,nu=.95,mu=.95,k=7
# note you must set delay initial data to 100
@ meth=disc,dt=1,total=200,bound=1000000,delay=20
@ xhi=200,yhi=10000,yp=n,ylo=0
done
```

着重强调几点:

• 定义辅助变量 pt1, 因为捕食取决于今年而非去年. 正因如此, 不需要计算两次.

• 结合求和公式和时滞算子来计算 $\sum_j \mu^j n_{t-j+1}$.

• 设定 dt=1, 当数据存储到时滞算子时, 可以很好地被查阅. 设定 delay=20, 这样可以模拟 20 年的蝉.

• 初值 n(0)=100-0*t 是上一代设定为 100 的情况下存在地下的幼虫的数量. 很显然无用的 0*t 是告知 XPPAUT 是一个方程, 因此这必须是一个时滞初值条件.

尝试不同的 k 值, 比如 9,11,13,17. 哪一个会导致同步出现呢?

法布里-珀罗谐振腔 这是一个很奇特的函数方程, 它联合了映射和一个连续动力系统. 这起源于研究分析激光物理学中称为法布里-珀罗谐振腔的问题. Juan M. Aguirregabiria 在他很棒的 Windows 动力系统程序 (**Dynamics Solver**) 里介绍了这一模型. 下面是相应的方程:

$$x'' = -x'/Q - x - x_0 + A\sin^2(\theta)|f|^2,$$

$$f(t) = 1 + \cos\theta\exp(\mathrm{i}x(t-\tau))f(t-\tau),$$

$$\tau = r + (x(t) + x(t-\tau) - 2x_s)/c,$$

并有

$$x_0 = -x_s + A\sin^2(\theta)/(1-\cos^2(\theta) - 2\cos(\theta)\cos(x_s)).$$

f 是复函数而且 τ 为隐式定义. 为了克服这个困难, Aguirregabiria 在 τ 等式两边求导可得

$$\tau' = v(t)/(c + v(t-\tau)),$$

其中 $v(t) = x'(t)$. 需要把 $f = f_r + \mathrm{i}f_i$ 写成实部和虚部的形式, 如下:

$$f(t) = G(f(t-\tau))$$

给 XPPAUT 带来了挑战, 因为它不是微分方程. 我们会指示 XPPAUT 像处理沃泰拉方程一样在没有积分的情况下解决问题. 但是 XPPAUT 在找不到积分项时不会使用沃泰拉求解器, 所以我们要定义一个积分来指示程序. 下面是 ODE 文件:

```
# fp.ode
# fabry-perot cavity
init tau=1,x=1.08
# needed to fool XPP into using the Volterra solver
junk=int{0#x}
# ode for the delay
tau'=v/(c+delay(v,tau))
x0=-xs+a*sin(th)^2/(1-cos(th)^2-2*cos(th)*cos(xs))
x'=v
v'=-v/q-x-x0+a*(fr*fr+fi*fi)*sin(th)^2
volt fr=1+cos(th)*(cos(delay(x,tau))*delay(fr,tau)-sin(delay(x,
     tau))*delay(fi,tau))
volt fi=1+cos(th)*(sin(delay(x,tau))*delay(fr,tau)+cos(delay(x,
     tau))*delay(fi,tau))
par q=.11,xs=1.07,a=11.459,th=1,r=1.2221,c=120,eps=.1
@ dt=.05,total=200,trans=50,delay=4
@ vmaxpts=1
done
```

程序大部分都很易懂. 创立虚拟积分项 junk=int{0#x} 来指示 XPPAUT 使用沃泰拉求解器. volt 语句告知 XPPAUT 这两个方程是沃泰拉积分方程. 加入语句 @vmaxpts=1 是告知 XPPAUT 改变由沃泰拉求解器存储的最大数值点数, 这样可

以加速求解而且不会把时间浪费在虚拟积分项. (同样也可以点击 `nUmerics Method Volterra` 改变 MaxPoints 为 1) 积分这个方程. 绘制 f_r, f_i, v 的三维图像来观察混沌性质 (图 5.4). 改变参数 a 为 1, 然后求解. 注意方程会收敛到一个不动点. 增加 a 的值来观察周期解. 倍周期现象出现在 $a = 4$ 与 $a = 5$ 之间. 默认的 a 值应该是产生混沌的. (上述 ODE 文件中, 不能写出 `fr(t) =` $\cdots$, 因为右边项没有包含任何可以告知 XPPAUT 这是函数方程而非简单的关于时间的函数的项. XPPAUT 寻找像`int`一样的符号来区分函数方程和函数定义.)

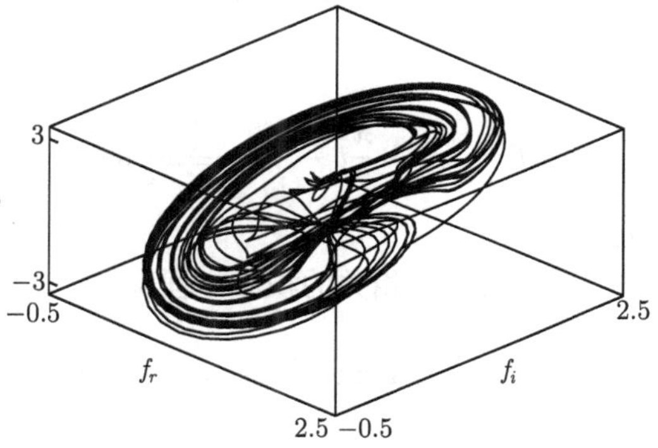

图 5.4 Fabry-Perot 方程的混沌区域的解

5.1.6 练习

1. 研究 Mackey-Glass 方程:

$$x'(t) = -\gamma x(t) + \beta f(x(t-\tau)),$$

其中 $f(u) = u/(1+u^n)$. 这是白血细胞循环模型. 对于人类, $\gamma = 0.1, \beta = 0.2, n = 10$, 时滞 $\tau = 6$. 积分到 600, 保持每 10 个输出一次 (`Total=600, Nout=10 nUmerics` 菜单.) 确保 $x(0)$ 步从 0 开始, 因为 $x = 0$ 是不动点. 观察小振荡, 把 τ 更改为 20 并查看新行为. 尝试: 把 τ 设置为 1 并积分到不动点. 点击 `Initialconds Last` 确保已经在不动点处. 确定稳定性并注意到不动点是稳定的. 单击 `sIng pts Range`, 选择 τ 为范围参数, 并设置为从 1 到 6 的 10 个单位步长. 点击 `Ok`, 你会在平衡窗口看到静息状态失去稳定性. 看控制台窗口 (如果你从命令行启动 XPPAUT), 将看到一个复数列表, 每个都是特定参数的具有最大实部特征值. 注意实部的符号变化.

2. 求解状态相关的时滞方程:

$$x'(t) = x(t)(2 - x(t))(1 - x(t-s))$$

其中, $s = \max(0, px)$, p 是正参数. 选择 $x(0) = 0.1$ 并在 1 和 5 之间更改 p, 确保为最大时滞选择一个较大的值 (比如 10). 当 p 取何值时是稳定不动点?

3. 求解神经网络模型：

$$\frac{\mathrm{d}u}{\mathrm{d}t} = r\left[-u(t) + \left(1 - \int_{t-1}^{t} u(s)\,\mathrm{d}s\right) f(u(t))\right],$$

其中 $f(u) = 1/(1+\exp(-8(u-0.333)))$, r 是参数. 提示：写

$$\int_{t-1}^{t} u(s)\,\mathrm{d}s = \int_{0}^{t} \mathrm{heav}(1-(t-s))u(s)\,\mathrm{d}s, \quad t > 1,$$

因此这是 u 和 Heaviside 函数的卷积. 尝试 $r = 3$ 和 $r = 6$, 对于哪个值静息态是稳定的?

4. 求解

$$u(t) = \sqrt{t} + \frac{\pi}{2}t - \int_{0}^{t} \frac{u(s)}{\sqrt{t-s}}\,\mathrm{d}s,$$

与解析解 $u(t) = \sqrt{t}$ 进行对比.

5. 求解另一个与 Mike Mackey 相关的积分方程:

$$\frac{\mathrm{d}v}{\mathrm{d}t} = \Gamma(e-v) - \beta_0 g\left[\int_{0}^{t} \max(v(t') - \theta(t-t'), 0)\xi(t-t')\,\mathrm{d}t'\right]$$

其中

$$\theta(t) = \frac{1}{(t+\epsilon)^3}, \quad \xi(t) = \frac{\mathrm{heav}(t-t)\mathrm{heav}(t_{\max}-t)}{t_{\max}-1}, \quad g(v) = \frac{v}{1+v^3}.$$

参数是 $\epsilon = 0.001$, $\Gamma = 10$, $e = 1.6$, $\beta_0 = 600$, $f_0 = 8$, $t_{\max} = 1.625$. 在 0 到 20 之间积分, dt=0.01. ODE 文件如下:

```
#mackey2.ode
#
xi(t)=heav(t-1)*heav(tmax-t)/(tmax-1)
#
th(t)=1/(t+eps)^3
par eps=.001
#
g(y)=y/(1+y^n)
#
v'=gamma*(e-v)-beta0*g(f0*int{max(v-th(t-t'),0)*xi(t-t')})
p gamma=10,n=3,f0=8,beta0=600,tmax=1.625,e=1.6
init v=.9
@ TOTAL=20,DT=0.01,XLO=0,XHI=20,YLO=-30,YHI=10,VMAXPTS=400
done
```

5.2 随机方程

XPPAUT 可以模拟很多随机过程, 包括马尔可夫过程和布朗运动. XPPAUT 有两个函数可以返回随机数, `normal(a,b)`, 返回一个平均值 a、标准方差 b 的正态分布随机变量. 函数 `ran(c)`返回一个在 $(0, c)$ 区间均匀分布的随机变量. XPPAUT 使用了在 Numerical Recipes in C 介绍的随机数产生器, `ran1()`. 你可以在 `Umerics stocHastic Seed` (**U H S**) 选择同样的种子来启动随机数产生器.

假设你想模拟如下系统:

$$dx = -f(x)dt + d\xi,$$

相应的欧拉离散化为

$$x(t+\Delta t) = x(t) - f(x)\Delta t + \sqrt{(}\Delta t)\phi,$$

ϕ 是以 0 为平均值和单位方差的正态分布. XPPAUT 由 wiener 参数来解决这个问题. 这是平均值为 0、方差为 $\sqrt{dt}$ 的正态分布数子, dt 是数值时间步长. 因此, ODE 文件会包含这些语句:

```
# code fragment
wiener w
x'=-f(x)+sigma w
```

这是缩放噪声的简便表达方式.

例如, 考虑纯粹的布朗运动, $f(x) = 0$.

$$dx = \sigma d\xi$$

下面的 ODE 文件:

```
# brown.ode
#  the wiener process
wiener w
x'=sig*w
par sig=1
@ meth=euler
@ ylo=-20,yhi=20
done
```

注意每当模拟这个类型的噪声时, 要使用欧拉方法, 因为 XPPAUT 没有特别针对噪声模拟的积分器. 可以使用其他积分器, 比如龙格-库塔法, 但是在整个从 t 到 $t + dt$ 的区间里噪声均为固定常数.

做如下实验. 观察 1000 个采样路径的平均值和方差. 点击 `nUmerics stocHastic Compute` (**U H C**), 然后按下表所示填写前四行:

Range over: X
Steps: 1000
Start: 0
End: 0

点击 **Ok**. 一旦模拟完成 (速度取决于电脑配置), 点击 `stocHast Mean` (**H M**) 然后 exit 返回主目录. 点击 `Erase` 和 `Restore` (**E R**) 来清理屏幕, 然后重新绘制平均值. 平均值非常接近 0, 带有很小的偏差. 点击 `Graphics Freeze Freeze` 来保存这个图. 选择 1(红色) 点击 **Ok**. 这就是布朗运动, 方差随着时间呈线性增长. 点击 `nUmerics stocHast Variance` 查看, 然后点击 `Exit` 返回主目录. 点击 `Restore` 重画方差, 几乎是一个斜率为 1 的直线. (点击 `Graphics Add curve` 在 x 轴和 y 轴上加入关于 t 的曲线. 这代表斜率为 1 的直线, 非常接近所绘制的方差.)

5.2.1　马尔可夫过程

XPPAUT 可以模拟带有跃迁率的连续马尔可夫过程, 而且跃迁率是依赖于微分方程中其他的状态变量. 二态电压依赖通道模型就是很明显的例子. 假定你有带有一个钠离子通道的细胞膜, 开放率为 $\alpha(V)$ 和关闭率 $\beta(V)$. 开放态的电导率为 0. 方程形式如下:

$$C\frac{\mathrm{d}V}{\mathrm{d}t} = -g_L(V - V_L) + I - gz(V - V_{Na}),$$

z 是随机变量, 1 是导电状态, 0 是非导电状态. z 在区间 t 到 $t + \mathrm{d}t$ 从 0 转到 1 的概率为 $\alpha(V)\mathrm{d}t$, 从 1 转到 0 的概率是 $\beta(V)\mathrm{d}t$. XPPAUT 通过计算每一个时间步长的概率 (值为非负) 来改变变量 z. z 总是为一个非负整数. 定义马尔可夫过程需要定义过渡矩阵. 对现有的模型, 定义如下:

```
markov z 2
{0} {al(v)}
{beta(v)} {0}
```

`al(v),beta(v)`是速率函数. 在矩阵中每一项都以 { }分隔. 对角线上一直为 0, 因为它们表示选项保持不变的概率, 这是不需要计算的. 完整的单通道模型文件如下:

```
# channel.ode - random channel model using HH alpha and beta
#
v' =(I-gl*(v-vl)-gna*z*(v-vna))/c
```

```
par I=0,gl=.1,gna=.001,vna=55,vl=-65,c=1,phi=1
init v=-65,z=0
markov z 2
{0} {al(v)}
{beta(v)} {0}
al(v)=phi*.1*(v+40)/(1-exp(-(v+40)/10))
beta(v)=phi*4*exp(-(v+65)/18)
aux ina=-gna*z*(v-vna)
@ total=100,meth=euler
@ xlo=0,xhi=100,ylo=-66,yhi=-64
done
```

加入了电流 ina 以方便绘图. 积分方法是欧拉方法. 如果想模拟很多通道的, 最好用 Gillespie 方法. 然而对于小数量通道, 可以通过定义马尔可夫变量来解决. 另一个连续马尔可夫模型源于 Tom Kepler. 使用标准逻辑方程来表示单一物种增长. 假定存在随机突变, 概率取决于物种 1 的数量. 这个突变物种会跟物种 1 竞争而且最终获胜. Kepler 提出的模型如下: 在新突变之前有

$$x_1' = x_1(1 - x_1),$$

突变发生后有

$$x_1' = x_1(1 - x_1 - x_2), \quad x_2' = ax_2(1 - x_1 - x_2) + \epsilon x_1,$$

XPPAUT 不允许改变动力系统的维度, 但是我们可以把两个方程都放进去, 而且确保在突变之前方程不改变. 假定突变率为 ϵx_1 与物种 1 的数量成比例. 下面是 XPPAUT 文件:

```
# Kepler model kepler.ode
#
init x1=1.e-4,x2=0,z=0
#
par eps=.1,a=1
x1' = x1*(1-x1-z*x2)
x2'= z*(a*x2*(1-x1-x2)+eps*x1)
# the markov variable and its transition matrix
markov z 2
{0} {eps*x1}
{0} {0}
```

```
@ total=100,xhi=100,ylo=0,yhi=1.2
@ nplot=2,yp2=x2
done
```

注　(i) 在 x2' 右侧和 x1' 里的 x2 均乘 z, 直到突变开始, z 被激活; (ii) 由于突变不会停止, 所以过渡矩阵的第二行都为 0; (iii) 加入了行 nplot=2,yp2=2, 所以 XPPAUT 可以绘制突变物种的数量与时间的图像.

运行然后尝试回答: z 作为 t 的函数的期望值是多少? 我们可以用蒙特卡罗模拟来回答这个问题. 对于布朗运动问题, 我们可以重复模拟来得到平均值和方差. 使用 nUmerics stocHast Compute 来运行 100 次 (选择 z 为数值量, 然后设定开始和终止都为 0). 计算会花费一些时间. 点击 stocHastic Mean 来加载所有变量的均值. 返回主目录并绘制 z 的均值作为 t 的函数, 如图 5.5 所示.

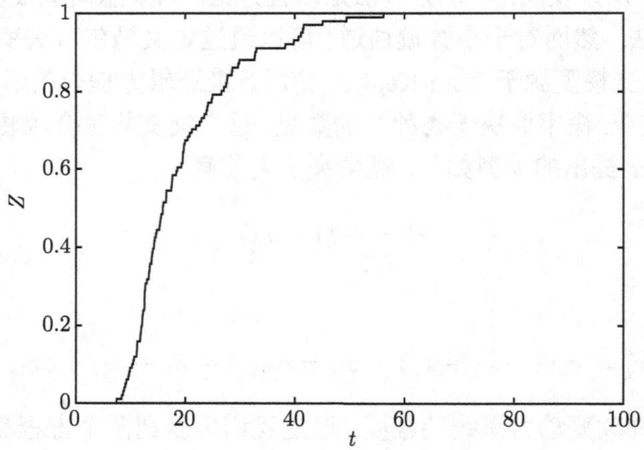

图 5.5　突变物种存在性随时间变化的概率

5.2.2　Gillespie 方法

用上述方法来模拟马尔可夫过程, 对于小数量事件处理是很不错的. 但假如你想模拟上千个分子, 模拟马尔可夫过程方法就不再适用. 而且, 模拟马尔可夫过程的方法只是真实连续时间过程的近似. 事件只允许在时间步长 dt 上发生. Dan Gillespie (1977) 提出了一种非常精确的模拟上千个随机过程的方法 [14]. 这个方法是基于质量作用的思想, 因此在单分子层面上模拟每次反应. 这个方法已经被应用在学习活性膜的通道模型和很多的化学反应过程上. 我们先来介绍一个简单的化学反应, 然后再介绍布鲁塞尔振子. 考虑如下反应:

$$X \longrightarrow Z$$

表示分子 X 在以 r 的速率进行降解. 假定有 N 个分子 X. 因为马尔可夫过程是指数分布, 下次反应发生的时间是一个随机变量, 概率为 $\exp(-at)$, $a=rN$ 是速率. 因此, 想要计算下次反应的时间, 只需要画在 (0,1) 之间的均匀随机数 s,

$$t_{\text{next}} = -\frac{1}{a}\ln(s) = \frac{1}{a}\ln(1/s),$$

反应使分子 X 数量减 1. 如果有更多的反应, 总速率 a_0 为所有速率之和. 一个随机数 s_1 被选出来决定下次反应时间,

$$t_{\text{next}} = -\frac{1}{a_0}\ln(s_1).$$

然后, 另一个随机数被选中来决定哪个反应要发生. 假定 s_2 是第二个随机数, 均匀地在区间 $(0, a_0)$ 上选取, 有

$$P_j = \sum_{k=1}^{j} a_k,$$

a_j 是 m 反应率. 如果 $s_2 < P_1$, 则反应 1 发生, 如果 $P_1 \leqslant s_2 < P_2$, 则反应 2 发生, 以此类推. 这个方法是精确的; 没有固定的时间步长, 反应的发生也都是自然的. 因此过程的迭代是记录反应步数而非时间.

首先写一个对于简单的降解反应的 ODE 文件, 因为没有必要确定反应顺序, 因为只有一个反应.

```
# gillespie.ode
# this implements gillespies algorithm
#  X -> Z  at rate c
par c=.5,xin=1000
init X=1000,tr=0
a0=c*X
tr'=tr+log(1/ran(1))/a0
X'=max(X-1,1)
aux cts=xin*exp(-c*tr)
@ bound=100000000,meth=discrete,total=1000
@ xlo=0,xhi=10,ylo=0,yhi=1000,xp=tr,yp=x
done
```

因为反应是离散事件, 所以使用离散积分器. X 代表分子 X 的数量. 反应速率为 $a_0 = cX$, 下次反应时间由随机抽取数决定, X 每次减少 1. 不让 X 低于 1, 因为这样会 $a_0 = 0$, 从而反应停止. 起始先设定 1000 次反应步数. 绘制 X 关于 t_r 的函数图像. 加入一个辅助变量来代表平均场方程的解:

$$\frac{\mathrm{d}X}{\mathrm{d}t} = -cX, \quad X(0) = 1000.$$

运行然后画关于解的连续近似值. 注意两者非常接近. 设定 $X = 10000$, `xin=10000`, 再次尝试. 只绘制每 10 次的反应点 (点击 `nUmerics nOut` 并改成 10. 同样改变 `Total` 为 10000, 点击Esc-exit然后再次积分.), 二者会更加接近.

考虑下面经典的布鲁塞尔化学反应:

$$
\begin{aligned}
X_1 &\longrightarrow Y_1, \\
X_2 + Y_1 &\longrightarrow Y_2, \\
2Y_1 + Y_2 &\longrightarrow 2Y_1, \\
Y_1 &\longrightarrow Z,
\end{aligned}
$$

c_1, c_2, c_3, c_4 为反应速率. 只有 Y_1, Y_2 变化, X_1, X_2 保持固定. 用来计算概率的速率是

$$
\begin{aligned}
a_1 &= c_1 X_1, \\
a_2 &= c_2 X_2 Y_1, \\
a_3 &= c_3 Y_2 Y_1 (Y_1 - 1)/2, \\
a_4 &= c_4 Y_1.
\end{aligned}
$$

(注意第三个反应; 一旦 Y_1 选定, 剩下 $Y_1 - 1$. 需要把它除以 2, 是因为需要记录有多少“Y”对, 而且不希望同样的对记录两次.) 下面是对应的 XPPAUT 文件:

```
# gillesp_bruss.ode
# gillespie algorithm for brusselator
#
# x1  -> y1 (c1)
# x2+y1 -> y2+Z (c2)
# 2 y1 + y2 -> 3 y1 (c3)
# y1 -> Z2 (c4)
par c1x1=5000,c2x2=50,c3=.00005,c4=5
init y1=1000,y2=2000
#  compute the cumulative reactions
p1=c1x1
p2=p1+c2x2*y1
p3=p2+c3*y1*y2*(y1-1)/2
p4=p3+c4*y1
# choose random #
s2=ran(1)*p4
```

```
z1=(s2<p1)
z2=(s2<p2)&(s2>=p1)
z3=(s2<p3)&(s2>=p2)
z4=s2>p3
# time for next reaction
tr'=tr-log(ran(1))/p4
y1'=max(1,y1+z1-z2+z3-z4)
y2'=max(1,y2+z2-z3)
@ bound=100000000,meth=discrete,total=1000000,njmp=1000
@ xp=y1,yp=y2
@ xlo=0,ylo=0,xhi=10000,yhi=10000
done
```

因为 X_1, X_2 保持常数不变, 所以可以把 c_1X_1 和 c_2X_2 的乘积定为单独的参数. 接着计算 P_j 的累积和. 注意 $P_4 = a_0$, 因为它是所有反应速率的和. 在 0 到 a_0 之间选择随机数 s_2. 接下来有些技巧性, 定义四个数 z_j, 如果反应 j 发生则全为 1, 否则全为 0; 如果 $s_2 < P_1$, 则反应 1 发生; 如果 $P_1 \leqslant s_2 < P_2$, 则反应 2 发生; 以此类推. 接下来决定下次反应时间. Y_1, Y_2 要根据反应来增加或减少. 例如, 反应 1 和 3 会使得 Y_1 加 1, 反应 2 和 4 会使得 Y_1 减 1. 如果绘制 (Y_1, Y_2) 的相平面, 可以看到如图 5.6(a) 所示的模型.

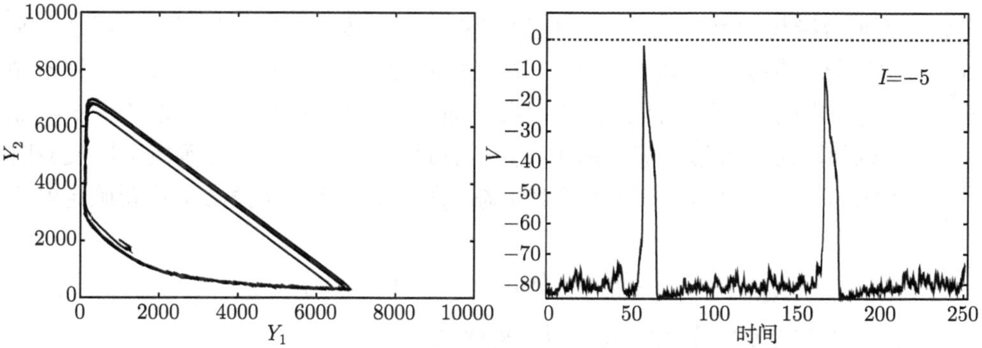

图 5.6 Gillespie 方法在布鲁赛尔模型 (a) 和膜模型 (b) 上的应用

最后一个例子, 考虑一个有三个通道 (泄漏通道, 钾通道, 持续钠通道) 的简单神经模型. 泄漏通道有固定的电导, 钾通道有电压门控电导, 钠通道也是如此. 假定这里钠通道的数量是有限的, 因此随机开放通道和关闭通道对于钠通道很重要. 下面是常微分方程:

$$C\frac{\mathrm{d}V}{\mathrm{d}t} = I - g_L(V - E_L) - g_K w(V - E_K) - g_{\mathrm{Na}} x(V - E_{\mathrm{Na}}), \tag{5.2}$$

$$\frac{\mathrm{d}w}{\mathrm{d}t} = \frac{w_\infty(V) - w}{\tau_w(V)}, \tag{5.3}$$

x 是钠通道开放的比例. 让 o 代表开放的通道, 因此 $c = N - o$ 是相应的关闭通道, N 是通道的总数. 在开和关的过渡状态是由电压依赖率来主导的:

$$c \longrightarrow o,$$

$$o \longrightarrow c,$$

有速率 $a(V)$ 和 $b(V)$. 正如之前例子, 我们可以在开关的过渡状态引入方法. 然而还有另外一对微分方程需要处理. 因此, 随着每次反应占用时钟 Δt 的量, 必须要按照这个时间量来积分方程. XPPAUT 不知道 Gillespie 比方法, 所以需要用离散时间迭代来近似这个积分. 很明显的选择是使用欧拉方法来获得电压和钾通道门控变量 w. 然而, 如果时间步长太大, 欧拉方法是很不稳定的. 因此, 现在介绍另一个经常用于膜模型的一阶方法: 指数欧拉法. 下面微分方程:

$$y' = a - by,$$

a 和 b 可以是关于其他变量和时间的复杂函数. 在时间周期 Δt 里假定 a 和 b 近似为常数, 然后可以在一定时间 Δt 里积分这个方程:

$$y(\Delta t) = a/b + (y(0) - a/b)\exp(-b\Delta t),$$

这个技巧叫做指数欧拉法. 这个方法的优势在于: 如果 b 很大, 即使 Δt 不是非常小的情况下算法仍然保持稳定. (详细请见文献 [24].) 此方法与欧拉法一样不精确, 但是是稳定的. 因为电压方程和钾离子通道门控变量都可以写成 $y' = a - by$, $b > 0$, 可以使用这个方法来搞定两个变量. 因此, 这个方法首先是确定下次反应时间 Δt, 使用 Gillespie 方法来更新通道状态, 然后使用指数欧拉法来更新确定性方程:

$$y_{n+1} = a/b + (y_n - a/b)\exp(-b\Delta t).$$

因此, XPPAUT 实现随机膜模型的程序如下:

```
# persistent sodium current ala Gillespie
# napgill.ode
# we use the exponential integration method
#   c -> o  rate a
#   o ->c   rate b
# definition of a,b
# a=xinf*tau^-1
```

```
# b=tau^-1 -a
xinf=.5*(1+tanh((v-vxt)/vxs))
tauxi=phix*cosh((v-vxt)/(2*vxs))
a=xinf*tauxi
b=tauxi-a
# the cumulative probabilities
p1=a*(xn-o)
p2=p1+b*o
# which reaction?
s2=ran(1)*p2
z1=(s2<p1)
# when is the next reaction?
dt=-log(ran(1))/p2
# the fraction of open channels
x=o/xn
# the total conductance
gv=gl+gk*w+gna*x
# the reversal potential
vrev= (gl*vl+gk*w*vk+gna*x*vna+i)/gv
# that is,  v' = -gv (v-vrev)
init v=-78,w=.3
# here is the exponential method
v'=vrev+(v-vrev)*exp(-gv*dt)
w'=winf(v)+(w-winf(v))*exp(-dt/tauw(v))
# update reaction time
tr'=tr+dt
# and the channels
o' = max(1,o+2*z1-1)
# parameters
par xn=100
par i=0,gk=10,gl=.1,gna=2.5,vk=-85,vl=-70,vna=120
par vxt=-52,vxs=15,vwt=-65,vws=20,phix=10,phiw=.1
# functions
winf(v)=.5*(1+tanh((v-vwt)/vws))
tauw(v)=1/(phiw*cosh((v-vwt)/(2*vws)))
```

```
# some XPP settings
@ meth=discrete,total=20000,bound=10000000,njmp=10
@ xlo=0,xhi=200,xp=tr,yp=v,yhi=20,ylo=-85
done
```

运行程序. 改变通道总数 xn, 同样也改变反应步数的总数. (更多通道表示反应速率在更短的时间区间里发生. 如果通道数量加倍, 同时也推荐反应步数数量加倍. 点击 Numerics, 改变 Total 和 Nout.) 图 5.6(b) 显示的就是这样一个计算结果.

5.2.3 棘轮和游戏

不同类型的布朗棘轮最近受到很多关注. 很多分子马达都是基于这个原理而工作的. 这个想法是将布朗运动和非对称周期性变化的势能结合在一起. 两个随机过程的净效应就是功的表现. $V(x)$ 是一个势能函数, 假定是周期为 1 的非对称周期函数 (图 5.7). 设定 z 是二态马尔可夫过程, 它决定势能的大小——当 $z=0$ 时, 势能为 0; 而当 $z=1$ 时取最大值. 最后, 假定足够数量的布朗运动. 当势能开启时, 概率分布与 $P(x)=\exp(-V(x)/\sigma)$ 成比例. 当势能关闭时, 会有确定方向性的扩散飘逸, 因为势能是不对称的. 结果是存在朝某一方向的净通量. 通过改变组态 (根据水解 ATP) 来产生因噪声引起的分子棘轮是大多数分子的工作原理. 有很多联系实际的模型, 但是都遵守上述例子的工作原理. 方程是

$$dx=-zV'(x)\mathrm{d}t+\sigma\mathrm{d}\xi,$$

z 是有转换速率 (α 从 0 到 1, β 从 1 到 0) 的二态马尔可夫过程. XPPAUT 文件如下, 文件名 ratchet.ode:

```
# a simple thermal ratchet
wiener w
par a=.8,sig=.05,alpha=.1,beta=.1
# piecewise linear potential with slope
# 1 from 0 to a and slope -a/(1-a) from a to 1
#  f = -V'
f(x)=if(x<a)then(-1)else(a/(1-a))
x'=z*f(mod(x,1))+sig*w
# z is two states
markov z 2
{0} {alpha}
{beta} {0}
@ meth=euler,dt=.1,total=2000,njmp=10
```

```
@ xhi=2000,yhi=8,ylo=-8
done
```

程序非常简单易懂. 因为我只是在区间 $[0,1]$ 上定义函数 $f(x)$, 所以必须要对 x 模 1 使其有周期性. 运行这个程序会发现, 当棘轮向下转动时 x 的离散步. 注意这个特别的棘轮是向 x 负向转动的. 运行 100 次, 然后计算平均轨迹. (使用 Use the nUmerics stocHastic Compute 命令, 然后使用上面的 Mean) 把 a 从 0.8 改成 0.2, 运行, 改成 0.5 再次运行. 通过改变 a 可以使棘轮以不同的速度来进行任意方向转动.

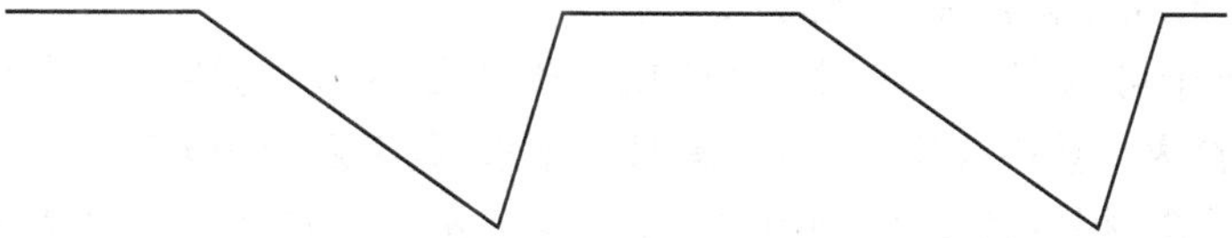

图 5.7 一个非对称周期的势能

惊喜游戏

在 Harmer 和 Abbott 的论文中 [20], 一个有趣的悖论被提出而且对其进行了分析. 论文中讨论玩两个游戏. 两个游戏都是输家反复玩游戏直到全部输光. 然而, 如果有顺序的或者随机以 50% 的概率来选择游戏, 会有一个制胜策略. 游戏一是关于抛硬币 (稍小于 50% 的获胜概率). 因此, 如果玩很多次, 最终会输. 游戏二: 如果总钱数是 3 的倍数, 会抛一个获胜概率不高的硬币, 而如果总钱数不是 3 的倍数, 会抛一个获胜概率高的硬币. 最终, 获胜概率不高的硬币会让你输钱, 所以长时间玩这个游戏会输. 现在考虑第三个游戏: 每次抛一个正常硬币, 如果正面朝上, 玩第一个游戏, 反之则玩第二个游戏. 这跟上述的棘轮模型很相似, 但是是离散的. 给每个游戏写 ODE 文件, 游戏一如下:

```
# game1.ode: this plays game 1
game(p,e)=if(ran(1) < (p-e))then(1)else(-1)
par eps=.005,pa=.5
ca'=ca+game(pa,eps)
@ total=100,meth=discrete,dt=1
done
```

函数 game1(p,e) 根据是否获胜返回正负 ± 1. 变量 ca 追踪你持有的现金总数. 方法是离散的. 每次模拟玩 100 次. 因为获胜概率是 0.495, 所以长久来讲这是一个必输的游戏. 模拟 1000 次来求现金总数的平均值, 作为一个关于游戏次数的函数. (使用ca为变量来改变设定最大值和最小值 0.)

游戏二有些微妙. ODE 文件如下:

```
# game2.ode: this plays game 2
game(p,e)=if(ran(1) < (p-e))then(1)else(-1)
par eps=.005,p2=.1,p3=.75,m=3
p=if(mod(ca,m)==0)then(p2)else(p3)
ca'=ca+game(p,eps)
@ total=100,meth=discrete,dt=1
done
```

如上, 玩 100 次来观察现金总数. 玩 1000 次后会很清楚地发现这是一个必输的游戏. 每 100 次游戏你会输掉现金的 1.5 倍.

现在写一个可以在两个游戏之间转换的模拟文件. p_a 为游戏一获胜概率, p_1 和 p_2 是游戏二的两个获胜概率. γ 是任意时间下选择游戏一的概率. ϵ 是很小的参数, 使得游戏不平等. 很容易看出, 如果 $1-p_a+\epsilon > p_a-\epsilon$, 这是一个必输游戏. 一个非常规的计算表明游戏二是必输游戏, 如果

$$(1-p_2+\epsilon)(1-p_3+\epsilon)^2 > (p_2-\epsilon)(p_3-\epsilon)^2,$$

可以检验, 对于选定的参数, 两个游戏均为必输游戏. 然而, 游戏三是一个制胜游戏, 因此被称为 Parrondo 悖论. 如果下面的条件成立:

$$(1-q_2)(1-q_3)^2 < q_2q_3^2,$$

$$q_2 = \gamma(p_a-\epsilon)+(1-\gamma)(p_2-\epsilon),$$

$$q_3 = \gamma(p_a-\epsilon)+(1-\gamma)(p_3-\epsilon).$$

下面是综合在一起游戏三的 ODE 文件:

```
# game3.ode
# this plays the combined game with probability 1/2 each
# Parrondo's paradox
game(p,e)=if(ran(1) < (p-e))then(1)else(-1)
par eps=.005,p2=.1,p3=.75,m=3,pa=.5,gamma=.5
# probability for game 2 if it is played
pg2=if(mod(ca,m)==0)then(p2)else(p3)
# probability for game 1 is it is played
pg1=pa
# probability for this game
p=if(ran(1)>gamma)then(pg2)else(pg1)
# now play the game and increment or decrement our cash
```

```
ca'=ca+game(p,eps)
@ total=100,meth=discrete,dt=1
done
```

模拟 1000 次, 发现经过 100 次游戏后会有 1.2 倍的收入. 图 5.8 表明玩三个游戏 10000 次. 下面是三个综合在一起的模拟文件:

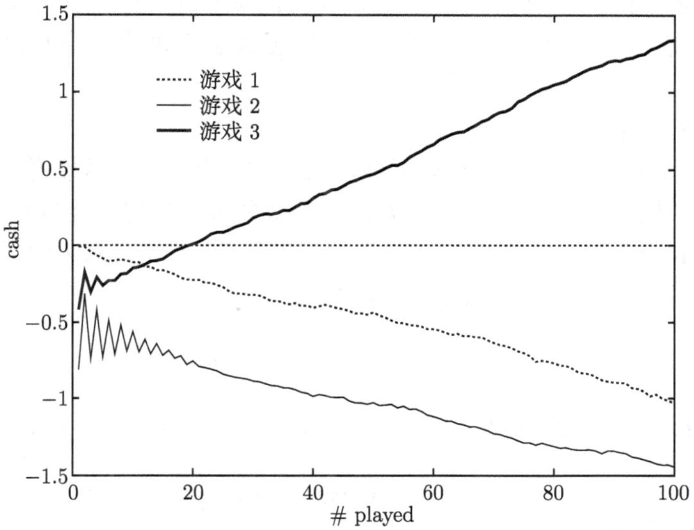

图 5.8 Parrondo 的悖论——程序 1 和 2 是输的, 然而将其合在一起则是赢的

```
# parrondo.ode
# this plays the combined game with probability 1/2 each
# Parrondos paradox
game(p,e)=if(ran(1) < (p-e))then(1)else(-1)
par eps=.005,p2=.1,p3=.75,m=3,pa=.5,gamma=.5
# game 1 alone
ca_1'=ca_1+game(pa,eps)
# game 2 alone
pg2p=if(mod(ca_2,m)==0)then(p2)else(p3)
ca_2'=ca_2+game(pg2p,eps)
# game 3
pg2=if(mod(ca_c,m)==0)then(p2)else(p3)
pg1=pa
p=if(ran(1)>gamma)then(pg2)else(pg1)
```

```
ca_c'=ca_c+game(p,eps)
@ total=100,meth=discrete,dt=1
done
```

5.2.4 尖峰时间统计

在很多神经生物应用中, 我们对于单一神经元和多神经元集群的尖峰时间统计非常感兴趣. XPPAUT 有很多特性可以使得模拟分析带有噪声输入的这类方程. 下面会看到稳定和不稳定的泊松过程直方图、后刺激时间直方图和尖峰时间自相关函数.

后刺激时间直方图

当实验人员记录神经接收一些输入时, 尖峰时间直方图经常被用来作为反应的衡量, 主要是观察尖峰时间作为开始输入的函数的分布情况. 经过很多试验运行, 关于时间的直方图会出现. 这里展示一个简单的例子. 一个在圆上的简化神经模型 (theta 模型) 类似于积分放电模型. 下面是方程:

$$u' = 1 - \cos u + (1 + \cos u)(I_0 + \sigma w(t) + f(t)),$$

其中, $w(t)$ 是正态分布噪声, I_0 是偏差, $f(t)$ 是刺激. 设定 $I_0 = -0.2, \sigma = 0.25$,

$$f(t) = 0.4t\exp(-t/8).$$

通过定义, theta 模型在 u 越过 π 时会出现尖峰. 同样也定义了模 2π, 所以当到 2π 时会重置为 0. 下面是 ODE 文件, 文件名为 psth.ode:

```
# psth.ode
# using an alpha function input and the theta model with noise
wiener w
par i0=-.2,sig=.25,amp=.4,tau=8
init u=-.84
f(t)=amp*t*exp(-t/tau)
@ meth=euler,total=50,dt=.1
u'=1-cos(u)+(1+cos(u))*(i0+sig*w+f(t))
global 1 u-2*pi {u=0}
#
done
```

假设没有输入或者噪声, 故设置 u 的初始值为其静态值. 我们希望当尖峰出现时记录发生时间 t_j, 也就是当 $u(t)$ 越过 π 时, 我们建立庞加莱截面. 点击 nUmerics Poincare map Section, 选择 u 为变量, 然后 3.14159 作为截面. 点击 Esc 返回主目录然后积分. 观看 Data Viewer, 会看到一些时间已经被记录. 现在积分 100 次然后存储所有尖峰时间. 点击 `Initialconds Range` 选择 `sig` 作为参数, 起始值和终止值都设定为 0.25. 选择 100 步而且最重要的是在 `Reset Storage` 中选择 `N`, 这样浏览器不需要每次运行后重新设置. 点击 `OK` 开始. 可能会花费一些时间来完成程序运行. 运行结束后会看到大约 700 个时间, 每个刺激平均有 7 个尖峰. 现在制作直方图. 点击 `nUmerics sTochastic Histogram`, 选择 `Number of bins`为 100, `Low`为 0, `High`为 50, `T`为直方图的变量. 点击 Enter 保存, 直方图创建很快完成. 点击 `Esc` 回到主目录绘制 `U vs t`(第一列是数据段而第二列是每个数据段中的数量), 会看到如图 5.9 左侧所示的图像, 发现很多尖峰并拖尾到 0. 在增加或减少噪声的情况下重复这个过程, 观察直方图如何变化. 只要尖峰出现的条件被清楚地定义为某些越过事件, 则这个方法可以应用到任意神经系统模型.

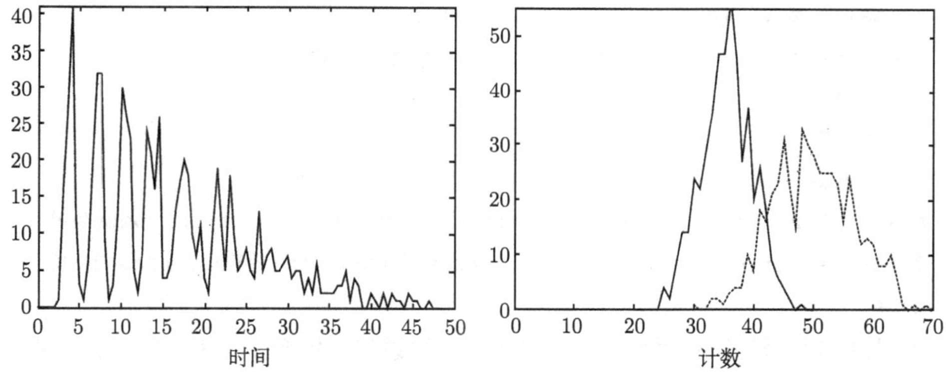

图 5.9 噪声 theta 神经元 (左) 的 PSTH 和一个 Possion 过程尖峰数分布，同等过程下分别对应速率为 0.05 和不应期的两种情况

我们可以通过观察尖峰时间自相关函数来量化其周期性. 这会创建出在尖峰时间差异的直方图. 点击 `nUmerics stocHast Data` 来得到 Data Viewer 中的尖峰时间列表. 点击 `stocHast Stat autOcor` 来制作自相关. 选择数据段为 200, 设定 t 作为变量从 -50 到 50, 然后再绘制前两列, 会很清楚地看到周期性. 可以把直方图的区间改成 -20 到 20, 以看得更加清楚. 这就是**尖峰时间自相关函数**. 很明显有一个尖峰距离为 3 的周期.

可控泊松过程

泊松过程可以使用马尔可夫变量来建模. 这里我们模拟一个神经元, 尖峰是其峰峰间期呈指数分布随机出现, 而且不应期是呈指数衰减的. r 为 $r_{\max}(1-s)$, 如果有尖峰出现则 $s=1$, 而且 s 是随时间常数 τ 呈指数衰减的. 下面是 ODE 文件, 文件名为 `poisref.ode`:

```
# poisref.ode
# poisson process with refractory
# period
# s0=0 for no refractory
r=rmax*(1-s0*s)
# define a two-step Markov process with rate r
markov z 2
{0} {r}
{1} {0}
# define a flag so that when z jumps past 1/2
# reset it to 0, turn on refractory period and
# increment the count
global 1 z-.5 {s=1;z=0;count=count+1}
# exponential decay of the refractory period
s'=-s/tau
count'=0
par rmax=.05,tau=10,s0=0
# set it up so only the value at the end of an expt is computed
@ meth=euler,dt=.1,total=1000,bound=1000000,nout=500,trans=1000
done
```

文件中已经加入语句来进行解释. 多次运行以观察尖峰的数量分布. 时间是以毫秒为单位, 因此速率为 0.05, 我们期待每次模拟有 50 个尖峰出现. 模拟 500 次. 点击 `Initconds Range` 把 `s` 设为从 0 到 0 的 500 步, 然后设置 `Reset Storage` 为 `N`. 运行会花费一些时间. 你会发现**无周期控制**的标准泊松过程中, **Fano** 因子是方差除以平均值. 点击 `nUmerics stocHast Stat Mean/Dec` 选择 `count`, 会看到平均尖峰数约为 50, 标准方差约为 7. Fano 约为 $7^2/50$, 非常接近于泊松过程的理论值 1. 绘制尖峰数的直方图. 点击 `stocHast Histogram` 选择 40 个数据段, 并且设定变量 `count` 的区间从 30 到 70. 绘制然后可以看到该直方图很接近高斯分布. 可以保存结果来进行不同例子的对比. 改变 `s0=1` 来打开控制周期, 重复区间积分. (不需要更改其他输入) 找到 Fano 因子并且做直方图. 我找到平均值为 35.3, 方差为 4.25, Fano 为 0.5 的比泊松更常规的结果. 制作直方图, 数据段为 30, 变量 `count` 区间从 20 到 50 会看到更窄的直方图 (图 5.9 右). 不应期使得尖峰数更加正常.

5.2.5　练习

1. 对 Lotka-Volterra 方程实现 Gillespie 算法:

$$X_1 + Y_1 \longrightarrow 2Y_1,$$
$$Y_1 + Y_2 \longrightarrow 2Y_2,$$
$$Y_2 \longrightarrow Z,$$

其中, $c_1X_1 = 10, c_2 = 0.01, c_3 = 10$, 初始值为 $Y_1 = 1000, Y_2 = 1000$. 注意只有 Y_1, Y_2 是变量, X_1 是固定的.

2. 通过加上下面的微分方程 x, 即钠通道的电流来实现神经元模型的完全确定性版本:

$$\frac{\mathrm{d}x}{\mathrm{d}t} = (x_\infty(V) - x)\tau_x^{-1}(V),$$

其中, x_∞ 和 τ_x^{-1} 在 ODE 文件中分别定义为 `xinf` 和 `tauxi`. 计算振荡发生的最小电流. 对于低通道数, 随机模型将偶尔放电出现尖峰, 即使电流远低于重复振荡的临界值. 最后, 在确定性模型中设置 $I = 10$ 并计算峰值的周期. 对于随机模型, 使用 100, 1000 和 4000 个通道来进行计算.

3. 最近的 PRL 论文表明, 你可以得到带有乘性噪声的定向运动, 如果它与加性噪声相关. 这里是一个示例系统:

$$\begin{aligned} x' = & -\sin(x/2)(J_1 + \sqrt(D_1)\lambda_1 y_1) - \sin(x + x_0)(J_2 + \sqrt(D_2)y_2\lambda_2) \\ & + \sqrt(D)(\lambda_1 y_1 + \lambda_2 y_2 + \sqrt(1 - \lambda_1^2 - \lambda_2^2)w), \end{aligned}$$

其中, y_1, y_2, w 是正态分布的 (适当缩放的) 随机变量. 注意, 如果 $\lambda_j \neq 0$, 加性噪声与乘性噪声相关. 写一个 ODE 文件, 并模拟它 200 次到 $t = 500$, 然后绘制 x 作为时间函数 ($D = 3, J_1 = 0.7, j_2 = 1, D_1 = D_2 = 0.3, x_0 = \pi/2$, $\lambda_1 = \lambda_2 = 0.3$) 的平均值. 重复此操作 $\lambda_1 = \lambda_2 = 0$. 注意在后一种情况下没有任何漂移.

5.3 微分代数方程

XPPAUT 有一些简单的程序来处理微分代数方程 (DAEs). 这些方程的变量之间存在代数关系, 反过来在右侧被用作其他变量. 这在化学反应理论中经常被用到. 一个典型的 DAE 有如下形式:

$$\frac{\mathrm{d}u}{\mathrm{d}t} = f(u, v), \quad 0 = g(u, v).$$

程序 DASSL [6,34] 可以很容易地处理这类方程, 但是都是用了很难的方法. XPPAUT 使用了与 MANPAK 的方法有关的相对简单的方案. 使用牛顿法来解决代数部分, 然后使用牛顿法得到的结果来解决微分方程部分. 例如, 考虑下面简单的例子:

$$\frac{\mathrm{d}x}{\mathrm{d}t} = y, \quad 0 = y + x - 1, \quad x(0) = 0, y(0) = 1.$$

方程解为 $(x,y)=(1-\exp(-t),\exp(-t))$. 在 XPPAUT 写:

```
# dae1.ode
# simple DAE
x'=y
0= y+x-1
solve y=1
init x=0
aux yy=y
done
```

注　solve y=1 告知 XPPAUT 哪个变量需要被解, 而且给出了牛顿法的初始猜测值. 加入 aux yy=y 使得可以绘制方程解 y. 在 XPPAUT 中, 这些都是作为内部变量的, 所以可以被绘制. 运行 XPPAUT, 积分并检验它是否与真实值接近.

下面的例子相对复杂:

```
# dae2.ode
# shows dramatic failure until the tolerances are tightened
x'=y
0= 0.001*(.5*(y^3+y)+x-1)
solve y=1
init x=0
aux yy=y
done
```

如果求解, 则需要解决 y 的立方. 这会出现一个很恐怖的方程. 让 XPPAUT 做这个工作. 运行后会发现 XPPAUT 不能求解. 原因是 XPPAUT 的牛顿法不能找出在期待精度下的根. 多余的小数 0.001 乘 x 与 y 使得牛顿法认为已经找到一个根. 这是可以通过收紧牛顿法的容许偏差来弥补的. 点击 nUmerics sIng pt ctl (**U I**), 然后改变牛顿容许偏差从 0.001 到 1e-8. 退出 numerics 然后积分. 结果会更加合理. 这个小练习的主要目的是你不能永远相信数值解, 如果有异常的结果, 你需要提高警惕确保不是人为造成的.

有时会有非线性形式:

$$F\left(\frac{\mathrm{d}x}{\mathrm{d}t},x\right)=0,$$

重写为

$$\frac{\mathrm{d}x}{\mathrm{d}t}=y,\quad 0=F(y,x).$$

考虑一个简单的人工肝设备. 模型是一维偏微分方程 (PDE), 定态是两点边界值问题 (BVP):

$$0 = u_{xx} - vu_x + \lambda_u(w-u), \quad 0 = -k\frac{w}{1+w} + \lambda_v(u-w),$$

带有边界条件

$$u(0) = u_0, \quad u_x(L) = 0,$$

可以求解 w, 结果可能是很麻烦的表达式. 因此, 可以让 XPPAUT 去求解 w. 选择 $L=5$. 首先写成一阶方程系统. 下面是 BVP 的文件:

```
# dae_ex3.ode
#  a boundary-value DAE model
u'=up
up'=v*up+lamu*(u-w)
# DAE stuff
0= -k*w/(1+w)+lamv*(u-w)
solve w=.235
# some extra stuff
init u=1,up=-.34
aux ww=w
aux z=-k*w/(1+w)+lamv*(u-w)
par k=1,lamu=.25,lamv=.25,v=.2,u0=1
bdry u-u0
bdry up'
@ total=5.001,jac_eps=1e-5,newt_tol=1e-5,dt=.005
done
```

为解决问题, 点击 `Bndryval Show` 来观察方程收敛到解的情形.

练习

1. 在这个例子中, 你可以看到 DAE 求解器是如何失败的, 因为它达到了转折点. 方程是

$$\left(\frac{\mathrm{d}x}{\mathrm{d}t}\right)^2 + x^2 = 1,$$

初始条件为 $x(0)=0$ 和 $x'(0)=1$. 写一个 ODE 文件并尝试使用 XPPAUT 解决它. 在 $t=1.5$ 时, 求解器将失败, 因为 $v=\mathrm{d}x/\mathrm{d}t$ 将接近零, 因此 $\partial g(x,v)/\partial v$ 将很小. 牛顿法将无法收敛. (注意当 DAE 求解器失败时, 你想改变一些数值容许偏差或许使它能更好地工作, 你将经常不得不重置起始猜测. 点击 `Initialconds DAE guess`

重置初始猜测.) 没有解决这个失败的措施的方法; MANPAK 求解器对秩为 1 的雅可比矩阵有额外的处理方法.

2. 在这个例子中, 我们将容许偏差设置得相当粗糙, 允许跳到一个新的分支, 以解决一个经典的张弛振荡器问题. Van der Pol 振荡器具有以下形式:

$$\epsilon\frac{\mathrm{d}V}{\mathrm{d}t}=v-v^3-w,\quad \frac{\mathrm{d}w}{\mathrm{d}t}=v,$$

在极限 $\epsilon\to 0$ 时变成 DAE:

$$0=v-v^3-w,\quad \frac{\mathrm{d}w}{\mathrm{d}t}=v.$$

当 $w\in(-0.38,0.38)$ 时方程有三个根. 立方体的"外"分支是相关根, 当 w 达到立方的最大值时, V 必须跳到另一根. 使用相近容许偏差, DAE 求解器将遇到练习 1 中相同的问题. 但是, 稍许增大容许偏差会允许牛顿求解器找到另一个根, 并使其"跳转". 尝试这个 ODE 文件:

```
#dae_ex5.ode
# van der Pol with epsilon=0
w'=v_
0= v_*(1-v_*v_)-w
solv v_=1
aux v=v_
init w=0
@ NEWT_ITER=1000,NEWT_TOL=1e-3,JAC_EPS=1e-5,METH=qualrk
@ total=10,dt=.01
@ xlo=-1.5,xhi=1.5,ylo=-.5,yhi=.5,xp=v,yp=w
done
```

查看浏览器中的数据, 并验证 V 中的跳转是不连续的.

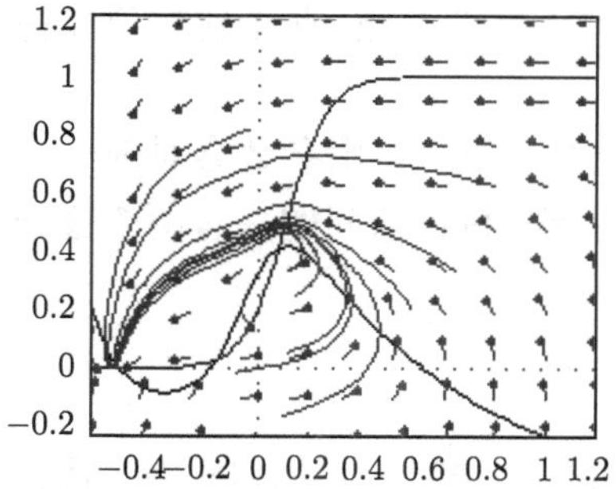

第 6 章

空间问题, 偏微分方程和边界值问题

空间中没人听得到你的呼喊.

——电影 Alien(外星人) 的广告词

空间分布模型经常出现在物理、生物和化学等学科中. 使用 XPPAUT 可以对有限程度上的一维问题进行数值求解. 首先将离散化问题转化成常微分方程系统, 然后利用 XPPAUT 的数值绘图能力来解决问题. 通常, 你可以只是对找到偏微分方程的稳定态解感兴趣. 在这种情况下, 方程的解有时会是常微分方程的特殊边界值问题. XPPAUT 和 AUTO 都可以求解复杂的边界值问题.

6.1 边界值问题 (BVP)

边界值问题在数值上和理论上都比之前讨论过的初始值问题更加难. 在边界值问题中, 时间区间的两个端点的条件给出. 很多时候这个区间是无限的, 因为可以代表更多现实问题. 通常来讲, 边界值问题的稳定态与特定的偏微分方程息息相关. 偏微分的边界值会引出相对应常微分的边界值, 经常出现解不存在的情况. 实际上, 不同于初始值问题, 即使是最光滑的边界值问题也可能没有解. 有些时候, 只有在选择正确的某个参数值时才会有解. 以经典的振动弦为例:

$$u_{tt} = u_{xx},$$

并有 $u(0,t) = u(1,t) = 0$ 的周期解. 寻找形如 $u(x,t) = \exp(\mathrm{i}\omega t)v(x)$. 很明显,

$$-\omega^2 v = v_{xx}.$$

这是特征值问题, ω 是未知参数. 我们知道方程的解是 $v(x) = \sin(n\pi x)$, $\omega = \omega_n =$

$n\pi$. 如何得到数值解? 注意 $v=0$ 对任意 ω 都是方程的解, 所以我们想避免这种情况的出现. 因为问题是线性而且是二阶的, 所以假定 $v_x(0)$ 不为 0(如果是, 根据微分方程的唯一性定理可得 $v=0$). 设定 $v_x(0)=1$, 因为我们有二阶方程并带有三个条件, 即 $v(0)=0, v_x(0)=1$ 和 $v(1)=0$. 这是三个"自由"参数, 两个初始值和特征值. 因此存在解决这个问题的可能性.

XPPAUT 使用了一个很简单的算法, 叫做打靶法. 每个自由参数会对应一个微分方程, 因此微分方程的数量与条件的数量必须一致. 特征值问题只有两个微分方程. 然而, 我们可以加入一个简单的微分方程:

$$\omega_x=0,$$

表明 ω 是常数. 如果给出 N 个微分方程和 N 个条件, XPPAUT 如何求解? 假定 $\varPhi(t;X_0)$ 是下面微分方程的解:

$$X'=F(X,t),\quad X(0)=X_0,$$

在 $t=0$ 上有 k 个条件, 在 $t=L$(区间终点) 上有 $N-k$ 个条件, 因此有 $N-k$ 个初始值可以自由选定. 这意味着需要解决基于条件 $\varPhi(L;X_0)=X_L$ 下的 $N-k$ 个非线性方程中一个子集问题. 通常解决非线性方程是使用牛顿法. 这与 XPPAUT 的功能完全吻合. 下面是算法:

1. 猜测初始条件集合. 在给定区间上解决问题, 计算误差. 如果误差足够小, 成功退出.

2. 通过设置初始值上很小的扰动来数值计算微分方程的雅各布矩阵.

3. 使用第 1 步的误差和第 2 步的雅各布矩阵, 通过一个牛顿迭代:

$$X_0^{\text{new}}=X_0^{\text{old}}-J^{-1}E$$

来提高初始值的猜测, E 是第 1 步的误差.

4. 如果雅各布矩阵为奇异矩阵, 或者已经迭代很多次但是不收敛, 则方法失败, 退出.

边界值条件可以在 ODE 文件中输入或者在 **Boundary Cnd window** (图 6.1 所示, 点击主窗口 MainWindow 上方的 BCs). 因为 XPPAUT 只关注积分端点的条件, 所以当区间为 $[t_0,t_1]$ 时, 只需在 $t=t_0$ 和 $t=t_1$ 上给出条件. 这些条件是以一系列数值量 (设定为 0) 的方式给出的. 例如, 变量 u 在 $t=t_0$ 上为 -1, 需要输入的条件为 $u+1$. 在 $t=t_1$ 上变量的名字不同. 如果想 $u(t_0)=-1,u(t_1)=1$, 需要在 **Boundary Cnd window**上输入:

$$0=u+1,$$

$$0=u'-1.$$

第二个条件告知 XPPAUT 在 $t=t_1$ 时 $u=1$. 在 ODE 文件中这类条件的语句是

```
bndry u+1
bndry u'-1
```

(可以不写bndry, 只写b 就足够了.)

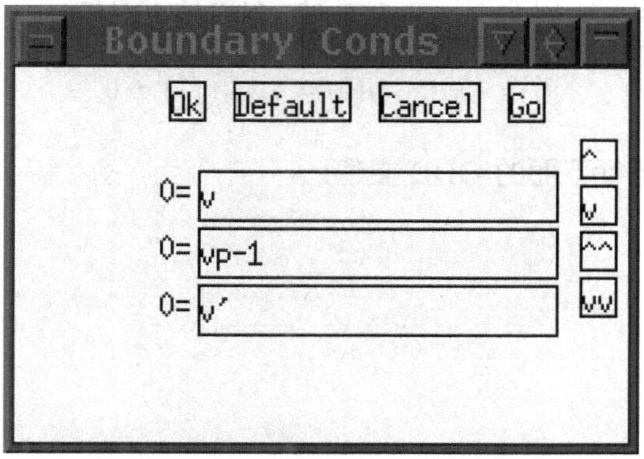

图 6.1 边界条件窗口

基于上面的讲解, 下面是特征值问题的 ODE 文件, 文件名为 eigen.ode:

```
# standard eigenvalue problem
# omega is unknown
v'=vp
vp'=-omega*omega*v
omega'=0
b v
b vp-1
b v'
init v=0,vp=1,omega=1
@ dt=.002,total=1.0
@ xhi=1
done
```

注 (i) 把二阶重写为一对一阶方程; (ii) 对于自由变量 ω 加入额外的微分方程; (iii) 边界值条件为 $v(0)=0$, $\mathrm{d}v/\mathrm{d}x(0)=1$ 和 $v(1)=0$; (iv) 对于已知的初值条件给出合理的值, 然后猜测omega=1; (v) 设定总时间为 1.00.

6.1.1 求解边界值问题

运行并积分这个文件. 注意到解在 $t=1$ 时并不接近 $v=0$. 点击 Bndryval Show, 会看到很多轨迹在闪动然后最后一个显示出来, 这就是计算解. 观察初始值窗口, ω 已经计算到 3.141592648, 这已经非常接近真实解 π. 猜测 $\omega=5$ 来观察会发生什么. 会得到特征值很接近 2π 和二次谐波. 如果猜测 $\omega=35$ 会得到特征值接近 11π. 在 `Bndryval` 命令里还有其他选项. 已经选择的选项绘制中间的猜测, 选项 `No show` 只绘制最后一个.

如上所讲, 不是每个边界值问题都有解. 考虑这个方程

$$u'=-ku,\quad u(0)=1,\quad u(1)=0,$$

方程没有解. 依旧运行下面的 ODE 文件:

```
u'=k*u
k'=0
b u-1
b u'
init u=1,k=1
@ dt=.01,total=1.000
@ xhi=1
done
```

会发现 XPPAUT 在 $k=-12$ 时"找到"了一个解. 注意到 $u(1)=6\times10^{-6}$, 很接近 $\exp(-12)$. 对于 XPPAUT 而言, 它已经在设定的边界值求解器的容许偏差内"找到"了一个解. (牛顿法并没有真实地找到一个方程的零解而是在一定容许偏差内的近似解.) 点击 `nUmerics bndVal` (**U V**) 然后改变容许偏差为 `1e-10`. 再次求解 BVP(设定 $k=-12$ 作为初始点), 注意又一个解被找到, 但 $k=-24$. 这与 $k=-12$ 有实质的区别, 应该发出警告, 因为没有能力来收敛到一个真实解.

树突不仅是神经元上的分支, 而且是神经元的主要输入区域. 在经典树突理论中, 他们会被建模为无源连续多分支电缆. 在这些电缆上的稳定态电压分布经常在简化模型中讨论到. 电压分布取决于在有限电缆两端的边界条件. 有很多相关的边界条件: (i) 固定, 在电缆一头电位为常数; (ii) 密封, 电位梯度为 0; (iii) 泄露, 存在电压和电导的条件. 考虑树突在 $x=0$ 时 $V=V_0$, 在 $x=1$ 时有泄露边界值条件. 方程如下:

$$\lambda^2\frac{\mathrm{d}^2V}{\mathrm{d}x^2}=V(x),$$

$$V(0)=V0,$$

$$aV(1)+b\frac{\mathrm{d}V(1)}{\mathrm{d}x}=0,$$

参数 λ 是树突的空间常数. 当 $b=0, a\neq0$ 时, 电压在 $x=1$ 处为 0. 当 $b\neq0, a=0$

时, 从电缆上没有泄露, 边界值条件引出这是密封的. 因为 XPPAUT 只能求解一阶方程, 所以我们将一个二阶方程写成一个求解系统. 重新写成两个一阶系统可得:

```
# Linear Cable Model cable.ode

# define the 4 parameters, a,b,v0,lambda^2
par a=1,b=0,v0=1,lam2=1
# equations
v'=vx
vx'=v/lam2

# The initial data
v(0)=1
vx(0)=0

# and finally, boundary conditions
# First we want V(0)-V0=0
bndry v-v0
#
# We also want aV(1)+bVX(1)=0
bndry a*v'+b*vx'
@ xlo=0,xhi=1,ylo=0,yhi=1.2,total=1
done
```

V 初始化值为 1 是与第一个边界值条件相吻合的. 在 $a=1, b=0$ 的条件下, 树突终点被设定为 0. 运行后会发现解会呈指数增长而且不会靠近真实解. 点击 Bndryval Show (B S), 方程解会被计算并绘制. (注意这是一个线性方程, 经过一次迭代后牛顿法会找到正确答案) 改变 $b=1, a=0$, 然后运行. 注意到最大的区别在于稳定态的电位. 点击 `Bndryval Range` 改变参数的范围. 选择 b 作为改变的参数. 从 0 到 10, 使用 20 步. 设定 `Cycle color` 为 1. 会得到不同颜色的曲线收敛到密封端点. (注意这些不会永久存储, 需要打开 Freeze 曲线选项来单独运行.)

有时采用一些技巧来数值求解边界值问题是很有必要的. 例如, 一些基于单位球或者单位圆的偏微分方程引出的边界值问题, 在原点处有奇点. 因此, 如果要数值求解, 必须从原点处移除. 这可以通过计算靠近圆点的局部级数扩展来解决. 下面在二维振荡介质搜索旋转波便是这类问题. 偏微分方程如下:

$$\frac{\partial z}{\partial t} = z(1-(1-\mathrm{i}q)z\bar{z}) + d\nabla^2 x$$

是在二维扩散介质中霍普分岔的一个范式. 方程定义在单位圆并且有 Neumann 边界条件. 我们寻找方程中的旋转波且有如下形式：

$$z(x,y,t) = A(r)\exp\left[\mathrm{i}\left(\Omega t - \theta + \int_0^r k(s)\,\mathrm{d}s\right)\right],$$

这里 r,θ 是常规的极坐标. 把这个形式代入方程中可以使单位圆存在旋转波问题转换为边界值问题：

$$\begin{aligned}0 &= A(1-A^2) + d(A'' - (A/r)' - Ak^2),\\ \Omega &= qA^2 + d(k' + k/r - 2kA'/A),\end{aligned}$$

带有边界条件：$A'(1) = k(1) = 0$, 而且

$$\lim_{r\to 0}\frac{A(r)}{r} = A'(0) < \infty, \quad \lim_{r\to 0}\frac{k(r)}{r} < \infty.$$

靠近原点的泰勒级数展开式表明, 随着 $r \to 0$, 有 $k(r)/r \to 0$. 这是一个三阶边界值问题, 但是需要有四个条件. 然而, 参数 Ω 是"自由"的, 因此实际上有四个自由度. 在文献 [27] 中已经证明在足够小的 q,d 条件下方程解存在. 但是解的形式和存在程度在证明中并不明显. 为了使用 XPPAUT 求解, 我们把它作为一阶微分方程组. 因为不从原点开始计算, 所以最好可以引入一个关于独立变量 r 的方程. 下面的 ODE 文件会使用这个技巧：

```
# greenberg problem set up for [r0,1+r0]
# gberg_auto.ode
#
init a=0.00118  ap=1.18  k=0  omeg=-0.19,r=.001
# domain is reasonably small sqrt(1/d)
par d=0.177  q=0.5  sig=3,r0=.001
# the odes...
a'=ap
ap'=a*k*k-ap/r+a/(r*r)-a*(1-a*a)/d
k'=-k/r-2*k*ap/a-(omeg+q*a*a)/d
# extras to make it autonomous
omeg'=0
r'=1
# the boundary conditions
# at r=0
bndry  a-r0*ap
```

```
bndry  k
bndry r-r0
# at r=1
bndry  ap'
bndry  k'
# set it up for the user
@ xhi=1.001,dt=.01,total=1.001,ylo=0
done
```

文件很易懂. 注意已经加入对于径向坐标 (也就是独立变量) r 的微分方程. 这个方程的解为 $r=r_0+t$, 当 $t=0$ 时, $r=r_0$. 选择 r_0 为很小且为正来避免被 0 除. 边界值条件 `bndry a-r0*ap` 使得 $a(r_0)=r_0\mathrm{d}a/\mathrm{d}r(r_0)$, 尽管只是近似, 但是当 r_0 趋于 0 时误差非常小. 积分区间为 $[r_0,1+r_0]$, 其比 1 稍长, 但是这时扩散系数 d 会有所调整.

运行 XPPAUT 然后求解边界值问题. (点击 `Bndryval No show`) 会绘制很不错的解. 点击 `Viewaxes 2D` 改变 `Y-axis` 成 `k` 来绘制变量对 k. 现在来观察在范围 q 上的方程解. 点击 `Bndryval Range`, 将会在参数其他范围内解决边界值问题. 然后按如下填写:

Range over: q
Steps: 10
Start: 0
End: 5
Cycle color(Y/N): Y
Side(0/1): 0
Movie(Y/N): N

点击 **Ok**. 会看到一群似彩虹的抛物线出现, 它们是边界值问题的解. 更多的例子会在第 7 章讨论.

6.1.2 无穷域

边界值问题定义在无穷域上通常在 XPPAUT 中是解决不了的. 然而, 一些类型的问题可以通过放到很大的有限区间或者从不动点进行打靶法来进行数值求解. 考虑如下方程:

$$\frac{\mathrm{d}X}{\mathrm{d}t}=F(X),$$

要寻找的常见解的类型就是连接在不动点的轨迹. 需要满足

$$\lim_{t\to\pm\infty} X(t) = \bar{X}^{\pm}$$

其中, $F(\bar{X}^{\pm})=0$ 是不动点. 如果 $\bar{X}^{+}=\bar{X}^{-}$, 这个轨迹叫做同宿轨道, 否则叫做异宿轨道. 给出一个 ODE 系统的不动点 $\bar{X}$, 计算其稳定性. 假定没有特征值在虚数轴, k 个特征值有正实数部, $n-k$ 个特征值有负实数部. 一般情况下, 会存在维度为 k 和 $n-k$ 的两个集合 $\Lambda^{\pm}$, Λ^{+} 上的每个点在 t 趋于负无穷时趋向不动点, 而在 Λ^{-} 上的每个点在 t 趋于正无穷时趋向不动点. 他们分别被称为不动点 $\bar{X}$ 的稳定和不稳定流形. 因此, 从 $\bar{X}_1$ 到 $\bar{X}_2$ 的异宿轨道被视为 $\bar{X}_1$ 的不稳定流形和 $\bar{X}_2$ 的稳定流形的接口. 在这样的接口我们会期待发生什么? 如果维度的总和超过了总系统的维度, 那么这个接口是广义的. 例如, 假设 $n=1$, 存在两个不动点, 一个稳定另一个不稳定. 我们会期待有一个解可以连接它们两个. 假设 $n=2$, 一个不动点是鞍点, 另一个是稳定结点. 那么存在一个轨迹连接两个不动点也是广义的. 如果维度的总和小于系统的维度, 那么我们不能期待这样的一般情况发生. 例如, 假设你想在二维系统中寻找同宿轨道, 那么必须是不动点的一维不稳定流形和一维稳定流形相交. 除非有自由参数 λ, 如图 6.2 所示, 否则不会出现同宿轨道. 随着参数 λ 变化, 稳定和不稳定流形位置交换. 在参数 λ 的某个临界值 $\lambda=0$, 它们相交, 并导致同宿轨道出现.

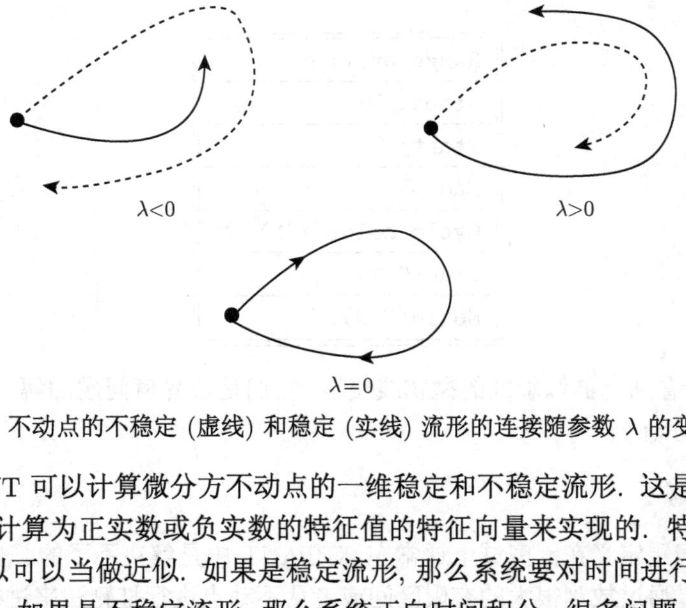

图 6.2 不动点的不稳定 (虚线) 和稳定 (实线) 流形的连接随参数 λ 的变化情况

XPPAUT 可以计算微分方不动点的一维稳定和不稳定流形. 这是通过线性化不动点然后计算为正实数或负实数的特征值的特征向量来实现的. 特征向量与流形相切, 所以可以当做近似. 如果是稳定流形, 那么系统要对时间进行反向积分来远离不动点. 如果是不稳定流形, 那么系统正向时间积分. 很多问题, 例如反应扩散方程的行波存在一维不变流形, 所以对于一维的限制并不是那么糟糕. 第 7 章会展示如何找到更多的常规同宿轨道. 下面来看一些更难的问题. 以标准的 Fisher 方程为例:

$$u_t = u_{xx} + u(1-u),$$

这是传播有利基因的模型. 有两个固定稳定态 $u=0,1$. 我们对于连接非稳定态 0 和稳定态 1 的定速行波很感兴趣. 我们在找形如 $u(x,t)=U(x-ct)$ 形式的解, 代入微分方程:

$$-cU' = U'' + U(1-U),$$

这可以写成一个系统:

$$U' = V, \quad V' = -cV - U(1-U),$$

有两个不动点 $(0,0)$ 和 $(1,0)$. 线性化这些不动点, 得到 $(0,0)$ 有特征值 $-c/2 \pm \sqrt{c^2-4/2}$, 因此是稳定节点 $(c>2)$ 或者焦点 $(0<c<2)$. 因此稳定流形是二维的. 不动点 $(1,0)$ 是鞍点; 存在一维稳定流形和一维不稳定流形. 因为行坐标为 $x-ct$ 且 $c>0$, 我们要寻找从 $U=1$ 到 $U=0$ 的波, 所以需要跟随从 $(1,0)$ 到 $(0,0)$ 的非稳定流形, 所以 $(0,0)$ 的稳定流形是二维的, 所以我们期望会发生在 c 的取值区间内. 唯一的限制是 U 表示人口数量, 所以不能低于 0. 因此, 轨迹到 $(0,0)$ 必须是单调的. 因为 $c<2$ 得出原点是焦点, 所以最好使得 $c \geqslant 2$.

观看 XPPAUT 如何计算这些轨迹. 如上所述, XPPAUT 可以计算一维不变流形, 因此我们可以从有一维不稳定流形的不动点 $(1,0)$ 着手. ODE 文件如下:

```
# fisher.ode
# traveling waves in fisher's equation
#  u_t = u_xx + u(1-u)
#
# -cu' = u'' + u(1-u)
#
f(u)=u*(1-u)
u'=v
v'=-c*v-f(u)
par c=2
init u=1
@ xp=u,yp=v,xlo=-.25,xhi=1.25,ylo=-.5,yhi=.5
done
```

已经设置, 所以相平面是默认绘制图像. 已经设定速度到临界值, $c=2$.

如何从不动点使用打靶法 以下是可以“打”到一个好行波的步骤:

1. 把初始值设置为想要“打”不动点附近;
2. 点击 Sing pts Go (**S G**);
3. 在 Print eigenvalues问题回答 No;

4. 在 `Compute invariant sets` 问题回答 `Yes`;

5. 在信息对话框出现或者计算的轨迹看上去收敛到不动点时, 点击 **Esc**.

XPPAUT 会积分方程到任意长的时间, 所以当解进入了不动点的时候有必要来经常停止计算. 试着计算 Fisher 方程. 点击 `Sing pts Go`, 在 `Print eigenvalues?` 回答 No. 这时候一个小的三角形会出现在点 (1, 0), 表明是一个鞍点. 一个新窗口出现来给出关于不动点的所有信息, 包括不动点的值, 具有正或负实部的实数或复数特征值的数量, 以及不动点的稳定性 (例如: `r+=1` 表明有一个正的实数特征值, `c-=0` 没有带有负实数部的复数特征值). 线性化系统的特征值给出不动点的局部稳定性. XPPAUT 计算雅各布矩阵, 然后用标准的特征值来计算得出矩阵的特征值. 在 invariant sets 回答 yes. XPPAUT 会先计算不稳定流形然后计算稳定流形. 第一个计算出轨道 (黄色) 趋向右然后超出范围. 第二个轨道向左然后进入不动点 (0,0), 直到点击 Esc 继续. 接着, 另外两个 (蓝色) 轨道会被计算出但是都会超出范围. XPPAUT 中不稳定流形以黄色绘图, 稳定流形取蓝色. 如果不喜欢这个选择, 可以改变 (附录 B). 第二个黄色轨道是我们所感兴趣的: 它是不稳定流形的分支并且与不动点 (0,0) 相连接. 把 c 改为 1 重新计算. 注意解的轨道越过 $U = 0$, 然后旋转进入 (0, 0). 把 c 改为 3 再次计算. 这是一个完美的有效解. 有时候初始值距离不动点非常远, 这表明对于不变流形的近似很可能非常不好. 为了使得初始数据更加接近, 把在 `nUmerics` 中的 `dt` 变小.

注意一点, XPPAUT 不保存这些轨道, 所以不能得到硬拷贝. 然而, XPPAUT 对于初始条件非常敏感, 所以可以用近似的初始条件来重复计算. 例如, 我们想要计算第二个轨道, 这是不稳定流形, 因此可以用正向时间进行计算, 如预期所料, 会离开不动点. 点击 `Initialconds s(H)oot` (**I H**), 然后光标出现后选择 2, 因为是想要 XPPAUT 计算出的第二个轨道. 得到 2/3 的轨道, 可以延长时间量 (如 40) 来积分得到全部的轨道. 现在, 点击 `Continue` (**C**) 来继续到 40, 运行后可以得到行波解. 来看关于行波解的构形, 绘制 U 关于 t 的图. (点击 **X**, 选择`U`而不是`V`, 点击 **Enter**.) 图 6.3 完全展现了在不动点 (1,0) 的稳定和不稳定流形, 还包括代表行波解的轨迹. 箭头表示方向; 可以通过 `Text Arrow` (第 9 章) 命令来实现.

双稳态反应扩散方程 Fisher 方程在某种意义上来说非常平凡, 因为在很大的参数范围内行波解存在. 在一些系统中, 对于速度的选择必须正确. 这需要重复上述的步骤很多次, 因为想在正确参数值下进行求解, 关键在于要选一个参数低于正确解, 另一个参数高于正确解. 在大多数单一参数打靶法问题中, 如果参数值低会使轨道去一个方向, 如果参数太高会使轨道去另一个方向. 通常可以决定是太高或太低. 下面的双稳态反应扩散方程会讨论到这个问题:

$$u_t = u_{xx} + f(u). \tag{6.1}$$

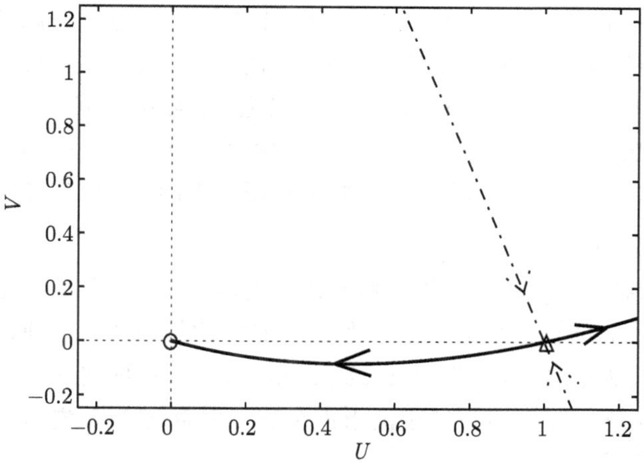

图 6.3 Fisher 方程在不动点 (1, 0) 处的稳定和不稳定流形

$f(u)$ 有三个根, $0 < a < 1$ 时有 $f'(0) < 0$, $f'(1) < 0$, $f'(a) > 0$. 文献 [10] 证明了方程行波解的存在性、唯一性和稳定性, $u(x,t) = U(x - ct)$, $U(-\infty) = 1$,$U(\infty) = 0$. 这表明速度 c 存在唯一值, 使得方程有行波解. 相关的 ODE 为

$$-cU' = U'' + f(U).$$

要试着从 $U = 1, U' = 0$ 以正向时间来打靶, 击中 $U = 0, U' = 0$. 线性化表明两个点均为鞍点. (1,0) 有不稳定流形, (0,0) 有稳定流形, 二者均为一维的, 所以可以预测除非 c 选择合理, 否则方程无解. 下面是 ODE 文件:

```
# bistable.ode
# classic example of a wave joining 0 and 1
#  u_t = u_xx + u(1-u)(u-a)
#
# -cu'=u''+u(1-u)(u-a)
f(u)=u*(1-u)*(u-a)
par c=0,a=.25
u'=up
up'=-c*up-f(u)
init u=1
@ xp=u,yp=up,xlo=-.5,xhi=1.5,ylo=-.5,yhi=.5
done
```

把微分方程写成一阶方程形式. 初始数据设定在 $(1,0)$, 因为我们想使用这个鞍点的不稳定流形来击中点 $(0,0)$. 显示的窗口都已经设置好. 现在让 XPPAUT 计算

一维不变流形. 点击 `Sing Pts Go` (**S G**) 后 XPPAUT 会迅速问你是否需特征值打印, 回答 **No**. 接着会问是否想计算不变流形, 而这是这个练习的总目标, 所以回答 **Yes**. 会看到从右上方出现轨道但是很快超出范围. 点击 **OK**, 下一个轨道会被计算. 再次点击 **OK** 会有另一个轨道被计算. 重复这个过程至所有四个不变集合都被计算过. 最早的两个轨道是不动点的不稳定流形. (XPPAUT 首先计算不稳定分支为蓝色, 而且不稳定为黄色.)

使用 `Initialconds sHoot` 命令来重新构建这些轨道, 对于不稳定流形需要向前时间积分, 向后时间积分来解决稳定流形. 向后时间积分, 可以通过点击 `nUmerics Dt` 来把积分步长从正改为负. 选择 `Initialconds sHoot` 时, 会有 4 个选择, 选择 2, 因为第二轨道就是所期待的不稳定流形的分支. 保存这个曲线 (`Graphics Freeze Freeze`) 并接受默认值.

现在改变 c 到 0.5. 再次点击 **S G** 来计算不动点; `Print eigenvalues`回答 **No**, `Compute invariant sets` 回答 **Yes**. 如前第一个轨道超出范围而且需要回应, 但是第二个轨道并没有趋于正无穷, 而是被吸引到不动点 $(a, 0)$. 在不变集合的计算过程中, XPPAUT 经常会积分求解直到一个解超出范围. 因为这个解并没有超出范围, 必须通过 **Esc** 来中断积分求解. 完成稳定流形的计算. 可以通过 `Initialconds sHoot` 命令选择第二个解, 保存图像 (图 6.4).

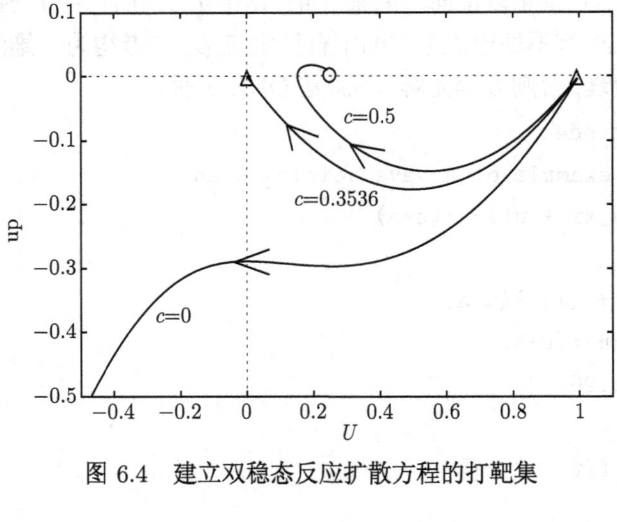

图 6.4　建立双稳态反应扩散方程的打靶集

现在已经定义“靶子集合”. 对于 c 接近 0, 不稳定流形在碰到 u 轴前先碰到 u' 轴. 如果 c 足够大, 不稳定流形在碰到 u' 轴前先碰到 u 轴. 通过连续变化的参数, 一定存在 c 在 0 与 0.5 之间, 使得稳定流形可以同时越过两个轴, 即击中目标 $(0, 0)$. (必须避免轨道是轴的切线情况, 因为会用到很复杂的分析方法来进行严格的证明.) 因此, 步骤很明确. 通过对于符合两个条件来重新选定 c. 如果碰到 u' 轴, 增加 c, 如果碰到 u 轴, 减少 c.

尝试 $c=0.25$, 它会碰到 u' 轴, 因为太小, 在 0.25 和 0.5 之间, 选择 $c=0.375$ 会太大. 因此我们可以知道行波速度在 0.25 与 0.375 之间. 选择两者的平均值 $c=0.3125$, 依旧太小. 再增加一点, 比如说 0.34375, 仍然是太小. 经过几轮猜测后会把 c 的范围缩小到 0.34375 和 0.359375 之间. 图 6.4 显示三个轨道, 其中一个非常接近 c 的正确值.

6.1.3 练习

1. 回顾特征值问题:

$$u_{xx}=-\omega^2u.$$

避免平凡解 $u(x)=0$ 的方式是在 $x=0$ 时设置导数为 1. 对线性问题解规范化的更标准方法是强制其 L_2 范数为 1:

$$\int_0^1 u^2(x)\,\mathrm{d}x=1.$$

如何在 XPPAUT 中求解? 考虑微分方程

$$\frac{\mathrm{d}z}{\mathrm{d}x}=u^2,$$

伴有边界值条件

$$z(0)=0,\quad z(1)=1.$$

很明显, $u=0$ 不是一个解. 因为可以把边界值问题写成四维系统:

$$\begin{aligned}u'&=v,\\ v'&=-\omega^2u,\\ z'&=u^2,\\ \omega'&=0,\end{aligned}$$

并有 $u(0)=u(1)=z(0)=0$ 和 $z(1)=1$ 四个条件. 使用不同的初始猜测 ω 在 XPPAUT 中求解.

2. 求解非线性问题

$$u'=v,\quad v'=u(1-v^2)$$

并有边界值条件 $u(0)=0$ 和 $u(1)=-1/2$.

3. 具有激活电流的树突是计算神经科学界最近很感兴趣的主题. 考虑具有非线性钙电流的模型:

$$0=V_{xx}-V+g(V)(E-V)$$

其中, $g(V)=\bar{g}/(1+\exp(-(v-40)/5))$, $E=200$, 边界值条件为 $V(0)=V_{\text{hold}}$ 和 $V_x(5)=0$. 两个感兴趣的参数是钙电导的强度和保持电位 V_{hold}. 将 $\bar{g}$ 设置为零, $V_{\text{hold}}=100$ 并求解边界值问题. (提示从初始数据开始, $V(0)=100, V_x(0)=-100$ 接近真正解.) 现在, 你应该有一个很好的线性问题的解. 我们将使用 `Bndryval Range` 命令计算非线性边界值问题的解, 其中 $\bar{g}$ 在 0 和 0.8 之间变化. 点击 `Bndryval Range`, 选择 `gbar` 作为参数, 范围 0 到 0.8, 40 步, 会出现很多解. Data Viewer 中有以下信息: 第一列是参数, 剩余列包含 $V(0)$ 和 $V_x(0)$ 的值. 注意在大约 $\bar{g}=0.55$ 时有一个突然的跃迁行为; 绘制 `v_x` 对 `t` 包含参数的曲线来查看这个跃迁. 图 6.5 显示了一个解和电导率变化的图.

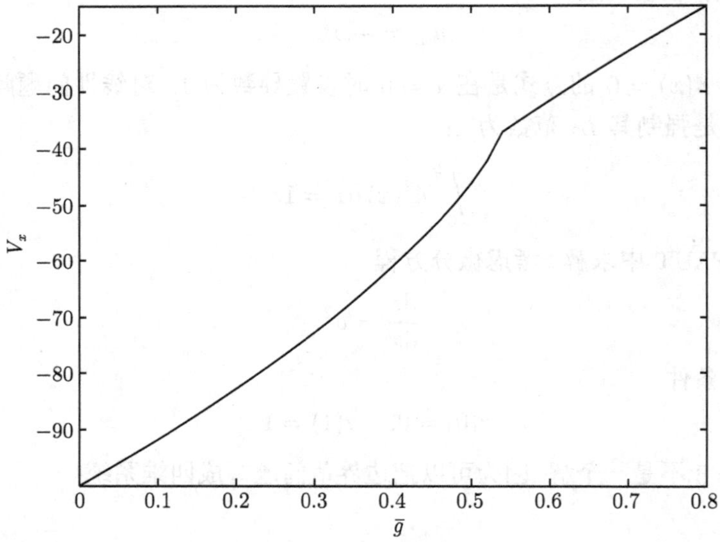

图 6.5 非线性树突的定态行为: (a) 一些典型解; (b) 当 $x=0$ 时关于 $\bar{g}$ 的通量

4. 神经兴奋性的简化模型是 Morris-Lecar 系统. 在这个练习中, 我们首先计算前面没有恢复变量的波速, 然后在下一个运算中计算整个系统的行波. PDE 的方程如下:

$$
\begin{aligned}
\frac{\partial V}{\partial t} &= \frac{\partial^2 V}{\partial x^2} + I - g_L(V-V_L) - g_K w(V-V_K) - g_{\text{Ca}} m_\infty(V)(V-V_{\text{Ca}}) \\
&\equiv \frac{\partial^2 V}{\partial x^2} + f(V,w), \\
\frac{\partial w}{\partial t} &= \phi\lambda_w(V)(w_\infty(V)-w) \\
&\equiv g(V,w).
\end{aligned}
$$

函数 $w_\infty(V), m_\infty(V), \lambda_w(V)$ 涉及电压的指数函数, 并在下面行波 ODE 文件中给

出. 在没有扩散的情况下, 有一个唯一的稳定不动点, 即 (V_r, w_r). 这里感兴趣的是当存在行波脉冲时的情况, 也即解是 $x - ct$ 的函数, 是静止状态的同宿轨. 一种分析神经的经典方法: 方程是假设恢复变量, w 是慢变的, 即 ϕ 是一个小参数. 然后研究保持 w 在其静态值的约化系统, 并寻找一个将静止状态加入"激活"状态的波前解 (在这种情况下, $V = V_{\rm Ca}$). 这里是波前解的 ODE 文件:

```
# morris-lecar front
# mlfront.ode
param c=0
params v1=-.01,v2=0.15,gca=1.33
params vl=-.5,iapp=.04,gl=.5
minf(v)=.5*(1+tanh((v-v1)/v2))
f=gl*(vl-v)+gca*minf(v)*(1-v)+iapp
v'=vp
vp'=-c*vp-f
init v=1
@ xlo=-1,xhi=1,ylo=-1,yhi=1
@ xp=v,yp=vp
done
```

这是你的第一个任务. 找到 c 的两个值, 使得从不动点 $(V, V') = (1, 0)$ 的不稳定流形或者到无穷大 (c 太小) 或被拉入稳定的不动点 (c 太大). 提示: 从 $c = 0$ 和 $c = 2$ 开始. 接下来, 使用这两个值来连续修正你的猜测速度, 直到你得到保留两位小数的正确值.

5. 我们现在来看全部的方程. 在这种情况下尝试会更微妙. 事实上, 没有数学证明这个特定模型存在行波解. 行波满足:

$$-cV' = V'' + f(V, w), \quad -cw' = g(V, w),$$

并有 $(V(\pm\infty), w(\pm\infty), V'(\pm\infty)) = (V_r, w_r, 0) \approx (-0.4, 0, 0)$. 很容易证明该平衡点具有一维稳定流形和二维不稳定流形. 因此, 与前面一样, 一般不期待存在三维相空间的一维流形和二维流形的交集. 然而, 这里有自由参数 c 来改变. 我们必须建立正确的打靶集. ODE 文件如下, 文件名为 mlwave.ode:

```
# morris-lecar traveling wave
param c=.5
params v1=-.01,v2=0.15,v3=0.1,v4=0.145,gca=1.33,phi=.333
params vk=-.7,vl=-.5,iapp=.04,gk=2.0,gl=.5,om=1
minf(v)=.5*(1+tanh((v-v1)/v2))
```

```
ninf(v)=.5*(1+tanh((v-v3)/v4))
lamn(v)= phi*cosh((v-v3)/(2*v4))
f(v,w)=gl*(vl-v)+gk*w*(vk-v)+gca*minf(v)*(1-v)+iapp
g(v,w)=lamn(v)*(ninf(v)-w)
v'=vp
vp'=-c*vp-f(v,w)
w'=-g(v,w)/c
init v=-.4,w=0,vp=0
@ xp=v,yp=w,xlo=-.5,xhi=.3,ylo=-.1,yhi=.6
done
```

注意, 在这种情况下, 一维流形是稳定的流形. 由于 ϕ 相当小, 我们期望如果存在行波, 那么它将接近前面的速度 (这是在极限为 $\phi \to 0$ 脉冲速度). 设置速度 c 为 0.5 并使用 Sing Pts Go 命令进行打靶. 观察不稳定流形的右侧分支的行为. 将 c 更改为 2 并重复计算. 注意分支通过不同的路径再次到无穷远. 尝试 $c = 1$ 和 $c = 1.5$, 获得一个好 c 值来达到的两个小数位. 在同一图上绘制两个在正确值两侧的猜测值. (提示, 由于这是一个稳定的流形, 我们必须**向后**积分计算. 第二个分支是使用 Initialconds sHoot 命令计算的期望分支.)

最后, 选择 $c = 1.08121222$ 并打靶. 然后设置总时间为 13, 并结合适当的初始值将方程向后积分, 绘制 (v, w) 对自变量 t 的图. 将看到在该时间尺度上的脉冲的一个很好的近似.

6.2 偏微分方程和数组

XPPAUT 有很多运算符可以很直接地解决空间离散偏微分方程和一系列的卷积方程. 唯一的不足是 XPPAUT 在求解过程中的数组数量有限制. (在最近的 XPPAUT 版本中可以求解 800 个方程.) 使用者的任务是决定合适的离散化并且写程序. 以简单的偏微分方程开始: 长度为 L 的电缆伴随两端的混合线性边界值条件. 方程如下:

$$\begin{cases} \dfrac{\partial u}{\partial t} = D\dfrac{\partial^2 u}{\partial x^2} - u, \\ c_0 = a_0 u(0,t) + b_0 u_x(0,t), \\ c_L = a_L u(L,t) + b_L u_x(L,t). \end{cases} \tag{6.2}$$

第一步是空间离散化偏微分方程使之转化为常微分方程组. 直线法对于这个问题很合适, 所以有

$$u'_j = \frac{D}{h^2}(u_{j+1} - 2u_j + u_{j-1}) - u_j, \quad j = 1, \cdots, N,$$

这里, $h = L/N$ 是网格大小, N 是网格点数. 边界值条件针对端点 U_0 和 U_{N+1} 来写程序. 在 $j = 0$ 边界条件可以写成

$$c_0 = a_0 u_0 + b_0(u_1 - u_0)/h$$

得到

$$u_0 = (c_0 - b_0 u_1/h)/(a_0 - b_0/h).$$

类似地求解 u_{N+1} 得到

$$u_{N+1} = (c_L + b_L u_N/h)/(a_L + b_L/h).$$

基于两个端点的条件, 所有离散化的变量在 $j = 1$ 和 $j = N$ 上都有定义. 下面是有 100 个网格点数的 ODE 文件:

```
# cable100.ode
# cable equation with different BC's
#  c0 = a0 u + b0 u_x
#  cl = al u + bl u_x
#  h=0.1 L=100 h
u0=(c0-b0*u1/h)/(a0-b0/h)
u[1..100]'=(d/(h*h))*(u[j+1]-2*u[j]+u[j-1])-u[j]
u101=(cl+bl*u100/h)/(al+bl/h)
par d=1,h=.1,c0=1,a0=1,b0=0,cl=0,al=0,bl=1
@ total=5,dt=.005
done
```

数组通过 `x[n..m]` 来定义, 数组由 `m-n+1` 个变量 `xn, ..., xm` 组成. 因此在这个例子中, `u50` 会是区间的中间变量. 数组变量名为 `j`, 所以如果 `j=50`, `u[j+1]` 定义的变量是 `u51`. 在现在的例子中, 已经设定边界值条件 $u(0,t) = 1$ 和 $u_x(L,t) = 0$. 初始数据全为 0.

当处理偏微分问题时, 有很多实际问题需要考虑. 首先, 你绝对不想输入所有的初始条件. 第二, 你更想看空间分布而不是时间曲线. 第三, 你可能想看到整个的空间–时间图. XPPAUT 有一些命令可以很容易完成上述问题. 使用 XPPAUT 运行这个文件. 设定初始数据形式有 $u(x,0) = \cos(\pi x/L)$. 因为有 100 个点, 所以初始数据为 `u_j = cos(pi*j/100)`. 点击 `Initialconds formUla` (**I U**) 来输入. 在变量的光标处输入 `u[1..100]` 来表示想要设置初始数据 `u1, ..., u100`. 当被要求输入方程式时, 输入 `cos(pi*[j]/100)` (**不要忘记在 j 加中括号**) 然后点击 `Enter`. 因为没有其他变量的初始数据, 再次点击 `Enter`, 方程会被积分.

为了获得整个空间–时间性质的大图像, 使用 XPPAUT 中的 `Array plot` 来实现. 点击 `Viewaxes Array` (**V A**) 后会有对话框弹出. 填写如下:

`Column 1:` U1
`NCols:` 100
`Row 1:` 0
`NRows:` 201
`RowSkip:` 5
`Zmin:` -1
`Zmax:` 1
`Autoplot(0/1):` 0
`Colskip:` 1

然后点击 `Ok`. 一个带有很多按键的新窗口会出现. 点击 **Redraw** 会看到一个关于 $u(x,t)$ 的空间–时间图被绘制出. 空间是横轴, 时间是竖轴. 因为积分步长是 0.005, 而且积分时间单位是 5, 所以会有 1000 行数据. 绘制每 5 行的数据. 经过过半的模拟, 方程解看上去已经达到稳定态, 如图 6.6 所示.

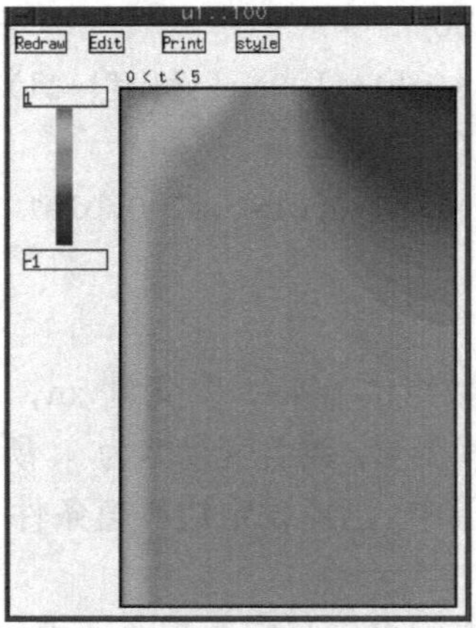

图 6.6 展示电缆模型时空行为的矩阵图窗口 (文后附彩图)

(**快捷方式**: 在 **Initial Data Window** 里, 点击变量 `U1` 左边的小盒子, 向下滑直到看见变量 `U100`, 然后点击小盒子. 接着点击 `array`. 这会自动将数组设置好.)

接着来看不同时间下的空间图像. XPPAUT 有一项"转置"命令可以把数据窗口的数据转置到可允许绘制对于变量 u 的空间分布. 绘制 $u(x,0), u(x,0.5), u(x,2.5), u(x,5)$. 如上所示, 这分别代表第 0,100,500,1000 行. 点击 `File Transpose` (**F T**) 然后填写如下:

Column 1: U1
NCols: 100
Colskip: 1
Row 1: 0
NRows: 11
RowSkip: 100

第 0 行会被移动到第一个变量 `U1` 的第 1 列中. 因为 `Rowskip=100`, 第 100 行会被移动到第 2 列, 第 200 行移动到第 3 列, 直到第 1000 行移动到第 11 列. `Time` 列的值会被数字 1 到 100 取代. 因此, 如果绘制 `U1` 与 `t` 的图像, 会看到初始数据的空间分布. 绘制 `U2` 与 `t` 会看到第 100 行的空间分布, 也就是 $t = 0.5$ 时的空间分布. 所以要看到第 0,100,500,1000 行, 需要分别绘制 `U1,U2, U6, U11` 关于 `t` 的图像. 可以使用 `Graphics Add curve` (**G A**) 命令. 然而还有一个快捷方式, 在 **Initial Data Window** 里检查对应 `U1,U2, U6, U11` 的小盒, 点击 `xvst`. 四个曲线都会被绘制, 其中 $t = 2.5$ 和 $t = 5$ 的曲线非常接近, 如图 6.7 所示.

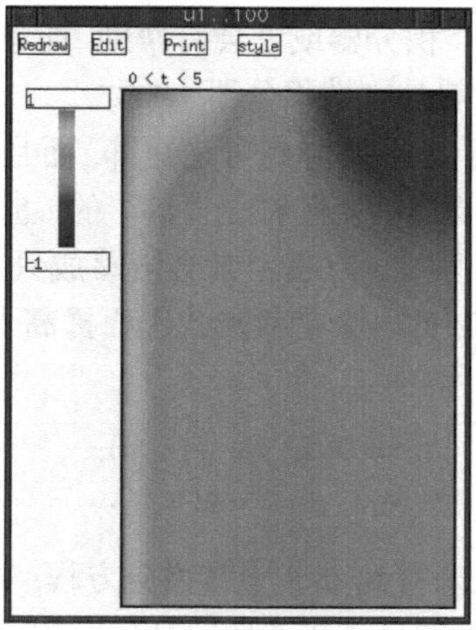

图 6.7 4 个不同时间对应的电缆模型的解 (文后附彩图)

6.2.1 动画文件

另外一个观察空–时活动演化的方法是动画这个过程. XPPAUT 有一些常规动画方式, 后面会进行更加详细的讲述. 点击 `Graphics Remove all` (**G R**) 来清除主窗口的图像. 点击 `File Transpose` 的 **Cancel** 来清理之前的转置.

创建一个叫 `cable100.ani` 的文件, 包括下面的五行:

```
# animation for the array
```

```
# cable100.ani
vtext .8;.95;t=;t
fcircle [1..100]/100;(u[j]+1)/2.2;.02;[j]/100
end
```

把它保存在与 ODE 文件同一路径. 这是一个动画文件, 用来告知 XPPAUT 动画器要做的每个步骤. 现在不要担心文法的问题. 点击 `Viewaxes Toon` (**V T**) 后一个新窗口会出现. 这就是动画窗口而且会有一个随机的名字出现. 点击 **File**, 输入 `cable100.ani` 的名字后从列表中选取. 在动画窗口点击 **OK**.

假设没有任何差错, 你应该可以点击 **Go** 然后看到空间分布的动画, 它是从一个余弦波过渡到阻尼指数波.

6.2.2 刚性问题

使用线性法来离散化偏微分方程经常会导致出现刚性的微分方程. (附录 C.1) 也就是说, 如果你使用固定步长积分器, 需要使用非常小的步长来避免出现数值问题. 如果使用 XPPAUT 标准的自适应积分器 `Qualrk` 或者 Dormand-Prine, 同样也可能出现问题, 因为他们主要是针对微分方程右侧没有特别大振幅的情况. 相反, 使用 XPPAUT 中的"刚性"积分器或许会有帮助, 即使你使用一个相当大的步长也会保证收敛到方程解. 这就是刚性积分器 `CVODE`.

刚性积分器的缺点在于必须要得到可逆矩阵, 而且每次积分步长中可能要很多次. XPPAUT 假定每个要逆的矩阵都是"满"的, 也就是说大部分的项都需要为非零. 然而, 在偏微分方程中, 方程经常会被写成只有靠近对角线的项为非零. XPPAUT 可以应用 CVODE 的一个带状形式因而提高上百倍的速度.

例如, 考虑反应扩散方程:

$$\begin{cases} u_t = D_u u_{xx} + f(u,v), \\ v_t = D_v v_{xx} + g(u,v). \end{cases} \tag{6.3}$$

如果我们离散化到 N 个点来得到 $2N$ 个常微分方程, 需要求 $2N \times 2N$ 个矩阵的逆. 如果首先定义所有的 u_j 的离散化然后定义所有的 v_j 的离散化, 那么将会有 j, $j \pm 1$, $j \pm N$ 之间的相互作用. 因此, 目标矩阵并不是成带状的. 然而, 如果我们重新整理这个离散化为 $u_1, v_1, u_2, v_2, \ldots, u_N, v_N$, 那么目标矩阵是带状而且带长为 ± 2. XPPAUT 有一个方法可以把方程写成如上的带状形式. 相对于使用 `u[1..100]` 的文法, 我们使用 `%[1..100]` 的命令来告知 XPPAUT 所有的项是一个数组. 下面是偏微分方程离散化成 100 个点并且带有 Neumann 边界条件, 条件 `rd2.ode` 如下:

```
# rd2.ode
# generic 2 variable reaction diffusion with Neumann conds
f(u,v)=u*(1-u)*(u-a)-v
```

```
g(u,v)=(u-d*v-b)*c
u1'=f(u1,v1)+du*(u2-u1)/h^2
v1'=g(u1,v1)+dv*(v2-v1)/h^2
%[2..99]
u[j]'=f(u[j],v[j])+du*(u[j+1]+u[j-1]-2*u[j])/h^2
v[j]'=g(u[j],v[j])+dv*(v[j+1]+v[j-1]-2*v[j])/h^2
%
u100'=f(u100,v100)+du*(u99-u100)/h^2
v100'=g(u100,v100)+dv*(v99-v100)/h^2
par a=.25,d=0,b=.4,c=1,du=.2,dv=1,h=.1
@ meth=cvode,bandup=2,bandlo=2
done
```

每个以 % 开始的项都是一个数组; 这些方程的展开形式为

```
u2'=f(u2,v2)+du*(u3+u1-2*u2)/h^2
v2'=g(u2,v2)+dv*(v3+v1-2*v2)/h^2
u3'=f(u3,v3)+du*(u4+u2-2*u3)/h^2
v3'=g(u3,v3)+dv*(v4+v3-2*v3)/h^2
...
```

如何隔行扫描使得目标系统可以呈现带状. 事实上我已经告知 XPPAUT 关于上界带宽和下界带宽来使用 CVODE 的带状形式.

但是问题在于, 当你使用数组绘图或者转置绘图时, u 和 v 都会隔行扫描. 处理这个问题的技巧在于在每个数组绘图或者转置每隔一列跳过, 也就是把 Colskip 从 1 改成 2.

考虑复杂的 Ginzburg-Landau 方程 (CGL):

$$z_t = z - (1 + \mathrm{i}\beta)z^2\bar{z} + (1 + \mathrm{i}\epsilon)z_{xx},$$

其中 $z = u + \mathrm{i}v$. 对于某些特定范围的 β 和 ϵ, 这个模型会出现时空混沌. 我们重新写成实数形式求解, 并且在介质中间加入一个很小的扰动 u. 下面是 ODE 文件:

```
# coupled Ginsberg-Landau equation
# cgl.ode
!d=1/(h*h)
r[0..127]=u[j]*u[j]+v[j]*v[j]
u0'=u0-(u0-beta*v0)*r0+d*(u1-u0-eps*(v1-v0))
v0'=v0-(v0+beta*u0)*r0+d*(v1-v0+eps*(u1-u0))
%[1..126]
```

```
u[j]'=u[j]-(u[j]-beta*v[j])*r[j]+d*(u[j+1]+u[j-1]-2*u[j]-eps*
      (v[j+1]+v[j-1]-2*v[j]))
v[j]'=v[j]-(v[j]+beta*u[j])*r[j]+d*(v[j+1]+v[j-1]-2*v[j]+eps*
      (u[j+1]+u[j-1]-2*u[j]))
%
u127'=u127-(u127-beta*v127)*r127+d*(u126-u127-eps*(v126-v127))
v127'=v127-(v127+beta*u127)*r127+d*(v126-v127+eps*(u126-u127))
# parameters
par beta=-1.8,eps=.8,h=1
aux rr[0..127]=r[j]
init u[50..55]=1
@ dt=.25,total=200
# plot the modulus rr0 with 128 columns in the array plot
done
```

因为这个问题不是特别刚性, 所以使用默认的 Runge-Kutta 积分器来求解. 区间大小是 128 个单位, 空间网格为 h=1. 两行都提到:

```
!d=1/(h*h)
```

定义 d 为导出参数. d 对于使用者隐藏, 而且 d 的值取决于其他参数. 只有在参数变化时才会重新计算. 注意第二点是加入了对于 z 的平方幅度的辅助变量. 如果 h 变小, 可能需要改成刚性积分器. 运行这个然后绘制观察 rr0, 如图 6.8 所示.

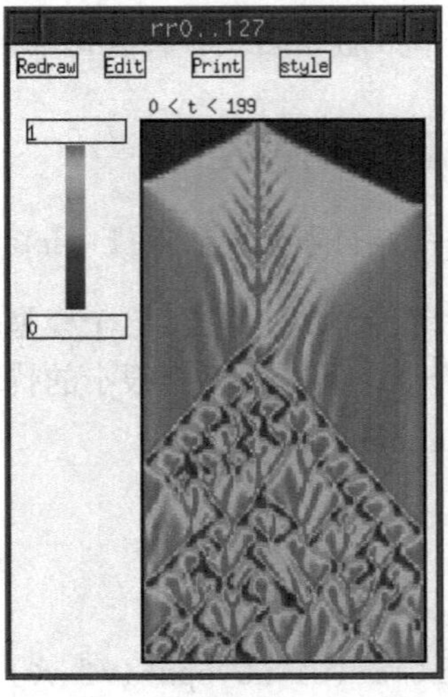

图 6.8　CGL 方程的解 (文后附彩图)

6.2.3 特殊积分器

XPPAUT 有很多积分器可以用来解决物理系统中的离散卷积方程. 这里我们会数值求解一个带有时滞抑制的神经元网络模型. 模型有如下形式:

$$\frac{\mathrm{d}u_j}{\mathrm{d}t} = -u_j + f\left[c^+ \sum_{i=0^N} W(j-i)u_i(t) - c^- u_j(t-\tau)\right], \tag{6.4}$$

这个方程是被当成一个连续卷积方程的离散近似:

$$\int_0^1 W(x-y)u(y)\ \mathrm{d}y.$$

可以使用 XPPAUT 的求和积分器来计算这个离散卷积, 程序如下:

```
sum(0,N)of(w([j]-i')*shift(u0,i'))
```

但是运行非常慢, 例如, 对于函数 $W(j)$ 会随着 $|j|$ 足够大而消失的情况, 是真正在浪费时间. (`shift(u0,n)` 返回在u0后的第 n 个变量.) 假设 $W(j)$ 在 $|j| \leqslant m$ 情况下非零, 那么可以重新写为

```
sum(-m,m)of(W(i')*shift(u0,[j]+i'))
```

前提是我们知道当 i 为负或者超过数组变量的长度时如何处理 `shift(u0,i)`. XPPAUT 提供了一个快速的方法来计算卷积, 而且有很多不同的方法来处理端点. 假设我们有一个数组变量 `u[0..N]`, 而且我们想对 $2m+1$ 个权重进行卷积计算, $W(-m), \cdots, W(m)$. 首先需要使用 `table` 命令来创建权重表 W, 然后使用 `special` 命令来创建一个函数, 其返回值是期待的卷积.

表的简单介绍 在 XPPAUT 中可以使用 `table` 命令来定义查看表格的函数. XPPAUT 可以读取文件中的值或者可以使用函数来创建表. 假设你想对定义在 $t_1 < t < t_2$ 上的函数 $f(t)$ 创建一个长度为 N 的表. 也就是说表格 N 格值为 $f(t_1), f(t_1+\mathrm{d}t), \cdots, f(t_2)$, $\mathrm{d}t = (t_2-t_1)/(N-1)$. 假设表为 w, $N=51$, $t_1=-25$, $t_2=25$. 那么 ODE 文件如下:

```
table w % 51 -25 25 f(t)
```

表的作用在于, 如果函数非常复杂, 通过函数的表可以提高运行速度. 在 XPPAUT 中 w 被当做函数, 因此 w(17) 返回 `f(17)`. 注: 函数的独立变量一直为 t. 对于基于函数定义的表, 线性插值法用来处理不在表的网格点上的函数值. 比如 $w(17.5) = (f(17)+f(18))/2$.

也可以用一个有特殊结构的数据文件来定义表. 如果这样做, 首先要做如下声明:

```
table w junk.tab
```

`junk.tab` 是包括函数 `w` 信息的文件. 文件的格式如下:

```
N
t_1
t_2
f_1
.
.
.
f_N
```

N 是定义的值的数量, t_1 是函数区间内最小值, t_2 是最大值, f_1 等是 N 个离散点对应的值. 基于文件的表允许你决定 t 的中间值如何定义. 对于基于函数的表, 只能允许线性插值. 对于基于文件的表, 有另外两种方法插值：分段常数法和三次样条法. XPPAUT 会通过文件的第一个字符来决定用哪种方法. 如果第一个字符为 's', 用样条法; 如果是 'i', 则用分段常数法; 否则用线性插值. 因此, 对于有 100 个值的表, 表的第一行会是下面三种的一个：

```
100
s100
i100
```

函数的中间值会分别被线性插值、样条、分段常数法来定义. 基于文件的表非常适合基于实验数据的模拟.

XPPAUT 可以在数据浏览器中的列的数值来创建表文件. 在 **Data Viewer** 使用 Read 命令来加载数据. 然后使用 Table 命令来从其中的列中创建表.

回到卷积　假定有 101 个元素的数组 u[0..100], 想跟权重 w(-25),...,w(25) 进行卷积计算. 首先得到求和

$$k(j)=\sum_{l=-25}^{25} w(l)u[j+l],$$

因为 u 只定义在 0 到 100, 需要一个方法来解决当 $j+l$ 不在 0 到 100 之间的问题. XPPAUT 提供三种可能：zero, even, periodic. zero 意味着定义 u 在 0 到 100 之外的点为 0; even 意味着 u 的值是由边界反射而给出的. 比如 $u[-2]\equiv u[2]$, $u[105]\equiv u[95]$. 最后, periodic 表明 $u[j\pm N]\equiv u[j]$. special 声明可以允许定义函数 $k(j)$. 对于这个特别的例子, 可以写成

```
table w % 51 -25 25 exp(-abs(t/5))
special k=conv(zero,101,25,w,u0)
```

对于权重函数任意选择了指数衰减. conv 函数有五个独立变量：

```
special k=conv(type,n,m,w,u0)
```

如上所述，type 是根据如何定义数组的端点来决定是 even, zero, 或者 periodic. 参数 n 是数组 u[a..b] 的长度，u0 是数组的第一个元素. n 同样也是对于 k 返回值的长度. m 是权重的一半长度，即 $w(j)$ 定义在 $-m \leqslant j \leqslant m$, w 是权重表的名字.

首先来看离散化的分段常数波模型：

$$\frac{\partial u}{\partial t} = -u(x,t) + \frac{1}{2\sigma}\int_{-\sigma}^{\sigma} H(u(x+y)-\theta)\,\mathrm{d}y,$$

$H(u)$ 是 Heaviside 阶梯函数. 这个非局部方程有行波解. 离散形式如下：

$$u_i' = -u_i + \frac{1}{2m+1}\sum_{-m}^{m} H(u_{j+i}-\theta).$$

选择 $m=5$, 然后离散化成 101 个点. 先定义权重表：

```
table w % 11 -5 5 1/11
```

这创建了一个查看表，长度 11, 每项为 1/11, 是常数权重. 下面创建用于 u 的阶梯函数的数组：

```
h[0..100]=heav(u[j]-theta)
```

h0,h1,是固定变量的一个集合，它的值对应于每个 u 变量在阶梯函数的值. 下面定义离散卷积：

```
special k=conv(zero,101,5,w,h0)
```

这表明 h 值在区间以外均为 0. 最后用特别算子 k([j]) 来定义右侧：

```
u[0..100]'=-u[j]+k([j])
```

全部综合在一起的 ODE 文件是：

```
# convwave.ode
# define a table for the convolution
table w % 11 -5 5 1/11
# define h(u-theta)
h[0..100]=heav(u[j]-theta)
# define the special convolution operator
special k=conv(zero,101,5,w,h0)
u[0..100]'=-u[j]+k([j])
init u0=1,u1=1,u2=1
par theta=.1
done
```

注 经常犯的错误是把 k([j]) 写成 k[j]. 在 XPPAUT 中，中括号是被忽略的，因此 k[10] 会被看成 k10, 这并没有意义，因为 k 是一个函数. 然而，k([j]) 是正确的, 因为 [j] 是对于 j=0,...,100 作为整数 j 来应用的. 从卷积得到的数组为零偏移, 因此第一个元素为 k(0).

运行这个文件然后积分. 把数组从 u0 到 u100 来进行数组绘图, 观察行波形. (使用快捷方式, 在 Initial Data Window 中点击 u0 和 u100 的盒子, 然后点击 Arry. 或者使用 Graphics Array 命令来填写对话框) 在 Main Window 中绘制一些空间分布, 比如 u10,u30,u60, 然后测量对于 u30, u60, 越过 $u = 0.5$ 时的时间, 从而可以测量波的速度.

现在转向卷积问题 (6.4). 定义权重如下:

$$W(l) = \exp(-c|l|) - a\exp(-b|l|),$$

c, a, b 均为正参数. 步骤如下:

1. 使用变量t来定义权重表

```
table w % 21 -10 10 exp(-c*abs(t))-a*exp(-b*abs(t))
```

2. 对于进行卷积计算的变量应用想使用的函数;

3. 用special 运算符来定义卷积:

```
special k=conv(periodic,101,10,w,u0)
```

(这里, 我在数组中使用周期性条件).

4. 使用k([j])定义右侧

```
u[0..100]'=-u[j] + f(ce*k([j])-ci*delay(u[j],tau))
```

下面是完整的 ODE 文件:

```
# nnetdelay.ode
# a neural net with delays
table w % 21 -10 10 exp(-c*abs(t))-a*exp(-b*abs(t))
par cp=4,cm=4,tau=0,r=3,ut=.25
par a=.5,b=.1,c=.25
init u[45..55]=.5
special k=conv(periodic,100,10,w,u0)
f(u)=1/(1+exp(-r*(u-ut)))
u[0..100]'=-u[j] + f(cp*k([j])-cm*delay(u[j],tau))
@ dt=.05,total=100,delay=10
done
```

同所有的例子一样, 有 101 个单位. 这个系统将会被积分 100 个时间步长. 初始中间的 10 个单位为 0.5. 因为网络是周期性的, 如果想得到任何空间模式, 我们需要引入空间的非齐次性, 因为齐次解已经保留. 最后一行告知 XPPAUT 最大时滞为 10. 默认当 $t < 0$ 时, $u_j(t) = 0$. 初始时滞参数 τ 为 0. 运行并数组绘制来观察空

间–时间特性. 注意解是一系列的条; 介质已经被分散成周期性的空间形式. 现在增加 τ 来观察将会发生什么. 设定 $\tau = 0.5$ 重新积分方程. 条的边界有了小幅阻尼振荡. (绘制`u25`作为 `t` 的函数来观察)(问题: 如何知道这些振荡是真实的? 把时间步长`DeltaT`变小 (`nUmerics Delta T`), 注意到振荡看上去加快. 你会发现对于更小的时间步长仍然保持振荡, 所以是真实的阻尼振荡.)

设 $\tau = 0.75$ 然后再次求解, 解变成了复杂的锯齿形状. 增加 τ 的值或者改变参数`cm`来观察更多炫酷的形式. 你也可能需要增加时间来看到渐进态. 图 6.9 是一个典型的模拟图.

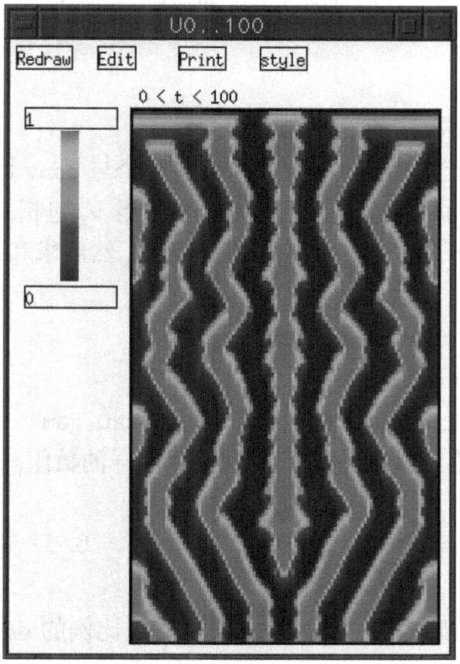

图 6.9 当时滞为 1 时时滞神经元网络方程的解 (文后附彩图)

再一次动画 创建一个解关于时间而出现不同形式的动画. 如果想完全理解动画文件, 参见第 8 章. 现在输入文件 `nnetdelay2.ani`:

```
# use with nnetdelay.ode
# a one liner!
line .05+.9*[0..99]/101;.05+.8*u[j];.05+.9*[j+1]/101;.05+.8*u[j+1];
    $BLACK;2
done
```

点击 `Viewaxes Toon`, 动画窗口出现. 点击 `File` 然后加载文件 `nnetdelay2.ani`. 点击 `Go`, 返回到模拟然后用不同的参数模拟来看新的动画过程.

更多空间运算符 还有很多其他的空间运算符可以与表结合起来构建更加复杂的模型. 弱耦合振荡链是 fconv 运算符一个很好的应用. 从弱耦合引出的相模型经常有如下形式:

$$\frac{\mathrm{d}\theta_i}{\mathrm{d}t} = \omega_i + \sum_{k=-m}^{m} w(k)\varGamma(\theta_{i+k} - \theta_i), \tag{6.5}$$

其中 $\varGamma(\phi)$ 是一个周期为 2π 的周期性函数 (这个函数出自于平均理论, 第 9 章会有详细解释). 在 XPPAUT 中, 表达式为

$$R(j) = \sum_{l=-m}^{m} w(l)f(u(j+l), v(j)), \quad j = 0, \cdots, n-1,$$

由如下语句表述:

```
special r = fconv(type,n,m,w,u,v,f).
```

这与 conv 运算符相似但是有额外的输入量. 前五个与 conv 运算符完全一致. (type 为 zero,even 或 periodic) 此外, 还有另一个数组 v, 包括二元函数 f. XPPAUT 在乘权重 $w(l)$ 之前对于 $u(j+l)$ 和 $v(j)$ 应用函数, 然后求和. 因此求解 (6.5), 需要先定义权重, 二元函数, 然后是特别卷积:

```
table w % 11 -5 5 exp(-abs(t))
gam(u,v)=ggamf(u-v)
special r=fconv(zero,40,5,w,theta0,theta0,gam)
```

对于 fconv 的第五和第六参数的 u 和 v 使用了同样的数组; 它们不需要不同. 因此

$$r(j) = \sum_{l=-5}^{5} \mathrm{e}^{-|l|}\varGamma(\theta_{j+l} - \theta_j), \quad j = 0, \cdots, 39.$$

因为我们只对于相平面感兴趣, 因此减去与 $r(0)$ 成比例的 $\mathrm{d}\theta_0/\mathrm{d}t$. 式 (6.5) 的 ODE 文件如下:

```
# phschn.ode
# a chain of 40 phase oscillators
# in relative phase coordinates
table w % 11 -5 5 exp(-abs(t))
gam(u,v)=gamf(u-v)
gamf(u)=a0+a1*cos(u)+b1*sin(u)+b2*sin(2*u)
special r=fconv(zero,40,5,w,theta0,theta0,gam)
theta[0..39]'=r([j])-r(0)
par a0=.25,a1=.4,b1=1,b2=-.2
@ total=200,dt=.25,meth=cvode
```

```
@ nplot=5,yp=theta5,yp2=theta10,yp3=theta15,yp4=theta20,
@ xhi=200,ylo=0,yhi=10
done
```

注 fconv 的第一个参数是 zero, 因为链是一个有限的线振荡子而不是环振荡子. fconv 需要一个关于二元的函数, 因此定义 gam(u,v)=gamf(u-v). 在每个方程减掉 r(0), 因此目标解是关于 theta0 的相平面. 尽管不是刚性, 仍然使用刚性积分器 CVODE. 这是经过尝试不同方法后得到的最快选择. 初始化程序后会有 4 个数值量可以被绘制, 最多可以初始 9 个.

空间分布 运行程序后注意到所有的四个图像都收敛到一个固定值, 也即相对相位. 因此, 这个特别的方程系统具有相位锁定特性. 点击 Graphics Remove all (**G R**) 清理图像后来观察空间分布. 点击 File Transpose, 并按下表所示填写, 来转置数据:

Column 1: theta0
NCols: 40
Colskip: 1
Row 1: 750
NRows: 1
RowSkip: 1

点击 Ok. 在主窗口点击 X vs t 后选择 theta0, 会观察到中间的振荡子最先出现, 然后两侧的振荡子最后出现. 类似的数值模拟结果对于耦合振荡已经导致了很多理论的产生. 尝试改变参数来运行这个模型. 能否找到打破相位锁定的解?

非卷积耦合 上述的例子假定卷积是在单元之间耦合的. 如果我们想模拟 30 个兴奋性和 10 个抑制性细胞集群, 让 u_j, v_j 分别代表兴奋和抑制细胞的活动, 那么相应的方程为

$$
\begin{aligned}
u_j' &= -u_j + F_u\left(c_{ee}\sum_{k=0}^{29} w_{jk}^{ee}u_k - c_{ie}\sum_{k=0}^{9} w_{jk}^{ie}v_k\right), \quad j=0,\cdots,29,\\
\tau v_j' &= -v_j + F_v\left(c_{ei}\sum_{k=0}^{29} w_{jk}^{ei}u_k - c_{ii}\sum_{k=0}^{9} w_{jk}^{ii}v_k\right), \quad j=0,\cdots,9.
\end{aligned}
$$

注意与变量相乘的矩阵并不是方阵. XPPAUT 有一个方法来处理这种问题. 再次强调, 权重都是通过查找表来定义的. w^{ee} 是 30×30 的查找表, 所以有 900 个输入项. 前 30 个是第一行, 紧接着是第二行. 矩阵 w^{ie} 是 30×10, 因此需要一个长度为 300 的表; 前 10 个为第一行, 紧接着 10 个为第二行, 以此类推. 对于目前的例

子, 假设 w_{jk} 是在 $[0, r]$ 上均匀分布, 那么每一行的平均和是 1. 给出一个对应矩阵 $n \times m$ 的表 w, 以 z0 开始的长度为 m 的变量数组, 然后声明:

```
special q=mmult(m,n,w,z0)
```

会产生一个函数q:

```
q(j) = sum(0,m-1)of(w(jm+i')*shift(z0,i'))
```

因此, 这个问题的 ODE 文件如下:

```
# randnet.ode
table wee % 900 0 899 ran(1)/15
table wie % 300 0 299 ran(1)/5
table wei % 300 0 299 ran(1)/15
table wii % 100 0 99 ran(1)/5
special see=mmult(30,30,wee,u0)
special sie=mmult(10,30,wie,v0)
special sei=mmult(30,10,wei,u0)
special sii=mmult(10,10,wii,v0)
fu(x)=1/(1+exp(-(x-uth)))
fv(x)=1/(1+exp(-(x-vth)))
u[0..29]'=-u[j]+fu(cee*see([j])-cie*sie([j]))
v[0..9]'=(-v[j]+fv(cei*sei([j])-cii*sii([j])))/tau
par cee=10,cie=8,uth=1.55,cei=13,cii=8,vth=2,tau=4
aux uu=sum(0,29)of(shift(u0,i'))/30
aux vv=sum(0,9)of(shift(v0,i'))/10
@ autoeval=0,total=50
done
```

加入 autoeval=0 来告知 XPPAUT 每次参数改变的时候不需要更新表. 因此在变化其他参数的时候权重是**固定**的. XPPAUT 默认每次参数改变后表也随之更新. 由于表是随机产生的, 所以我们希望保持固定. 同样也加入了辅助变量 uu,vv 来表示兴奋和抑制细胞的平均值. 这个网络看上去是同步的, 稳定且有节奏的结果会出现. 作为奖励, 模拟这个方程的平均域模型, 然后对比上面的完整模型结果. 平均域方程如下:

$$u' = -u + f_u(c_{ee}u - c_{ie}v), \quad \tau v' = -v + f_v(c_{ei}u - c_{ii}v).$$

使用网络函数的技巧

有很多网络函数在使用上比卷积更加灵活. 稀疏 (sparse) 运算符可以支持创建长度为 n 的网络, 其中每个元素 j 可以跟网络中 m 个其他元素 i 以权重 w_{ji} 来建立联系. 这个运算符需要提供两个长度为 nm 的表, 一个给出连接矩阵, 另一个给出连接的强度. 上个例子中, 二维数组是逐行存储的. (也就是说, 矩阵中的行都被连接起来形成一个一维数组) 例如, 相对于式 (6.4), 考虑下面的随机网络:

$$u_j' = -u_j + f\left(c^+ \sum_{i\in C_j} w_{ji}u_i - c^- u_j(t-\tau)\right), \quad j = 0, \cdots, 99,$$

C_j 是随机选择的 10 个指数集合, w_{ji} 是在 0 到 1 之间的随机数. 为了细胞创建 XPPAUT 文件, 需要定义两个表. 一个表是连接表, 用来给出细胞 j 连接的指数; 另一个表包含权重. 连接矩阵是 $10 \times 100 = 1000$ 个输入项, 元素的指数是 0~99, 因为存在 100 个标记为 u0 到 u99 的单位. 下面是定义该表的技巧:

```
table con % 1000 0 999 flr(ran(1)*100)
```

函数 flr(x) 返回小于或等于 x 的最大整数. 实际的权重是在 0 到 1 之间随机分布的. 特殊函数 k=sparse(n,m,w,c,u0) 返回 n 个值:

$$k(j) = \sum_{i=0}^{m-1} w(j\cdot m+i)\mathrm{shift}(u0, c(j\cdot m+i)),$$

c 是连接数组. ODE 文件如下:

```
# sparse.ode
# a random sparse network with delays
# each is connected to 10 others
table con % 1000 0 999 flr(ran(1)*100)
table w % 1000 0 999 ran(1)
par cp=1,cm=6,tau=3,r=3,ut=.25
special k=sparse(100,10,w,con,u0)
f(u)=1/(1+exp(-r*(u-ut)))
u[0..99]'=-u[j] + f(cp*k([j])-cm*delay(u[j],tau))
@ dt=.05,total=100,delay=10
@ autoeval=0
done
```

除了关于权重和连接的定义, 这与常规的网络函数很类似. 再次注意, 加入 autoeval=0 是来告知 XPPAUT 每次参数改变的时候不需要更新表.

在运行该文件之前, 还有一点要指出: 在很多的神经元网络模型中, 自连接是不允许的. 那么如何来调整连接函数以避免这种情况的发生? 给出一个指数 i, 可以与在 1 到 99 之间随机产生的数求和后模 100. 因此, i 永远不会被选到. 下面这段代码会替代上述 ODE 文件中的第四行:

```
table con % 1000 0 999 mod(flr(t/10)+1+flr(99*ran(1)),100)
```

因为前十项连接到 0, 接着十项连接到 1, 以此类推, 因此 `flr(t/10)` 就是指数 i. `1+flr(99*ran(1))` 会随机产生一个在 0 到 99 之间的整数.

运行这个文件并观察空间–时间进化图. 可以看出, 除了微小的随机过程外, 没有斑图信息形成. 整个事件很像平均场模型. 这引出了一个定理: 稀疏兴奋耦合振荡网络在 N, m 变大的情况下会导致同步振荡出现. 把计算的解与平均场方程进行对比:

$$u' = -u + f(5c^+u - c^-u(t-\tau)),$$

其中因子数 5 是基于事实每个细胞接受 10 个输入且平均值为 0.5.

树状树突 大多数神经元都包括树状树突. 一种模拟神经元树的方法是把它看成是一系列连接在一起的小圆柱. 每个圆柱都给出特定的长度、直径、轴向电阻和跨膜电阻. 轴向电阻取决于圆柱的长度和直径, 而跨膜电阻取决于除了上下两个圆面外的表面积. 欧姆定律允许通过电路来近似树状树突的动力系统, 反过来引出对每个圆柱电压的一系列的微分方程组. 马克芬那 (Mark Fenner) 是我班上的一个学生, 他使用 C++ 编写了一个可以通过圆柱的端点和直径信息表来创建 XPPAUT 模拟树状树突的文件的程序. C++ 程序会产生四个文件: 两个表分别用来描述连接和权重, 一个动画文件用来画出树状树突, 还有 ODE 模拟文件. 程序的关键作用是产生连接矩阵、权重矩阵和动画文件. ODE 文件相对简单, 而且假设为被动树突. 很容易修改文件来使得其他隔间部分呈激活状态. 每个圆柱不能连接超过四个其他圆柱, 因为分支部分会分成两部分. 连接函数定义如下:

$$\sum_i g_{ji}(V_i - V_j) = \sum_i g_{ji}V_i - \left(\sum_i g_{ji}\right)V_j.$$

因此对于 N 个隔间部分, 分别描述权重和连接的两个长度为 $5N$ 的表会被创建. 我们用零填充连接到少于四个其他圆柱的权重. 输入文件包括每个圆柱的端点和直径的 (x, y) 坐标. 程序使用端点信息来决定圆柱之间的连接关系, 使用圆柱的维度来决定耦合的相关权重. 长度被缩放后一个动画文件被创建来绘制圆柱. 动画文件根据用户给定函数来对每个圆柱进行着色. 在 XPPAUT 网站上可以找到 C++ 代码和其他的例子, 如图 6.10 所示.

一维元胞自动机 元胞自动机在过去很多年中一直深受欢迎, 现在仍然还是很有趣的话题. 一个简易的元胞自动机模型包括一行只接受 0 或者 1 的细胞. 每个时间步长中取 m 个邻居的和 (在 0 到 $2m+1$ 之间), 而且会提供一个规则来使得每个可能的和被映射到 0 或者 1. 通常情况下边界值条件是周期性的. 固定 m 后使 f 是一个从 $\{0, 1, \cdots, 2m+1\}$ 到 $\{0, 1\}$ 的映射. 可以通过如下离散动力系统来

观察一维元胞自动机:

$$u^{t+1}(j)=f\left(\sum_{i=-m}^{m}u^{t}(j-i)\right).$$

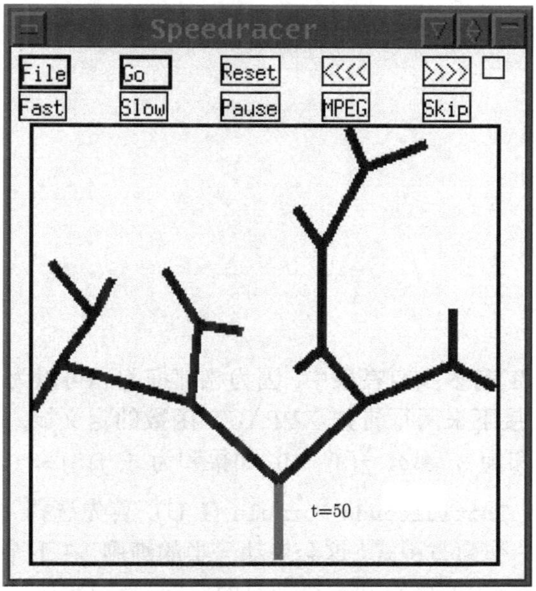

图 6.10 卡通窗口的树突树

因为 f 的区间通常是少量离散点, 所以我们把 f 作为一个查看表. 定义一个全为 1 的权重矩阵, 对其从 $-m$ 到 m 与 u 进行卷积, 然后应用 f 来求和. 下面是关于 101 个细胞的 XPPAUT 文件, 每个细胞都会观察左右两边的邻居, 同样会观察自身细胞的值. 规则是以表的形式出现, 所以读者可以自行修改后重新加载.

```
# ca100.ode
# 101 cell CA model
# here is the function for the new value
table f ca5.tab
# add up with equal weight 5 cells
table wgt % 5 -2 2 1
# The convolution is created
special k=conv(periodic,100,2,wgt,u0)
# here is the update
u[0..100]'=f(k([j]))
```

```
# make sure XPP knows it is discrete time
@ total=200,meth=discrete
done
```

注 定义规则 f 的表是以文件读取的. 下面是表文件:

```
6
0
5
0
0
1
0
1
1
```

第一行告知 XPPAUT 有多少点在表中. 因为相邻细胞和可以为 $0, 1, \cdots, 5$, 因此有 6 个可能的求和值. 接下来两行告知 XPPAUT 函数的定义域. 最后 6 行是规则本身. 例如, 如果相邻和为 3, 那么 $f(3) = 0$, 如果和为 5, $f(5) = 1$.

运行文件. 点击 `Initialconds Formula` (**I U**), 首先选择 `U[0..100]`, 然后选择 `heav(ran(1)-.5)` 作为方程式. 这会启动一半的细胞. 在下个光标处点击 `Enter` 后模拟会开启. 使用数组绘图来观察自动机的空间–时间演化过程. (快捷方法: 在 Initial Data Window 中点击靠近 `u0` 的小方盒, 滑动到 `U100` 点击小方盒. 然后点击 Initial Data Window 底部的 `arry`) 会看到如图 6.11 所示的结果.

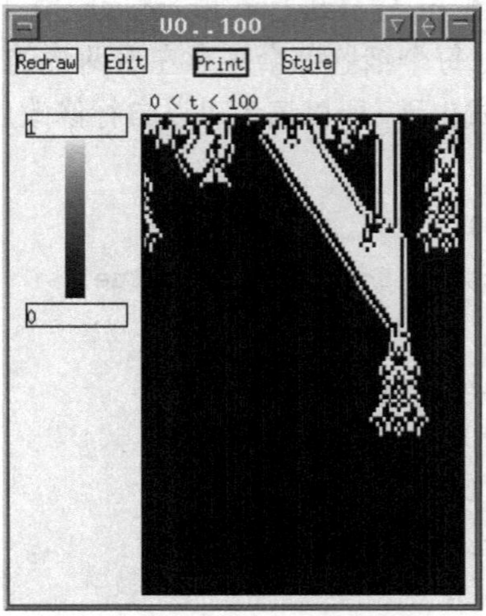

图 6.11 元胞自动机仿真

使用文本编辑器, 创建一个名为 ca5_III.tab 的文件且内容如下:

```
6
0
5
0
0
1
1
1
0
```

这个规则产出所谓第三类元胞自动机, 模拟结果很好看. 点击 nUmerics looKup (**UK**), 输入 f 为查看表的名字. 输入 ca5_III.tab 为文件名, 点击两次 Enter, 然后点击 Esc 退回主目录. 现在已经把查看表更新为刚编辑过的表. 点击 **IG** 来返回模拟. 点击数组窗口中的 Redraw 来重新绘制, 会看到一系列的三角形出现.

尝试使用自动定义的表且改变初始值条件后运行这个模型, 看是否可以对于所有可能的斑图进行分类. 一共会有 64 中可能的规则. 或许你会像进行这项研究的人一样获得麦克阿瑟天才奖, 而且创造出 MATHEMATICA 软件!

6.2.4 练习

1. 在电缆方程 (6.2) 中, 尝试如 $u(x,0)=\cos(n\pi x)$ 且较高的 n 值作为初始数据, 并验证对于较高的 n 值方程会更快地达到稳定状态.

2. 方程 (6.2) 的稳定态是

$$0 = D\frac{\mathrm{d}^2u}{\mathrm{d}x^2} - u,$$

$$c_0 = a_0u(0,t) + b_0u_x(0,t),$$
$$c_L = a_Lu(L,t) + b_Lu_x(L,t).$$

这是一个具有边界条件的二阶方程. 使用 XPPAUT 来解决这个具有各种边界条件的边界值问题, 包括我们上面使用的一个. 为了定量比较 PDE 的稳态, 找出 L 和 D 要使用的值. 如果写文件有困难, ODE 文件就在这里 (在看之前先尝试着写一下):

```
# cable boundary value problem
# 0 = D u'' - u
# c0 = a0 u(0) + b0 u'(0)
# cl = al u(l) + bl u'(l)
u'=up
```

```
up'=u/D
par D=1,c0=1,a0=1,b0=0,cl=0,al=0,bl=1
bndry a0*u+b0*up-c0
bndry al*u'+bl*up'-cl
@ total=10.001,dt=.01
@ xhi=10.001,yhi=1.00,ylo=0
# click on Bndryvalue Show to solve this!
# try different values for the parameter
done
```

3. 求解 PDE:

$$\frac{\partial u}{\partial t} = D\frac{\partial^2 u}{\partial x^2} + u(1-u)$$

在具有 100 个网格点且长度为 20 的域上, $D=1$, 时间步长为 dt=0.025, 有 Neumann 边界条件, $u_x(0,t)=u_x(L,t)=0$, $0<t<20$. 将第一个网格点初始化为 1, 其余为 0. (提示：复制和修改电缆 PDE.) 现在尝试以下有趣的实验. 使用 Initialconds formula 命令初始化 u1..u100 到 exp(-ct), 其中 c=1,0.1, 0.05. 通过在同一个窗口绘制 u80 和 u90, 显示这个波前的速度取决于初始条件. (测量 $u=0.5$ 的交叉点之间的时间差) 因此说明具有清晰初始数据的波前速是较慢的.

4. 重复前面的练习, 用 $u(u-a)(1-u)$ 替换 $u(1-u)$, 其中 $a=0.02$, 看到速度与初始条件无关; 它是唯一的.

5. 通过求解可兴奋区域中的初始价值问题获得 Morris-Lecar 方程的行波解. 应该尝试使用打靶练习中使用的方程和参数. 使用 Neumann 边界条件和在具有 100 个网格点大小为 10 的域. 假设扩散系数为 0.1. 初始化电压为静息态, $V=-0.4$, 并将网格中的前四个点初始化为 0 以初始化行波. 运行仿真并观察行波. 通过找到行进 m 个网格点所花费的时间量来计算速度. 速度是 $mh/(\sqrt(d)T)$, 其中 $h=10/100$ 是网格大小, T 是行进 m 个网格点的时间. 将此速度与通过打靶法获得速度进行比较. 和前面的练习一样, 尝试在看下面的答案之前自己创建 ODE 文件:

```
# morris-lecar PDE
par d=.1,h=.1
# note that I have to change the names of the parameters
# so that I can use v1,v2, etc as the voltage grid points
#
params va1=-.01,va2=0.15,va3=0.1,va4=0.145,gca=1.33,phi=.333
params vk=-.7,vl=-.5,iapp=.04,gk=2.0,gl=.5,om=1
minf(v)=.5*(1+tanh((v-va1)/va2))
```

```
ninf(v)=.5*(1+tanh((v-va3)/va4))
lamn(v)= phi*cosh((v-va3)/(2*va4))
f(v,w)=gl*(vl-v)+gk*w*(vk-v)+gca*minf(v)*(1-v)+iapp
g(v,w)=lamn(v)*(ninf(v)-w)
v0=v1
v[1..100]'=f(v[j],w[j])+d*(v[j+1]-2*v[j]+v[j-1])/(h*h)
v101=v100
w[1..100]'=g(v[j],w[j])
init v1=0,v2=0,v3=0,v4=0
init v[5..100]=-.4
@ total=50
done
```

6. 在本练习中, 我们将使用经典的反应扩散模型来展示斑图形成. Turcing (1955) 提出, 如果偶联的化学系统具有不同的扩散常数, 则可能出现空间不稳定性. 一般双组分反应扩散方程为

$$\frac{\partial u}{\partial t}=f(u,v)+D_u\frac{\partial^2 u}{\partial x^2},$$
$$\frac{\partial v}{\partial t}=g(u,v)+D_v\frac{\partial^2 v}{\partial x^2},$$

边界条件可以是 Neumann 或周期性或 Dirichlet. Brusselator 是这类系统的一个例子, 其中 (f,g) 是

$$f(u,v)=a-(b+1)u+u^2v,\quad g(u,v)=bu-u^2v.$$

空间齐性平衡点是 $(u,v)=(a,b/a)$, 并且只要 $b<1+a^2$, 它对空间齐性扰动是稳定的: 然而, 如果这个条件成立并且 D_v/D_u 足够大, 空间齐性解对非齐性扰动是不稳定的. 空间上非齐性会产生新的解. 这里是一个 Brusselator 的 ODE 文件:

```
# the brusselator reaction-diffusion model
# brusspde.ode
# reaction terms
f(u,v)=a-(b+1)*u+v*u^2
g(u,v)=b*u-v*u^2
par a=1,b=1.5
#
# equations
u0=u1
```

```
u[1..100]'=f(u[j],v[j]) + du*(u[j+1]-2*u[j]+u[j-1])/(h*h)
u101=u100
#
v0=v1
v[1..100]'=g(u[j],v[j]) + dv*(v[j+1]-2*v[j]+v[j-1])/(h*h)
v101=v100
# spatial parameters
par  h=.2,du=.1,dv=4
# initial data
init u[4..100]=1
init u[1..3]=1.2
init v[1..100]=1.5
# numerical stuff
@ meth=cvode,atol=1e-5,tol=1e-6,total=400,dt=.25
done
```

它非常类似于上面讨论的简单电缆模型. 因为扩散方程倾向于数值刚性化 (由于被 h^2 除), 我在文件末尾添加了一行使用刚性积分器 CVODE 来对应指定的容许偏差, 时间步长为 0.25, 总数为 400 时间单位. 运行并查看稳定状态. 改变 D_v, 使它更小并且验证空间齐性状态再次变得稳定. 注意, 你可以通过使用 banded 方法使计算更快, 像示例 (6.3) 那样重写离散化系统.

7. 作为最后的 PDE 示例, 考虑 Gray-Scott 方程. 这是一个非常清楚为什么要使用 banded 选项的例子. 这里是 ODE 文件 gs.ode:

```
# grey scott equations
par d=.25,al=.1,a=2,h2=100
u1'=(d*(u2-u1)+a*u1^2*z1-u1)/al
z1'=h2*(z2-z1)-u1*u1*z1+1-z1
%[2..199]
u[j]'=(d*(u[j+1]-2*u[j]+u[j-1])+a*u[j]*u[j]*z[j]-u[j])/al
z[j]'=h2*(z[j+1]-2*z[j]+z[j-1])-z[j]*(1+u[j]*u[j])+1
%
u200'=(d*(u199-u200)+a*u200^2*z200-u200)/al
z200'=h2*(z199-z200)-z200*(1+u200*u200)+1
init z[1..200]=1
init u1=1.2
@ meth=cvode,tol=1e-5,atol=1e-4,bandup=2,bandlo=2
```

```
@ dt=.25,total=200,xhi=200,yhi=25,yp=u100
done
```

运行这个文件并对运行时间计时. 然后单击 nUmericsMethod 并选择 Cvode, 关闭 banded 选项. 重新运行模拟——最好此时有本《战争与和平》可以阅读. (慢约 30 倍.)

8. 探索对类别 III 元胞自动机连续近似的行为

$$u_j' = -u_j + F\left(\frac{1}{11}\sum_{k=-5}^{k=5} u_{j+k}(t-\tau)\right),$$

带有周期性边界值条件

$$F(u) = \frac{1}{(1+\exp(-a(u-z_1)))(1+\exp(a(u-z_2)))},$$

并有 $0 < z_1 < z_2 < 1$ 和 $a > 0$. 注意需要定义时滞变量为固定变量. 尝试 $\tau = 4$, $a = 20, z_1 = 0.2, z_2 = 0.6$, 并把一些变量初始化为 1. 积分求解, 如果要加速, 使用欧拉法. ODE 文件如下:

```
# ctsca.ode
# continuous approximation to class 3 CA
du[0..100]=delay(u[j],tau)
table w % 11 -5 5 1/11
f(u)=1/((1+exp(-a*(u-z1)))*(1+exp(a*(u-z2))))
par tau=4,a=20,z1=.2,z2=.6
init u[45..55]=1
special k=conv(period,101,5,w,du0)
u[0..100]'=-u[j]+f(k([j]))
@ total=100,delay=10,meth=euler
done
```

9. 为 Nick Swindale 的一维视觉优势列模型编写一个 ODE 文件:

$$\frac{\partial n(x,t)}{\partial t} = n(x,t)(1-n(x,t))\left(\mu\int_D W(x-y)n(y,t)\,\mathrm{d}y - \nu\right).$$

选择 101 个点, $\mu = 0.5$, $\nu = 1.3$,

$$W(x) = \mathrm{e}^{-0.1x^2} - 0.35\mathrm{e}^{-.025x^2},$$

通过在 -15 到 15 的周期域求和来近似连续卷积. 使用 0 和 1 之间的随机初始数据. 这是部分的 ODE 文件:

```
table wa % 31 -15 15 exp(-a*t*t)-c*exp(-b*t*t)
special k=conv(periodic,101,15,wa,n0)
```

10. 求解全局耦合系统:

$$u_j' = -u_j + d(u_{j-1} - 2u_j + u_{j+1}) + ku_j/(1 + \bar{u}^2),$$

其中

$$\bar{u} = \frac{1}{N+1}\sum_{j=0}^{N} u_j.$$

$N = 50, d = 1$, 从 1 到 4 对 k 变化. 使用随机初始数据并反映边界条件. 这是否表明存在任何自发的模式形成? 是否可以对于原点的稳定性给出解析?

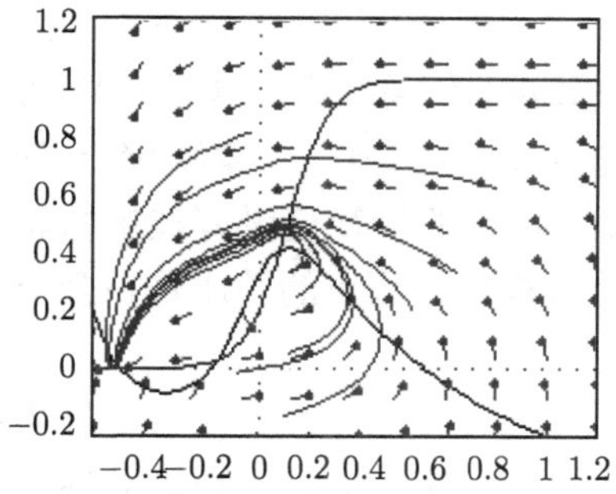

第 7 章

使用 AUTO：分岔和延续

对于很多人来说，使用 XPPAUT 的主要原因是它对于 AUTO(见文献 [9]) 提供了非常简单的接口. AUTO 在分布式版本中已有图形用户接口，但仍然需要编写 FORTRAN 程序来运行. XPPAUT 可以允许使用 AUTO 最常见的特性，包括追踪不动点、周期轨道、边界值问题、同宿轨道、双参数延续. 本章会教大家如何使用 AUTO 来解决各类问题. 不过要注意，AUTO 是技巧性很强的程序，运行过程中会因各种原因而运行失败. 尽管如此，它仍然是非常强大的分析工具，虽然已经有 15 年的历史，但是当处理跟踪周期解和解决边界值问题的时候，依然比其他类似的程序好很多.

很多物理和生物系统包含自由参数. 应用数学的一个目标就是想了解当参数值改变时系统的性质会发生什么样的变化. 这是数值计算的一个挑战，而且目前没有普遍的方法来系统性地分析所有参数对于系统的影响. 建模人员要做的第一件事就是通过固定已知的常规参数 (例如重力加速度) 或者使得系统无量纲化来减少参数的数量. 无量纲化分析非常有用，读者可以参阅任意介绍该分析方法的书籍 (例如文献 [10], [31]). 假设你可以将自由参数降低到一个可控数量，那么会有很多有用的工具来探索参数变化如何引起系统的变化. 最直接的方法叫做**连续法**：随着参数的变化跟踪一个特定解 (比如不动点或者极限环). AUTO 提供了很多非常强大的算法来针对微分方程的不动点或者极限环进行连续分析. 方程解的特定分支的稳定性可以通过分析其线性化形式得到. AUTO 同样也可自动完成这些分析. 如果不动点或者极限环出现稳定性的改变，就是系统新特性出现的迹象. 例如，从解的分支中出现不动点，或者出现极限环. 这些局部或者整体性质的定性改变叫做**分岔**，在连续过程中寻找分岔是数学研究中的许多重要课题. ATUO 提供了许多数值工具来自动探寻不动点和极限环的分岔. 在 Kuznetsov 的书中可以找到关于局部和全局分岔的详细描述.

考虑有如下形式的微分方程:

$$\frac{\mathrm{d}x}{\mathrm{d}t} = F(x, \mu), \quad x \in \mathbf{R}^n, \tag{7.1}$$

μ 是参数. 假定 (7.1) 有不动点 (x_0, μ_0). 让 $A(\mu_0) = A_0$ 是 F 关于 x 在不动点 (x_0, μ_0) 的线性化矩阵. 通过观察 A_0 可以得到两个重要的信息. 第一, 如果 A_0 可逆, 在 μ_0 附近可以追踪作为参数 μ 的函数的不动点 x_0, 这是在 x_0 附近唯一的不动点. 这是基于隐函数定理得出的结论. 第二, 如果 A_0 的特征值没有在虚数轴上, 那么式 (7.1) 在不动点 x_0 附近的性质与线性微分方程靠近原点的性质是完全一样的:

$$\frac{\mathrm{d}y}{\mathrm{d}t} = A_0 y. \tag{7.2}$$

特别的, 两个系统的稳定性是相同的. 这就是通过线性化来决定不动点稳定性的原因. 然而, 如果 A_0 的特征值一个或多个的实部为 0, 那么非线性系统的局部性质就不一定与线性系统一致. 观察下面有相同线性化形式的三个不同系统, 将验证这个事实:

$$x' = -y - y^3, \quad y' = x,$$
$$x' = -y - x^3, \quad y' = x,$$
$$x' = -y + x^3, \quad y' = x,$$

因此, 如果改变 μ, 而且 $A(\mu)$ 的特征值有一个或者多个越过虚数轴, 式 (7.1) 会发生定性变化. 对于在不动点附近方程解性质变化的分析叫做局部分岔理论.

类似的点也可以通过离散动力系统来获得:

$$x_{n+1} = F(x_n, \mu), \tag{7.3}$$

但是 $A(\mu)$ 的特征值的临界集是单位圆而非虚数轴. 考虑式 (7.1) 一个极限环解, 然后取局部庞加莱映射. 这定义了一个映射, 而且映射的不动点就是极限环. 因此通过研究相应庞加莱映射的局部分岔, 可以找到极限环的局部分岔.

局部分岔理论的经典在于系统 (7.1) 和 (7.3) 在被称为范式的某些特定低维度多项式系统中的性质是一致的. 下面简要介绍感兴趣的几个分岔:

• 特征值为 0 时的分岔. 当 A_0 有一个特征值为 0 时, 新的不动点会出现, 可以是跨临界分岔、叉式分岔或者鞍结分岔. 前两个只在有对称的情况出现, 最后一个是一般的. 跨临界分岔和叉式分岔都是分支点分岔, AUTO 会自动检测和追踪. 当解的分支发生弯曲时, 出现鞍结分岔.

• Hopf 分岔. 当 A_0 有一对虚数特征值时 Hopf 分岔产生. 通常来讲, 一个小振幅的极限环会从不动点的分支上出现.

• 倍周期分岔. 这发生在 A_0 的特征值为 -1 的映射上. 对于极限环来说, 结果就是极限环的周期加倍.

• 环面分岔. 当映射 A_0 的特征值在越过单位圆的值不为 $\pm1, \pm i$, 或者 1 的立方根时, 环面分岔会出现. 混沌和其他复杂现象常会发生.

AUTO 会检测所有这些分岔, 在某些情况下, 可以创建一个伴随分岔发生的双参数曲线.

在接下来的几个小节中, 会讨论如何在各种类型的微分方程、映射, 还有边界值问题中结合使用 XPPAUT 和 AUTO.

7.1 标准示例

作为第一个例子, 首先来看一个尖点分岔的范式:

$$x' = a + bx - x^3,$$

选择 $a = b = 1$ 后使用 XPPAUT 来求解. 创建 ODE 文件并运行. 运行求解后, 再次使用 `Initialconds Last` (**I L**) 来运行求解. 系统应该会达到一个约为 1.3247 的不动点. 点击 `File Auto` 来打开 AUTO 窗口 (图 7.1). 这个窗口中有额外的目录和不同的小窗口. 左下角是一个圆, 圆内 (圆外) 的数量代表解的稳定 (不稳定) 特征值的数量. 底部的两个小窗口分别是关于所计算的点"+"号的信息和提示窗口. 这些底部窗口同样也会显示主窗口上点的坐标. 主窗口为分岔图绘制的地方.

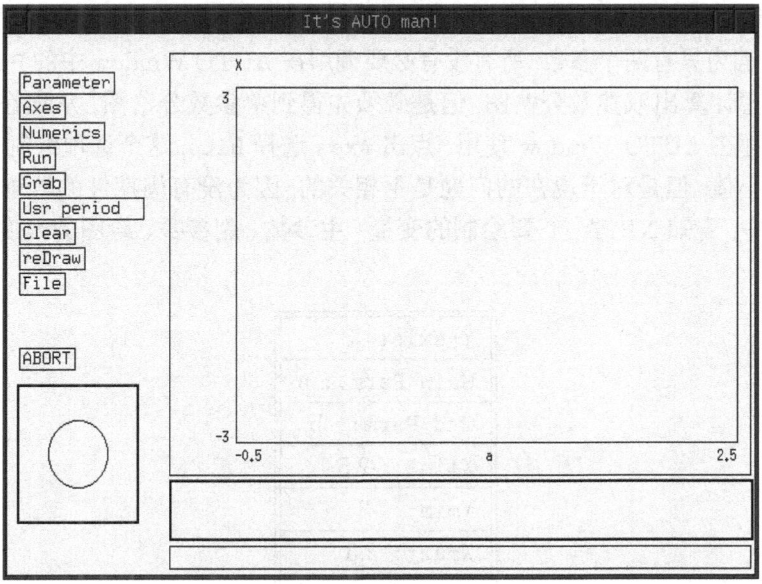

图 7.1 AUTO 窗口

在开始使用 AUTO 前, 必须使系统有所准备. 因为必须从一个不动点, 周期轨, 或者边界值问题的解来开始分岔分析. 对现在这个问题, 我们已经完成了这一步.

一旦 AUTO 窗口出现, 按如下步骤进行:

• 使用 `Parameter` 来告知 AUTO 想要改变的五个参数. 可以选择任意你定义的参数; 默认为 ODE 文件中定义的前五个参数.

• 使用 `Axes` 命令告知 XPPAUT 哪些参数变化, 哪些会被绘制, 以及绘制图像的范围.

• 使用 `Numerics` 命令来定义所有的 AUTO 数值参数, 比如方向、输出选项、步长等.

• 使用 `Run` 命令来运行分岔.

一旦有分岔图, 使用 `Grab` 命令和方向键来随着图像移动, 使用 `File` 命令来保存或者重置 AUTO. `Clear` 和 `reDraw` 命令分别是用来清理屏幕和重新绘图. `Usr period` 项允许 AUTO 保存特定的点, 比如有特别周期的振荡点或者当一个参数取某个特别值的点.

AUTO 跟 XPPAUT 基本上是独立的, 但是它们之间也有一些联系. 例如, 在 AUTO Window 中抓取一个点后, 相应的状态变量会被作为初始值加载到 XPPAUT 中, 而且参数也会发生相应的变化. 类似的, 当你开始启动 AUTO 时, 初始的不动点或者轨迹会在 XPPAUT 中计算出来. 最后, 你可以把分岔图从 AUTO 导入到 XPPAUT 来绘制. 下面会用到这个特性来展示生物模型中的簇.

有了这些预备知识, 现在可以计算尖点模型的分岔图像. 最主要的参数是 a, 紧接着是 b. 因为只有两个参数, 所有没有必要调用在 AUTO Window 中的 `Parameter`. 最终我们想计算出双参数分岔图, 但是必须先得到单参数分岔图. 从现在开始, 所有的命令都在 AUTO Window 使用. 点击 `Axes` 选择 `HiLo`, 这个选项绘制轨迹的最大值和最小值, 但是对于现在的问题是不相关的, 因为没有周期性的轨迹. 在下面的对话框中, 告知 XPPAUT 要绘制的变量、主参数、副参数、绘图的维度. 如下填写:

Y-axis: X
Main Parm:: a
2nd Parm:: b
Xmin:: -2.5
Ymin:: -3
Xmax:: 2.5
Ymax:: 3

点击 OK. 已经告知 XPPAUT 主分岔参数是 a, X 是要绘制的变量. 图像中 a 在横轴, X 在竖轴, 范围是 $[-2.5, 2.5] \times [-3, 3]$. 接着点击 Numerics, 把参数最小值 Par Min 从 0 改成 -2. Par Min 和 Par Max 告知 XPPAUT 要延续多大范围的解. 然后点击 OK, 现在可以运行程序. 点击 Run Steady state, (这是告知 XPPAUT 在稳定态或者不动点上进行延续.) 一条向右的黑粗线会出现在屏幕上. 如果没有出现, 很可能是忘记给初始点设定一个好的初始猜测. 你需要确定是在不动点上; 对于 $a = 1, b = 1$, 不动点约为 1.3247. 假定你现在有曲线图, 可以看到曲线很简单地随着 a 增加而出现.

点击 Grab, 在分岔图里左右移动, 会看到屏幕上出现一个交叉标. (如果没有交叉标出现, 下次运行 XPPAUT 时, 加入 -xorfix 选项来解决这个问题. 在 Linux 和 Windows 系统中, 运行时默认不需要这个选项.) 使用左右方向键来左右移动. 稳定性圆圈会显示特征值的状态. 实际上粗黑线表明不动点是稳定的; 不稳定的不动点是用细线来画的. AUTO 会在一些特殊的点上标记交叉标和数字. 可以使用 **Tab** 键来跳到这些特殊点上. 随着你在图像中移动, 图像下面的文本区会给出所在位置的信息, 比如参数、状态变量、周期的值以及某些特殊点的类型. 在 AUTO 中有很多种点的类型. 在这个例子中, 会只看到代表端点的EP. 最不想看到的是MX, 因为这代表着 AUTO 在某个迭代计算中超过范围, 有时可以通过改变数值参数来解决. 可以点击 Esc 退出 Grab 模式, 或者点击 Enter 后把所在的点加载到存储器上. AUTO 只有在特殊的点上才能重新启动.

使图像向左扩展. 选定第一个点 (Grab Enter), 点击 Numerics 把 Ds 从 0.02 改到 -0.02 后点击 OK. 这是告知 AUTO 改变方向, 因为 Ds 的符号决定 AUTO 开始的方向. 现在点击 Run, 可以看到一个立方曲线. 特别的, 在 $a = \pm 3.84$ 时两个点被标记为 3 和 4. 如果点击 Grab, 会发现这两个特殊的点被标记为LP. 这表示它们是极限点, 也就是鞍点. 随着光标移动穿过极限点, 特征值会穿过单位圆. 曲线中段相应的不动点是不稳定的.

选定最左端的极限点 #3, 现在来作为第二个参数 b 的函数来追踪这个鞍点, 相应地会创建双参数分岔图. 点击 Axis 选择 Two param. 把 Ymin 从 -3 改成 -0.5. 绘制类型为双参数, 横轴是主参数 (a), 竖轴为副参数 (b). 点击 OK 后点击 Run, 会看到一个细曲线出现而且向左延展. 这就是鞍点的分岔曲线图; 在沿着 (a, b) 曲线的空间里, 原始的系统有鞍点.

调用 Grab 选项, 点击 Tab 直到再次选定极限点 #3. (通过 AUTO 窗口底部来观察你经过了哪些点.) 我们现在想改变分岔方向来得到剩下的曲线. 点击 Numerics, 把 Ds 从 -0.02 改到 0.02, 因此 AUTO 使得主参数逐渐增加. 点击 Run 后会得到剩余的曲线, 这是一个尖点. 在尖点内的 (a, b), 会有三个不动点, 而在尖点外部的 (a, b), 只有一个不动点.

点击 `Axes Last 1Par` 然后点击 `reDraw`, 会重新看到单参数分岔图. 点击 `Axes Last 2 par reDraw` 后重新看到尖点分岔. 这是选定最近定义的单参数或者双参数分岔图的一个快捷方式. 点击 `File Postscript` 会得到 Postscript 类型的图像. 图 7.2 是单参数和双参数的分岔图.

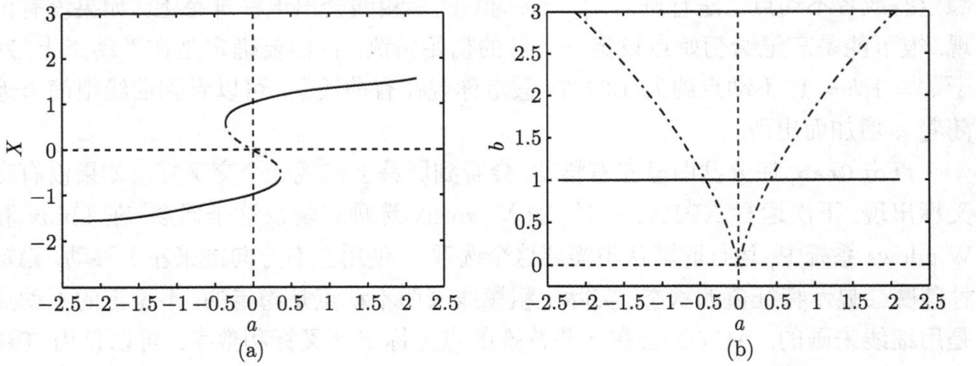

图 7.2　对尖点常微分方程 $x' = a + bx - x^3$ 的单、双参数分岔图. (a) $b = 1$ 时的单参数分岔图. (b) 双参数分岔图, 其中横线表示 $b = 1$ 时的单参数分岔

7.1.1　极限环

我们从极限环的方向来讨论这个例子. 极限环本质上的是所谓隔离, 因为它跟主分支上的不动点是不连接的. 下面的方程:

$$x' = xf(R) - y, \quad y' = yf(R) + x,$$

其中, $f(R) = 0.25 - a^2 - (R-1)^2$, $R = x^2 + y^2$, 这个问题中有一个参数 a, 在 $-0.5 < a < 0.5$ 情况下, 分别有一个稳定另一不稳定的一对极限环出现. 可以把原系统用极坐标的形式写出

$$r' = rf(r^2), \quad \theta' = 1,$$

因此, 当 $f(A) = 0$ 时, 会有一个振幅为 $\sqrt{A}$ 的极限环. 以 $a = 0$ 开始, 会得到 $A = 1.5$, 从而会有

$$x(t) = \sqrt{1.5}\cos t, \quad y(t) = \sqrt{1.5}\sin t$$

是一个解. (把验证解和极限环的稳定性作为练习留给读者. 读者应该得出, 当 $a = 0$ 时, 另外一个解是 $A = 0.5$, 相应的是不稳定极限环. 最后, 读者应该证明对于所有的 a, $(x, y) = 0$ 是一个渐进稳定的不动点.)

下面介绍如何从极限环启动 AUTO. 要注意, 这种方法也不一定一直有效, 因为 AUTO 在以极限环开始要远比从不动点开始困难得多:

1. 积分求解方程, 直到极限环形成.

2. 通过查看数据浏览器或者使用鼠标来测振荡中尖峰与尖峰的距离来判断周期. (提示: 在 Data Viewer 中, 点击 `Find`, 选择一个变量, 然后选择一个很大的数. XPPAUT 会找到与这个值相近的变量的值, 也就是说最大值. 然后点击 Get 会把这个点加载为初始条件. 积分求解后, 再查看下一次最大值出现的时间. 这就是周期. 同样, 可以使用鼠标来浏览坐标来得到周期.)

3. 把积分的时间改成近似的周期 (`nUmerics Total`) 然后再次积分求解.

4. 启动 AUTO, 设定参数的范围和图像范围.

5. 在 AUTO 窗口中, 点击 `Run Periodic`.

6. 期待出现好结果.

使用这些技巧来分析下面这个问题. ODE 文件如下:

```
# an isola of limit cycles
# isola.ode
f(r) = .25-(r-1)^2-a^2
r=x^2+y^2
x'=f(r)*x-y
y'=f(r)*y+x
par a=0
init x=1.224,y=0
@ ylo=-1.5,yhi=1.5
done
```

运行 XPPAUT 求解方程. 使用鼠标可以看出周期约为 6.3(实际是 2π). 把积分时间改成 6.3 然后点击 `Initialconds Last` 以上次积分的终点来开始——这样可以确定已除去暂态. 点击 `File Auto` (**F A**) 启动. 因为只有一个参数, 所以不需要担心激活参数的设置. 现在开始, 所有命令都在 AUTO 窗口中进行. 点击 `Axes Hilo` 后按对话框填写:

Y-axis: X
Main Parm:: a
2nd Parm:: a
Xmin:: -.75
Ymin:: -3
Xmax:: .75
Ymax:: 3

点击 OK. 将要绘制范围在 $[-0.75, 0.75] \times [-3, 3]$ 上的 X 与 a 的图. 点击 `Numerics`, 把 `Par min` 设为 -0.75, `Par max` 为 0.75, 点击 `OK`. 现在可以开始运行. 把鼠标放在 `ABORT` 上, 因为 AUTO 会在环内运行, 直到人为停止. (这是因为这个周期解是独立的——也就是分离的环解——AUTO 在这样的解上不会停止.) 点击 `Run Periodic`. 如有 AUTO 在环内运行, 点击 `ABORT`. (另一种预防方法是在 `Numerics` 目录中把计算点的总数 `Npts` 设定为比较低的值. 然而, 也会出现不能计算图像上所有点的情况.) 如图 7.3 所示, 应该会出现一对椭圆. 实心点代表稳定周期解的最大值和最小值, 空心点是不稳定分支的最大值和最小值. 可以通过范数来更好地观察. 点击 `Axes Norm`, 把 `Ymin` 改成 0. 点击 `OK` 和 `reDraw`, 使用 `Grab` 和方向键来移动. 注意到在 $a = \pm 0.5$ 时, 有一个极限点振荡.

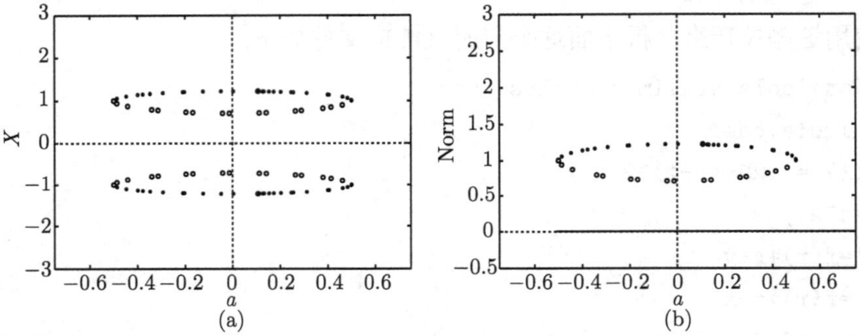

图 7.3 对 isola 例子的分析. (a) 稳定 (实心点) 和不稳定 (空心圈) 极限环的最大和最小值; (b) 表示极限环和零点处的稳定不动点

XPPAUT 可以选择另一分支的解, 然后把它放到同一图像中. 点击 `File Clear grab`, 这样会清除所有选定的点, 因此可以从完全不同的点开始. 在 `Axes Norm` 目录中, 把 `Ymin` 设为 -0.5. 现在回到 XPPAUT 的主窗口, 把 a 改成 -0.5, 初始条件改成 $X = 0, Y = 0$. 这是一个不动点. 回到 AUTO 窗口后点击 Run Steady state, 当提示销毁图像时, 选择 No. 这样, 你不需要删除已经计算的部分. 会发现一个细的水平线出现, 这表明存在一个稳定的不动点. 会看到如图 7.3(b) 所示图像. 如果想要 PostScript 文件, 点击 `File Postscript` 后选定名字存储. 点击 `File Reset diagram` 来清理图像和在磁盘中 AUTO 的设置信息. (尽管当 XPPAUT 退出时这些文件会被删除, 这仍然是一个好的想法.) 如有想要改变参数后重新开始, 重置图像是很有用的.

7.1.2 一个“真实”案例

上面的例子并不能让人兴奋——因为答案已知. 现在来分析一个真实世界的例子, Morris-Lecar 方程:

$$C\frac{\mathrm{d}V}{\mathrm{d}t}=I+g_l(E_l-V)+g_kw(E_K-V)+g_{\mathrm{Ca}}m_\infty(V)(E_{\mathrm{Ca}}-V),$$

$$\frac{\mathrm{d}w}{\mathrm{d}t}=(w_\infty(V)-w)\lambda_w(V).$$

考虑无量量纲化版本, 下同. 这是一个神经元的 ODE 文件, 文件名为 ml.ode:

```
# ml.ode
# morris-lecar; dimensionless
v'=I+gl*(el-v)+gk*w*(ek-v)+gca*minf(v)*(eca-v)
w'=(winf(v)-w)*lamw(v)
par I=0,phi=.333
par ek=-.7,eca=1,el=-.5
par gl=.5,gk=2,gca=1
par v1=-.01,v2=0.15,v3=0.1,v4=0.145
minf(v)=.5*(1+tanh((v-v1)/v2))
winf(v)=.5*(1+tanh((v-v3)/v4))
lamw(v)= phi*cosh((v-v3)/(2*v4))
aux ica=gca*minf(v)*(v-eca)
aux ik=gk*w*(v-ek)
@ total=50,xlo=-.6,xhi=.5,ylo=-.25,yhi=.75
@ xplot=v,yplot=w
done
```

注意前两个参数, 电流 I 和钾电流的总速率phi 是我们想改变的. (加入一对辅助变量来追踪活动电流.) 点击 Initconds Go 开始, 然后点击 Initconds Last 来除去所有暂态. 点击 File Auto 来启动 AUTO. 因为想要改变的参数已经定义, 所以目标参数会在可使用参数列表中. 点击 AUTO 窗口中 Parameter 来检查 I 和phi 是否为前两个. 点击 OK 关闭对话框. 现在开始, 所有命令均在 AUTO 中. 点击 Axes Hilo 设定图像. 按如下所示填写:

Y-axis: V
Main Parm:: I
2nd Parm:: phi
Xmin:: -.1
Ymin:: -.5
Xmax:: .5
Ymax:: .5

现在打开 Numerics 对话框, 把Par Min改成 -0.5, Dsmax改成 0.05; 关闭. 点击 OK 后运行. 点击 Run Steady state, 会看到带有一些特殊点的立方曲线出现 (图 7.4). 点击 Grab 然后移动. 在 $I = 0.08326$ 和 $I = -0.02072$ 处有极限点 (LP), 在 $I = 0.20415$ 处有 Hopf 分岔点 (HB). 我们期望在 Hopf 分岔点会出现周期解的分支. 当你移动到这个 Hopf 点时, 点击 Enter. 现在可以尝试计算从这一点发出的周期轨迹. 点击 Run 后再点击 Periodic, 会看到在极限环分支的末尾有一些颜色加重的污迹, 点击 ABORT 来停止 AUTO, 如图 7.4 所示. 这些“污迹”是 AUTO 在计算终止于下鞍点的长周期振荡时出现的困难造成的. 这同样也展示了很多重要分岔理论的很多有趣的特性. 首先, 注意到从 Hopf 点出现的周期轨迹的分支是不稳定的 (虚线圆圈), 然后转向在 $I = 0.242$ 时的振荡极限点, 稳定和非稳定极限环在此合并. 因此, 对于小范围的电流, 存在高不动点和稳定极限环的双稳态情况. 稳定极限环 (实心圆) 在 SNIC 上的鞍结分岔 (无穷周期环上的鞍结点) 终止, 实际上, 随着鞍结点的接近, 极限环的频率趋于 0. 点击 Axes Frequency, 按如下所示填写:

Y-axis: V
Main Parm:: I
2nd Parm:: phi
Xmin:: .05
Ymin:: 0
Xmax:: .3
Ymax:: .2

下分支很像平方根图, 与同类型分岔理论期待的一致. 图 7.4 分别展现稳定和不稳定极限环的周期.

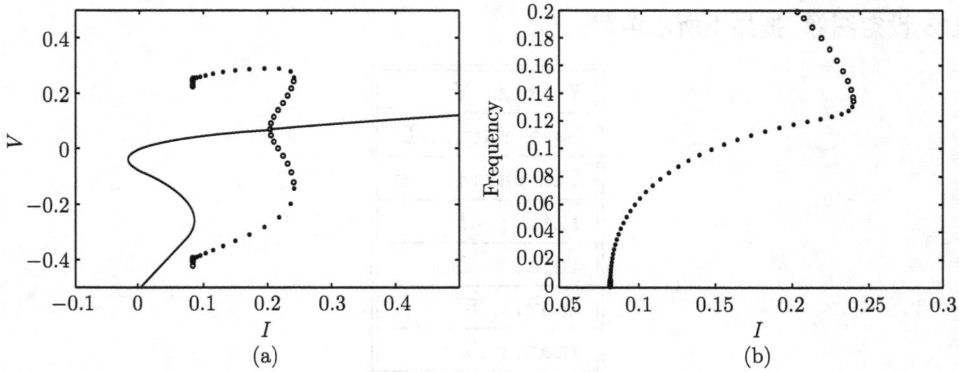

(a)　　(b)

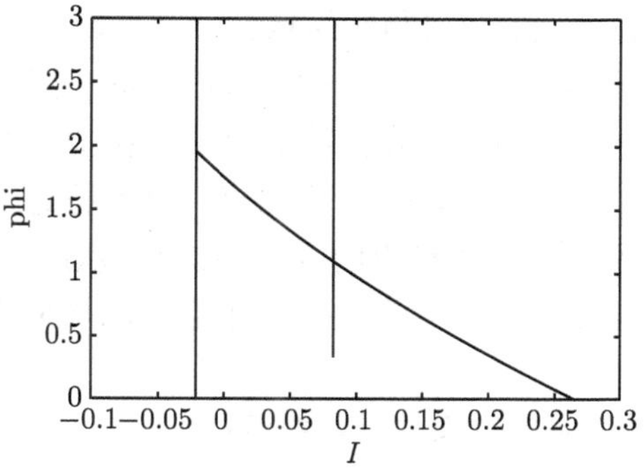

(c)

图 7.4 关于 Morris-Lecar 方程的各种图. (a) 不动点和极限环的单参数分岔图. (b) 周期轨的频率. (c) Hopf 分岔曲线 (直线) 和鞍结分岔曲线的双参数分岔图. 这些是不依赖于参数`phi`的

现在来查看双参数图. 点击 `Axes Two par`, 按如下所示填写后关闭它:

`Y-axis:` V
`Main Parm::` I
`2nd Parm::` phi
`Xmin::` -.1
`Ymin::` 0
`Xmax::` .3
`Ymax::` 3

这会创建一个 I 在横轴, phi 在竖轴的图像. 点击 Grab, 按 Tab 键找到第一个极限点 (LP), 标记应为 2. (在移动的时候观察窗口底部直至期待的点被找到. 点击 `Enter` 选取该点.) 点击 Run 后一个垂直线会出现. 线是垂直的, 因为极限点与参数 phi 相互独立, 所以不影响不动点的值, 但是对于其稳定性会有影响. 点击 Grab 和 Tab 选取第二个极限点 (LP, 标记为 3). 点击 Run 后会出现另一个垂直线, 对应最左边的极限点. 点击 Grab 和 Tab 选取 Hopf 分岔点 (HB, 标记为 4). 点击 Run Two param, 会看到一个从左上向右下的对角线出现. 这就是 Hopf 分岔点的图. 最后, 我们想把 Hopf 点向左延展. 首先需要告知 AUTO 来改变方向. 点击 Numerics 后把 Ds 改成 −0.02, 关闭对话框. 再次强调 AUTO 使用 Ds 的正负来决定方向. 再次使用 Grab 来选取 Hopf 分岔点. 点击 Run Two param 后会发现曲线向左上延展. 曲线穿过右边的鞍点线后终止于左边的线, 与右侧线的交点并不相关, 因为 Hopf 分岔出现在上分支解, 而右侧鞍点线代表不动点下分支的消失. 终止于左侧鞍结分岔曲线上的 Hopf 点表示一个新的高阶分岔点出现, Takens-Bogdanov 分岔.

这会出现两个 0 特征值; Hopf 分岔和鞍结点合并在一起. 这个分岔经常代表同宿轨出现. 对于低于这个曲线而且在两个垂线之间的 phi, 不动点的上分支是不稳定的. 在垂线之外, 只有一个不动点. 在垂线右侧高于霍普线的区域是稳定的, 低于 Hopf 线的区域是不稳定的. 在垂线左侧, 不动点一直是稳定的. 例如, 选择 I=0.15, phi=0.5 是在只有一个不稳定的不动点的区域. 你可以从图形上证明这个模型所有的解都是有界的, 这也就引出一定存在至少一个稳定的周期解. 观察相平面来验证这个结论.

下面是计算一个系统完整图像的一些提示:

• 一定要保证初始的点是不动点或者定义清晰的极限环. 对于不动点, 点击 Initialconds Go, 然后点击 Initialconds Last 几次来清除掉暂态. 对于极限环, 首先估计好周期, 然后在一整个周期上计算, 不能多也不能少.

• 使用 Tab 键来对图像上进行快速导航, 因为每次都会跳到特殊点上; 如果在图像消失, 使用 Axes Fit reDraw 来使整个图像重新显示. 如果有非常复杂的部分, 使用 Axes Zoom 来放大相应的区域.

• 追踪所有的分支点; AUTO 通常会回到所有分支的不动点然后自动追踪. 然而, 对于有叉状分岔点的极限环来说, AUTO 不会自动追踪并计算. 使用 Grab 选定这样的点 (标记为 BP), 点击 Run. 在数值对话框中改变 Ds 的符号来得到不同方向的分支图.

• 选定所有 Hopf 点, 尝试去找到从该点产生的周期解.

• 对于双参数分岔图, 改变 Ds 符号来得到双向结果.

• 如果 AUTO 在开始过程中运行失败 (出现标记 MX), 是因为没有给出一个恰当的初始值. 再次确认你在一个周期轨道, 或者真正的不动点, 亦或是边界值问题的真实解上.

• 如果在图像部分完成后 AUTO 运行失败, 你想改变数值参数后再次运行, 一定要在继续之前把图像销毁: 使用 Grab 来选定初始点, 然后点击 File Reset diagram 来销毁图像.

• 如果 AUTO 看上去无法继续使用, 把 dsmin 改成更小值; 对于周期轨迹和边界值问题, 把 ntst 改成更大值.

• 如果 AUTO 错过一个明显的分岔点, 清理图像然后把 dsmax 改小, 使得 AUTO 不会再错过. 重置图像后再重新计算.

7.1.3 练习

1. 设置 phi = 1.2, 并使用 I 作为参数计算 ml.ode 图的单参数分岔. 确保 Par Min 为 −0.5. 注意周期轨如何与不动点的中间分支相交在同宿轨. 设置 I 靠近这个交叉点并查看 Morris-Lecar 模型的相平面. 看你是否能根据这个 I 值理解全局动力学: 接下来观察对于 $I = 0.072$, 系统似乎是三稳态, 有两个稳定的不动点和一个稳定的周期轨. 用 $I = 0.072$ 绘制完整的相图, 可以通过向后积分计算得到不稳定周期轨.

2. 使用上述示例中的参数值, 使用电流作为无量纲 Morris-Lecar 方程的参数来计算分岔图, 但是设置 v3 = 0.0166, v4 = 0.25, phi = 0.333, 并在窗口 $-0.5 < v < 0.5$ 和 $0 < I < 0.5$ 中查看. 确保在 $I = 0$ 时在一个不动点开始: 计算发源于 Hopf 分岔的周期解分支. 绘制周期轨道的频率对电流 I 的函数: 作为奖励问题, 使用 phi 作为第二参数计算双参数 Hopf 分岔曲线——具有`0 < phi < 2`的双参数图. 证明如果 $\phi < \phi^*$ 有两个 Hopf 分岔, 查找 ϕ^*.

3. 对于 Brusselator, 计算单参数分岔图:

$$u' = a - (b+1)u - vu^2, \quad v' = bu - vu^2,$$

其中 $a = 1, b = 1.5, u = 1, v = 1.5$ 并且将 b 作为分岔参数. 在 `Numerics` 中设置`Par max`为 4. 图像窗口设置 $0 < u < 6$ 和 $0 < b < 4$.

4. 探索耦合 Brusselators 的分岔图:

$$u_1' = f(u_1, v_1), \tag{7.4}$$

$$v_1' = g(u_1, v_1) + d(v_2 - v_1), \tag{7.5}$$

$$u_2' = f(u_2, v_2), \tag{7.6}$$

$$v_2' = g(u_2, v_2) + d(v_1 - v_2), \tag{7.7}$$

$$f(u, v) = a - (b+1)u + vu^2, \tag{7.8}$$

$$g(u, v) = bu - vu^2, \tag{7.9}$$

其中 $d = 0.2, a = 1$, 令 b 为分岔参数. 为了完成这个问题, 你应该追踪所有特殊点, 尤其是周期轨道的分支点, 标记为 BP. 对于这些点, 你可能需要抓取两次, 并更改 Numerics 菜单中延续 (Ds) 的方向. 其他参数要在 AUTO 的 Numerics 菜单中进行更改, 即使用搭配点数以跟踪周期轨道, Ntst = 30, 最小步长`Dsmin=1e-5`和最大步长, Dsmax = 0.1. 该图绘制在 $0 < b < 5$ 和 $0 < u_1 < 7$ 窗口中: 与许多内部参数一样, AUTO 参数可以使用 ODE 文件中的选项进行设置. 这是对上述方程的 ODE 文件:

```
# bruss2.ode
# two Brusselator equations
f(u,v)=a-(b+1)*u+v*u^2
g(u,v)=b*u-v*u^2
u1'=f(u1,v1)+du*(u2-u1)
```

```
v1'=g(u1,v1)+dv*(v2-v1)
u2'=f(u2,v2)+du*(u1-u2)
v2'=g(u2,v2)+dv*(v1-v2)
par b=1.5,a=1,du=0,dv=.2
init u1=1,u2=1,v1=1.5,v2=1.5
@ ntst=30,dsmin=1e-5,dsmax=0.1,parmin=0,parmax=5,autoxmin=0
@ autoxmax=5,autoymin=0,autoymax=7
done
```

要知道在几年前, 这个计算和一些系统讨论结果将被认为是一个非常棒的研究问题. 现在这是一本书中的练习.

7.2　映射图, 边界值问题, 受迫系统

XPPAUT 可以用来分析离散动力系统的延续、边界值问题和周期性作用系统. 对于映射使用 AUTO 会更加严格, 因为只能追踪分支点、极限点的双参数延续和 Niemark-Sacker 点. (Niemark-Sacker 分支就是离散化的 Hopf 分岔.)

7.2.1　映射

XPPAUT 在跟踪映射特性的方面非常简单, 主要是可以探究 $f^k(x)$ 的延续特性, 也就是映射的第 k^{th} 次迭代, 而不仅仅是映射本身. 例如, 考虑下面参数为 a 的逻辑映射:

$$x_{n+1} = ax_n(1 - x_n) \equiv f(x, a),$$

如果在 AUTO 中运行, 会得出当 $a = 3$ 时存在一个周期为 2 的 Hopf 分岔. 因为确定这是一个倍周期分岔, 我们可以尝试跟踪. 然而, AUTO 不能在映射的 Hopf 上进行延续. 那么我们如何跟踪这个显而易见的周期为 2 的点? 因为周期为 2 的点是从解的主分支上出现的, 如果看 $f^2(x, a) = f(f(x, a), a)$, 那么周期为 2 的轨迹是第二次迭代的分支, AUTO 可以跟踪. 因此, 如果我们想找到周期为 8 的轨迹, 只需要观察参数为 a 时映射的第 8 次迭代即可. 下面是逻辑映射的 ODE 文件:

```
# logisticmap.ode
# the classic logistic map
x(t+1)=a*x*(1-x)
par a=2.8
init x=.64285
@ total=200,meth=disc
done
```

使用 XPPAUT 运行这个文件. 从距离不动点很近的区域开始, 点击 NUmerics , 把 nOutput 从 1 改成, 8 然后退出数值目录. 当 AUTO 在 XPPAUT 中运行时, 它会查看数值参数 nOut, 并且对映射迭代 nOut 次后返回映射值. 因此, 可以使用 XPPAUT 来对映射的周期点分支进行延续. 因此我们要观看映射的第 8 次迭代. 点击 File AUTO, 点击 Axes 并选择 Hi Lo. 按如下填写后点击 `OK`:

Y-axis: X
Main Parm: a
2nd Parm: a
Xmin: 2.5
Ymin: 0
Xmax: 4
Ymax: 1

点击 AUTO 窗口中 Numerics, 把 Dsmax 从 0.5 改成 0.05, 把 Par max 从 2 改成 4. 点击 Run 后会看到一个相当混乱的图像. 在 $a = 3, 3.449, 3.544$ 处有三个不同的分支点, 分别对应周期为 2,4,8 的分岔, 如图 7.5 所示.

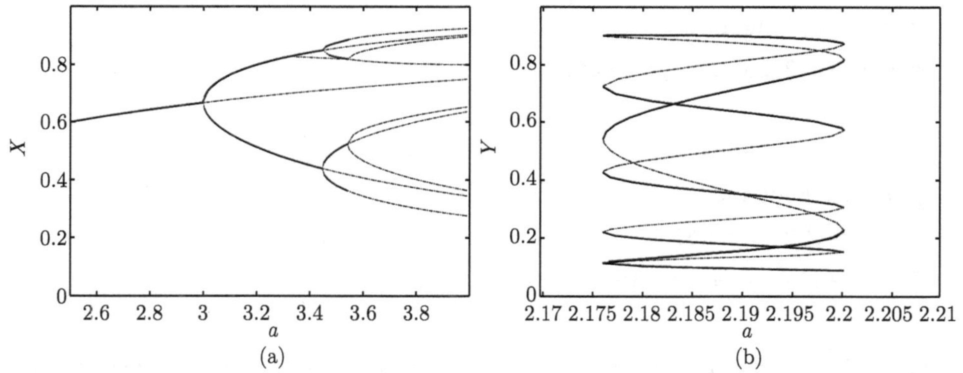

图 7.5 (a)logistic 映射周期 8 分岔图; (b) 时滞 logistic 映射周期 7 轨道

现在使用类似的技巧来对二维映射查找周期为 7 的轨迹集合, “时滞逻辑”映射定义如下:

$$x_{n+1} = y_n, \quad y_{n+1} = ax_n(1 - y_n) + \epsilon,$$

额外的参数 ϵ 在分析中没有任何作用. 在 a=2.177 时从 $(x, y) = (0.1115, 0.12111)$ 处开始存在周期为 7 的轨迹. 让 AUTO 来找到这个模型的所有解的分支. 下面是 ODE 文件:

```
# delayed logistic map
# illustrates a period 7 continuation for the delayed logistic map
y'=x
x'=a*x*(1-y)+eps
par a=2.177,eps=0
init x=.1115,y=.12111
@ meth=discrete,total=100,nout=7
@ autoxmin=2.17,autoxmax=2.21,autoymin=0,autoymax=1
@ dsmax=.025,dsmin=.00001,parmin=2,parmax=2.5
done
```

已经设置了 AUTO 一些参数, 所以你可以直接运行. 设定 nout=7, 所以 AUTO 会查看映射的第 7 次迭代. 启动 XPPAUT, 多次迭代后确保没有暂态. 点击 File AUTO, 在 AUTO 窗口中点击 Run 来完成图像. 图像看上去很复杂, 但实际上是, 在 $2.1764 < a < 2.20$ 时存在两个周期为 7 的点, 一个是稳定而另一个是不稳定, 并且有 7 个可能的起始值, 如图 7.5 所示.

现在对上面的问题进行双参数分岔分析. 程序如下所示：

```
# del_log2.ode
# delayed logistic map
# simple 2 parameter stuff
y'=x
x'=a*x*(1-y)+eps
par a=1.5,eps=0
init x=.333,y=.333
@ meth=discrete,total=100
done
```

XPPAUT 运行文件, 然后启动 AUTO. 使用 Axes Hi Lo 并按如下修改 Xmin=, Ymin=−1, Xmax=4, Ymax=1. 在 AUTO Numerics 中, 把 Par max 改成 4, 然后运行延续, 会看到标记为 2 的 Hopf 点, 周期为 6. 这可能表示在附近存在周期为 6 的点.

到目前为止没有价值的参数 ϵ 来绘制双参数图. 通过点击 Grab 来选定 Hopf 点, 点击 Enter. 点击 Axes Two par, 然后在对话框点击 OK. 点击 Run 会看到在eps-a平面出现一个 Hopf 点曲线, 在点 $a = 2.8$, $\epsilon = -0.3$ 附近会出现与该曲线相切的另一条较低曲线. 沿着较低的曲线, 特征值为 +1, 较高的曲线特征值在单位圆上, 但不是实数.

7.2.2 练习

1. Ricker 模型是另一个经常使用的离散人口模型:

$$x_{n+1} = ax_n\mathrm{e}^{-x_n}.$$

从 $a = 1.2$ 和 $x = 0.18232$ 开始, 计算倍周期的序列, 使用第 8 次迭代得到周期 8. 参数 a 范围在 0 和 20 之间, 人口 x 在 0 和 8 之间.

2. 改进的 Nicholson-Bailey 系统模拟捕食者捕食互动:

$$x_{n+1} = x_n \exp(r(1 - x_n/k) - ay_n), \quad y_{n+1} = x_n(1 - \exp(-ay_n)),$$

其中 r, k, a 是正参数. 从 $r = 0.5, k = 0.5, a = 1, x = 1, y = 0$ 开始, 并创建 $0 < k < 5$ 的分岔图: 注意 k 是承载能力, 表示没有捕食者存在的情况下的猎物数量. 当 $k = 3.2$ 时求解该系统. 所得的"周期性"解是否具有类似于从 Hopf 点预测的周期? 设置 $k = 5, r = 1.6$ 并验证存在从 $x = 0.376, y = 0.198$. 大致开始的一个周期 7 轨道: 保持 r 固定不变, 继续这个周期 7 轨道, 并且将 $4.5 < k < 5.5$ 作为分岔参数. 在窗口 $0 < x < 6$ 中绘制猎物 x, 最后设置 `Dsmax=0.1`. 你会得到一个不错的开瓶器!

7.3 边界值问题

在前几章可以看到, XPPAUT 可以求解边界值问题. 然而 XPPAUT 使用的打靶法在卷积方程有特别大的正特征值时会遇到困难. 并且 XPPAUT 既不通过转折点来跟踪方程解, 又不找寻经常预示着存在非平凡解的分支点, 因此, 如果可以把问题写成在区间 $[0, 1]$ 上的自治边界值问题, 然后找到一个简单的起始解, 那么 AUTO 也许是你跟踪解最好的方法. 下面用一些案例来验证.

例 1 这是在 AUTO 使用手册上的一个关于分支转换的例子:

$$u' = v, \quad v' = -(\pi r)^2 u + u^2, \quad u(0) = u(1) = 0.$$

下面是已经设置好 AUTO 参数的 ODE 文件:

```
# bvp1.ode
# using AUTO to find the branches of a BVP
par r=0
u'=v
v'=-(r*pi)^2*u+u^2
b u
```

```
b u'
@ total=1,dt=.01
@ dsmax=.2,ds=.2,autoxmin=0,autoxmax=6,autoymin=0,autoymax=100
@ ntst=5,parmax=5
@ meth=cvode,bound=10000,xhi=1,ylo=-50,yhi=50
done
```

运行 XPPAUT, 积分求解一次来加载平凡解. 点击 File AUTO. 在 AUTO 窗口中, 点击 Run Bndry Value, 会看到随着图像底部出现的一系列被标记的点. 点击 Numerics, 把 Dsmax 改成 10 后并点击 OK. 使用 Grab 选定第一个分支点 (BP, 标记为 2). 再次点击 Run 运行, AUTO 会在被问到延续分支点后自动转换. 在这个点上有一个分支出现. 选定下个分支点后 (标记为 3) 重复这个过程. 当 r=3,4 时也这样处理分支点. 点击 Numerics, 把 Ds 改成 −0.2 来改变方向, 点击 OK. 选定每个分支点后重复上面的过程. 其中的一些点好像没有发生任何改变, 这是因为 u 的最大值在每个分支上相同, 所以很难区分. 点击 Axes Hi 把 Y-axis 从 u 改成 v, 点击 OK. 点击 reDraw, 会看到少许不同的图像.

技巧: 在 AUTO 中区分分支 这里有一个技巧可以避免绘制解曲线时的对称性问题. 如上面的例子所示, AUTO 绘图中最大值和解的范式经常很难区分, 所以有一个方法可以“欺骗”AUTO 在分岔图中绘制其他曲线. 上述问题中, v 在原点的值是 0, 也就是解的平凡分支, 但是对于从不为零的分支点出现的解必须是不同的. (原因是常微分方程解的唯一性定理. 因为 $u(0)=0$, 如果 $v_1(0)=v_2(0)$ 是两个不同的分支, 那么解必须一致.) 因此, 我们引入一个简易微分方程

$$q'=0,$$

边界值条件为 $q(0)=v(0)$. 方程的解还需要满足另一个边界值条件, 即 $q(t)=v(0)$, 对所有的 t. 在上述 ODE 文件中加入下面两行:

```
q'=0
b q-v
```

图 7.6 就是应用这个技巧后的结果.

例 2 重新学习第 4 章的例子, 在圆盘上的反应扩散方程的分析. 边界值问题是

$$\begin{aligned} 0 &= A(1-A^2)+d(A''-(A/r)'-Ak^2), \\ \Omega &= qA^2+d(k'+k/r-2kA'/A), \end{aligned}$$

边界值条件是 $A'(1)=k(1)=0$, 并且有

$$\lim_{r\to 0}\frac{A(r)}{r}=A'(0)<\infty, \quad \lim_{r\to 0}\frac{k(r)}{r}<\infty.$$

通过应用原点附近的泰勒级数来处理当 r 趋于 0 时的性质, 使 r_0 接近 0, 然后在 $r = r_0$ 开始. 这个问题是非自治的, 所以加入微分方程

$$r' = 1$$

边界值条件是 $r(0) = r_0$. 如前, Ω 是 ODE 文件的一个自由参数. 下面是新的自治 ODE 文件, 因此适合 AUTO:

```
# gberg_auto.ode
#
init a=0.00118  ap=1.18  k=0  omeg=-0.19,r=.001
# domain is reasonably small sqrt(1/d)
par d=0.177  q=0.5, r0=.001
# the odes...
a'=ap
ap'=a*k*k-ap/r+a/(r*r)-a*(1-a*a)/d
k'=-k/r-2*k*ap/a-(omeg+q*a*a)/d
# extras to make it autonomous
omeg'=0
r'=1
# the boundary conditions
# at r=0
bndry  a-r*ap
bndry  k
bndry r-r0
# at r=1
bndry  ap'
bndry  k'
# set it up for the user
@ xhi=1.001,dt=.01,total=1.001,ylo=0
@ parmax=1,autoxmax=1,autoxmin=0,autoymax=1,autoymin=0
done
```

上述文件对 AUTO 加入了一些设置参数. 通过测试和误差判定, 已经找到了一个很好的起始点. 参数 d 的功能类似于扩散常数, 也是我们所感兴趣的, 如果 d 增加, 有效区域会减少, 如果 d 趋于 0, 那么区域会变成无穷大. XPPAUT 只能跟踪在一定范围的参数 d, 因此需要使用 AUTO 来得到更加全面的图像. 使用 XPPAUT 运行求解这个 ODE 文件, 运行一次来加载初始解. 点击 File Auto 来开启 AUTO 窗

口. 在 AUTO 窗口中点击 Run Bdry value, 当曲线与 x 轴相交时点击 ABORT 来停止. 点击 NUmerics 把 Ds 改成 -0.02, 点击 OK, 这样可以反向继续. 使用 Grab 来选定开始点 (标记为 1). 再次运行, 当曲线接近于垂线时, 点击 ABORT 停止. 可以看到一个在 d 约为 0.295 时与横轴相交的抛物线. 这说明如果扩散太大, 不可能支持螺旋波. 类似地, 当 d 变小时, 螺旋波的幅度变大, 而且看上去存在于任意大的区域.

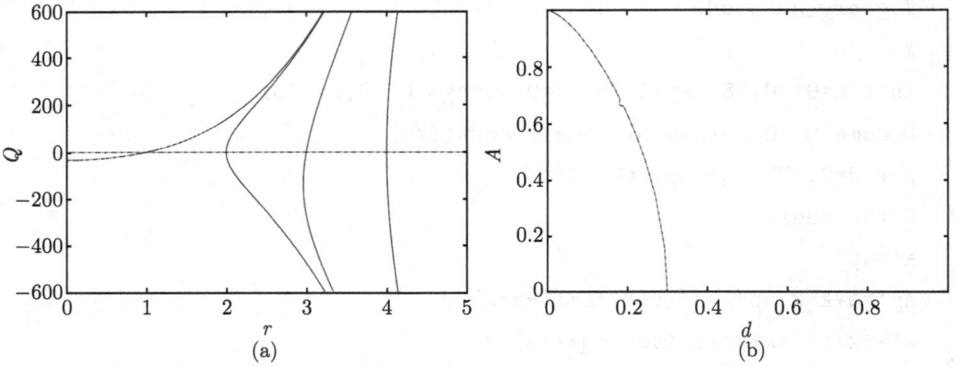

图 7.6 (a)、(b) 分别是对例 1 和例 2 的 BVP 问题的解

7.3.1 同宿轨迹和异宿轨迹

在 AUTO 最近的版本中包括了一个叫做 HOMCONT 的程序包, 可以让读者来追踪同宿轨迹和异宿轨迹. XPPAUT 包含这个程序包中的一些功能. 计算同宿轨迹分支最难的部分在于找到一个起始点. 考虑一个微分方程

$$x' = f(x, \alpha),$$

α 是自由参数. 同宿轨迹是一维轨迹, 也就是说只能在一个参数的某个特定值下才能发生, 比如 $\alpha = 0$. 假设我们已经计算出在不动点 $\bar{x}$ 上一个近似同宿轨迹, 有 n_s 维的稳定流形, n_u 维的非稳定流形. 假定 $n_s + n_u = n$, n 是系统的维度. 接下来的讨论都是基于参考文献 [21]. 计算同宿轨迹的方法是在一个有限区间 $[0, P]$ 上近似把时间重新调整 t=Ps. 对系统维度加倍, 因而可以在参数变化时同时求解不动点. 我们想在不稳定流形起始, 然后在稳定流形上结束, 使得 L_u 是 f 在不动点线性化的不稳定子空间的投影, L_s 是稳定空间的投影. 因此, 我们想求解如下系统:

$$\begin{aligned}
&\frac{\mathrm{d}x}{\mathrm{d}s} = Pf(x, \alpha), \\
&\frac{\mathrm{d}x_e}{\mathrm{d}s} = 0, \\
&f(x_e(0)) = 0,
\end{aligned} \tag{7.10}$$

$$L_s(x(0)-x_e(0))=0,$$
$$L_u(x(1)-x_e(1))=0,$$

注意有 $2n$ 个微分方程, 并且有 $2n$ 个边界值条件; n 个是针对不动点, 当 $s=0$ 时为 n_s, 当 $s=1$ 时为 n_u. 仍然再需要额外一个条件. 很明显, 这个边界值问题的一个解是 $x(s)\equiv x_e(s)\equiv \bar{x}$. 然而, 任何同宿轨迹在时间上转换后仍然是同宿轨迹, 因此需要定义一个同宿轨迹的相. 假定我们已经计算出一个同宿轨迹 $\hat{x}(s)$, 需要在新解和旧解之间应用最小二乘法来建立相. 这会引出下面的积分条件:

$$\int_0^1 \hat{x}'(s)(\hat{x}(s)-x(s))\,\mathrm{d}s=0, \tag{7.11}$$

这就是额外自由参数的一个条件.

XPPAUT 允许指定投影边界条件, 通过在 AUTO 上进行一个设定来实现积分条件. 因为 XPPAUT 版本的 AUTO 不允许有比微分方程多的条件, 所以需要选一个参数具有以下特性: 可以被其他参数使用, 而且满足如下简单微分方程:

$$\alpha'=0,$$

通过 AUTO 调整来满足条件 (7.11), (7.11).

下面是在二维情况下延续同宿轨迹的例子:

$$x'=y,\quad y'=x(1-x)-ax+\sigma xy,$$

当 $(a,\sigma)=(0,0)$ 时, 有同宿轨迹. (可以积分求解方程来证明, 这是一个守恒动力系统.) 对于 a 很小的情况, 很容易使用 Melnikov 方法 (见文献 [15]) 来证明对于一个特别的选项 $\sigma(a)$ 存在一个同宿轨迹. 把方程写成一个五维系统, 使用 σ 为受牵制参数, 对周期引入一个参数 P:

$$x'=Pf(x,y),$$
$$y'=Pg(x,y),$$
$$x_e'=0,$$
$$y_e'=0,$$
$$\sigma'=0,$$

其中 $f(x,y)=y$, $g(x,y)=x(1-x)-ax+\sigma xy$. 边界值条件为

$$0=f(x_e,y_e),$$
$$0=g(x_e,y_e),$$

$$0 = L_s(x(0) - x_e, y(0) - y_e),$$
$$0 = L_u(x(1) - x_e, y(1) - y_e),$$

并带有积分条件. XPPAUT 对于投影边界条件有相关定义的函数, 函数名是hom_bcs (k), k=0,1,···,n-1来对应需要的总数. 不需要在意条件的顺序, 只需要把所有条件都写全即可. 下面是 ODE 文件:

```
# tsthomi.ode
f(x,y)=y
g(x,y)=x*(1-x)-a*y+sig*x*y
x'=f(x,y)*per
y'=g(x,y)*per
# auxiliary ODE for fixed point
xe'=0
ye'=0
#
# free parameter
sig'=0
# (xe,ye) are the fixed points at the ends
b f(xe,ye)
b g(xe,ye)
# project off the fixed point from unstable manifold
b hom_bcs(0)
# project onto the stable manifold
b hom_bcs(1)
par per=8.1,a=0
init x=.1,y=.1
@ total=1.01,meth=8,dt=.001
@ xlo=-.2,xhi=1.6,ylo=-1,yhi=1,xp=x,yp=y
done
```

这里新的特性是投影条件. XPPAUT 的边界值求解器在此无效, 因为方程数比条件多, 而且求解器不知道积分条件. 设定总积分时间为 1, 加入额外参数 per 来对应微分方程中的参数 P. 使用比较精确的 Dormand-Prince 8 阶积分器, 同样设定了视窗为 (x, y) 平面. 注意这是对真实同宿轨迹很粗略的近似. 在对参数 a 延续之前使用 AUTO 来提高这个近似. 使用 XPPAUT 来求解, 会粗略得到一个离不动点很远的同宿轨迹. 点击 File AUTO 来启动 AUTO 窗口. 点击 Axes Hi, 设定

xmin=0, xmax=50, ymin=−6, ymax=6, 选择 sig 作为 y 轴的变量. 点击 OK 后启动 AUTO 窗口的 Numerics 对话框. 设置 Ntst=35, Dsmin=1e-4, Dsmax=5, Par Max=50, EPSL=EPSU=EPSS=1e-7, 点击 OK. 点击 Usr Period 选择 3. 我们希望 AUTO 在对应 P 的参数 per 取特别值的时候输出结果. 当对话框出现时, 前三项分别填入 per=20, per=35, per=50, 点击 OK. 这会迫使 AUTO 在 P 达到这些值时输出. 点击 Run, 选择 Homoclinic. 一个对话框会出现, 按如下填写后点击 OK.

Left Eq: Xe
Right Eq: Xe
NUnstable: 1
NStable: 1

必须告知 AUTO 稳定流形和不稳定流形的维度, 并且告知不动点的轨迹线为同宿轨迹. (如果在这个过程中填写错误, 可以从主窗口的 Bndry Value Homoclinic 中修改.) 点击 OK, 会看到随着同宿轨迹的近似更加精确, 一条直线会出现. 点击 Grab 来选取对应点 Per=35 的第三个点. 在主窗口中, 点击 Initial Conds Go 会看到更好的同宿轨迹线.

现在有了更好的同宿轨迹, 可以继续对参数 a 的分析. 首先, 确认得到当 $a = -6, -4, -2, 2, 4, 6$ 时的轨迹. 点击 Usr Period, 选择 6, 输入如下: $a = -6, a = -4, a = -2, a = 2, a = 4, a = 6$, 点击 OK. 点击 Axes Hi 改变坐标. 把 Main ParMin 改为 a, Xmin=−7, Xmax=7, 点击 OK. 点击 Numerics, 把 Par Min=−6, Par Max=6, 点击 OK. 点击 Run 会看到一条对角线出现. 再次点击 Grab, 观察 AUTO 窗口下部直到看到 Per=35, 点击 Enter. 在 AUTO 窗口 Numerics 目录中, 把 Ds 改成 −0.02 来改变方向, 点击 OK. 点击 Run 后会有反方向的对角线出现. 点击 Grab 选定对应 $a = 6$ 的第 7 个点. 在主窗口中, 点击 Initial Conds Go, 会看到一个扭曲的同宿轨迹, 可以通过延续 Per 来提高图的质量. 选定标记为 11($a = -6$) 的点, 然后在主窗口尝试积分求解. 结果看上去没有变好. 这是因为同宿轨迹是非稳定的, 打靶法 (求解方程的方法) 对于轨迹的稳定性非常敏感. 在 AUTO 窗口, 点击 File Import Orbit 来得到 AUTO 通过组合计算出的轨道. 在主窗口中, 点击 Restore 会看到更好的同宿轨迹线. 这是因为组合计算对于轨迹的稳定性不敏感. 实际上, 可以验证不动点 (0,0) 是鞍点, 带有正特征值 λ_u, 负特征值 λ_s, 两者之和就是线性化矩阵的迹 $-a$. 特征值的和叫鞍点量, 如果为正 (我们的情况是 $a < 0$), 同宿轨迹为非稳定. 图 7.7 是对参数 a 的延续和一些代表性的轨迹.

异宿轨迹 现在讲述如何找到异宿轨迹. 除了必须跟踪两个不同的不动点之外, 方法跟上面描述的一致. 因此, 对于另一个不动点, 需要额外的 n 个方程. 同宿

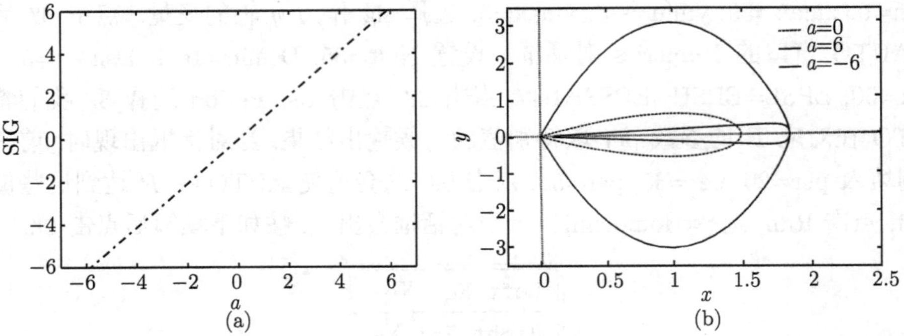

图 7.7　(a) 例子中的同宿轨问题的延续; (b) 在 (x, y) 相平面上, $a = 0, \pm 6$ 时的同宿轨迹

轨迹是从不稳定流形到稳定流形. 在这个例子中, “左”侧不动点是从不稳定流形出现, “右”侧不动点进入稳定流形. 因此, 动力系统如下:

$$
\begin{aligned}
&\frac{\mathrm{d}x}{\mathrm{d}s} = Pf(x, \alpha),\\
&\frac{\mathrm{d}x_{\mathrm{left}}}{\mathrm{d}s} = 0,\\
&\frac{\mathrm{d}x_{\mathrm{right}}}{\mathrm{d}s} = 0,\\
&f(x_{\mathrm{left}}(0)) = 0,\\
&f(x_{\mathrm{right}}(1)) = 0,\\
&L_s(x(0) - x_{\mathrm{left}}(0)) = 0,\\
&L_u(x(1) - x_{\mathrm{right}}(1)) = 0.
\end{aligned}
$$

与同宿轨迹唯一的不同是, 对于右侧不动点有额外的 n 个方程和 n 个边界值条件. 很重要的一点是需要对于两个不动点给出好的初始条件值, 因为它们的值不相同而且需要同时收敛. 经典的双稳定反应扩散方程就是异宿轨迹很好的例子. 通过积分离散化的偏微分方程和在基于行波假设的常微分方程上应用打靶法来检验第 6 章的方程 (6.1). 方程如下:

$$-cu' = u'' + u(1-u)(u-a),$$

可以重写为

$$u' = u_p \equiv f(u, u_p),$$

$$u_p' = -cu_p - u(1-u)(u-a) \equiv g(u, u_p),$$

不动点 (1,0) 有一维不稳定流形, (0,0) 有一维稳定流形. 当 $a = 0.25$ 时, 行波速率 c 约为 0.34375. 现在要用一个不同的方法来计算方程解, 也就是解近似边界值问题.

我们在寻找一个从 (1,0) 到 (0,0) 的异宿轨迹的解. 当 $a = 0.5$, $c = 0$ 时, 存在一个连接两个鞍点的精确解. (可以证明当 $a = 0.5, c = 0$ 时 $u_p^2 + u^4/2 - 2u^3/3 + u^4/2$ 在解上是固定常数.) 使用这个点作为起始点. 下面是 ODE 文件:

```
# tstheti.ode
# a heteroclinic orbit
# unstable at u=1, stable at u=0
f(u,up)=up
g(u,up)=-c*up-u*(1-u)*(u-a)
# the dynamics
u'=f(u,up)*per
up'=g(u,up)*per
# dummy equations for the fixed points
uleft'=0
upleft'=0
uright'=0
upright'=0
# the velocity parameter
c'=0
# fixed points
b f(uleft,upleft)
b g(uleft,upleft)
b f(uright,upright)
b g(uright,upright)
# projection conditions
b hom_bcs(0)
b hom_bcs(1)
# parameters
par per=6.67,a=.5
# initial data
init u=.918,up=-.0577,c=0
# initial fixed points
init uleft=1,upleft=0,uright=0,upright=0
@ total=1.01,dt=.01
@ xp=u,yp=up,xlo=-.25,xhi=1.25,ylo=-.75,yhi=.25
# some AUTO parameters
```

```
@ epss=1e-7,epsu=1e-7,epsl=1e-7,parmax=60,dsmax=5,dsmin=1e-4,
    ntst=35
done
```

文件中加入了一些 AUTO 数值设置, 这样我们之后就不用再设置它们. 运行 XPPAUT 求解这个方程, 会在参数 per 里延续近似异宿轨迹. 打开 AUTO 后点击 Axes Hi. 设置 Xmin=0,Xmax=60,Ymin=−2,Ymax=2, 然后把 y 轴设为 c. 点击 OK. 如上所述, 通过点击 Usr Period 3, 选择 per=20, per=40, per=60, 使得 per 在特定值下记录方程解, 然后点击 OK. 点击 Run Homoclinic, 按如下对话框填写:

Left Eq: uleft
Right Eq: uright
NUnstable: 1
NStable: 1

点击 OK, 会看到屏幕上出现一条直线. 使用 Grab 选定标记为 per=40 的点, 然后点击 File Import Orbit. 在主窗口点击 Restore 后冻结图像. 在 AUTO 窗口中点击 Axes Hi, 把 Main Parm 改成 a, 设定 Xmax=1. 点击 OK 然后点击 Numerics. 做如下改动: Dsmax=0.1, Par Max=1, 点击 OK. 现在点击 Usr Period 4 来创建四个用户函数, 分别是 a=0.75, a=0.9, a=0.25, a=0.1, 点击 OK. 点击 Run 后屏幕上出现一条线, 这是行波速率 c 关于阈值 a 的函数. 点击 Grab, 观察窗口下部, 直到看到 per=40, 点击 Enter. 点击 Numerics, 把 Ds 改成 −0.02 来改变方向. 点击 Run 后会看到线的其他部分出现在屏幕上. 使用 Grab 选定标记为 a=0.25 的点. 点击 File Import Orbit 然后在 AUTO 中绘图. 惊人的是两个图几乎没有区别! 为什么? 注意观察在 a=0.25 时 c 的值. 这个值与第 6 章用打靶法计算的值非常接近.

7.3.2　练习

1. 在斑图的研究中产生的非线性 PDE 具有如下形式:

$$u_t = -u_{xxxx}/\pi^4 - au_{xx}/\pi^2 - u + r\tanh(u),$$

有边界条件

$$u(0,t) = u_{xx}(0,t) = u(1,t) = u_{xx}(1,t) = 0.$$

一个稳态解是 $u=0$, 如果 a 足够大, 当 r 增加时, 零状态失去稳定性, 并且所得到的解是静态的时空模式. 由于这个解从原点分出, 我们可以使用 AUTO 尝试找到一个解的非平凡分支:

$$u'''' = \pi^4(r\tanh(u) - u + au''/\pi^2)$$

和

$$u(0) = u''(0) = u(1) = u''(1) = 0.$$

稳态解是四阶非线性问题, 下面是我写的一个 ODE 文件, AUTO 中已经进行设置:

```
# boundary value problem
# 0 = - (u_xxxx/pi^4+au_xx/pi^2)-u+r tanh(u)
# u,u_xx = 0 at x=0,1
u'=up
up'=upp
upp'=uppp
uppp'=pi^4*(r*tanh(u)-u-a*upp/(pi*pi))
par r=1,a=2
@ total=1.01,xhi=1,meth=cvode,bound=1000
@ dsmax=2,parmax=20,autoxmin=0,autoxmax=20,autoymin=-1,autoymax=4
b u
b u'
b upp
b upp'
done
```

在 XPPAUT 中运行, 积分一次, 然后以 r 作为参数查看分岔图. 追踪出现的解的任何分支, 抓取一个非平凡分支上的点 (不要离分支点太远) 并返回到 XPPAUT 的主窗口中进行积分, 显示解不是常数.

2. 这是另一个非线性边界值问题:

$$u'' = -r\exp(u), \quad u(0) = u(1) = 0,$$

其中 r 是参数. 把这个方程写成一对一阶方程:

$$u' = v, \quad v' = -r\exp(u).$$

从 $r = 0$ 开始, 使用 AUTO 在 $0 < r < 10$ 范围内延续 $u = 0$ 的解, 将 Y 轴设置在 0 和 20 之间. 证明: 如果 $0 < r < r^*$, 边界值问题有两个解, 如果 $r > r^*$, 没有解.

3. 考虑非自治方程

$$u''(x) = -r\exp(ux^2), \quad 0 < x < 1, \quad u(1) = u(0) = 0.$$

通过引入额外的方程 $x' = 1, x(0) = 0$, 在区间 $0 \leqslant r \leqslant 20$ 使用 AUTO 求解这个问题.

4. 使用在 7.2 节练习 1 的文件 ml.ode, 找到同宿轨, 并使用两个参数即 I 和 phi 作双参数延续. 通过为施加的电流添加等式来实现:

$$I' = 0$$

并将 phi 作为参数. 你应该从终止于周期轨道分支的长周期点开始. 这个练习不简单.

7.4　周期性受迫方程

为了解决周期性受迫方程, 可以使用 7.3 节讲过的技巧并且增加一个维度. 例如,

$$x' = f(x, t),$$

f 是关于 t 的周期函数, 且周期为 1. 想得到对应的周期解, 应解决如下问题:

$$x' = f(x, s), \quad s' = 1, \quad x(0) - x(1) = 0, \quad s(0) = 1.$$

然而, 这个方法对于解的稳定性没有任何说明. 相反, 引入二维动力系统

$$u' = u(1 - u^2 - v^2) - \omega v, \quad v' = v(1 - u^2 - v^2) + \omega u,$$

会出现渐进稳定周期轨迹 $(u(t), v(t)) = (\cos \omega t + \phi, \sin(\omega t + \phi))$, ϕ 是任意的相移. 因此, 求解周期性驱动系统, 仅仅是把这个新系统加入并且将 $u(t)$ 耦合. 下面是一个周期性作用双稳定系统:

$$x' = x(1 - x)(x - a) + c \cos \omega t.$$

为了使用 AUTO, 首先创建如下的 ODE 文件:

```
# bistabfor.ode
# periodically forced bistable system
x'=x*(1-x)*(x-a)+c*u
u'=u*(1-u^2-v^2)-w*v
v'=v*(1-u^2-v^2)+w*u
init u=1,x=.043
par c=.1,a=.25,w=1
@ dt=.01,total=6.281,xlo=0,xhi=6.5
```

```
@ dsmax=.05,parmin=-1,parmax=1
@ autoxmax=1,autoxmin=-1,autoymin=-.5,autoymax=2
done
```

AUTO 的设置已经完成. 使用 XPPAUT 运行这个文件, 积分求解一次. 点击 File Auto 启动 AUTO. 受迫强度 c 已经被设置为图像的主要参数. 点击 Run Periodic 来选择周期解. 点击 ABORT 从无限循环中停止, 会看到小的四叶草形状. 记得这是每个周期解的最大值和最小值. 存在有两个解: 一个是稳定的, 另一个是不稳定的. 点击 Grab 来加载第一个点, 然后马上点击 Enter. 在 AUTO 窗口中点击 File Clear Grab, 这会删除 AUTO 之前选定点. 然而, 这个点仍然加载在 XPPAUT 上. 在 XPPAUT 的初始值窗口 (Initial Data Window) 中, 把 x 的初始值改成 1. 在 XPPAUT 主窗口中, 点击 Initialconds Go, 计算结束后点击 Initialconds Last, 会有另一个周期解, 此时 x 较大且不靠近 0. 返回 AUTO 窗口, 点击 Run Periodic 后另一个解的分支会出现. 清理 AUTO 选定点的目的是 AUTO 可以从一个新的点开始运行. 选定最近计算的起始点 (可能需要使用 Tab 键几次, 直到叉出现在上分支的第一个点上.), 改变 AUTO 窗口中 Ds 的符号. 点击 Run Extend 来得到剩余的分支, 如图 7.8 所示.

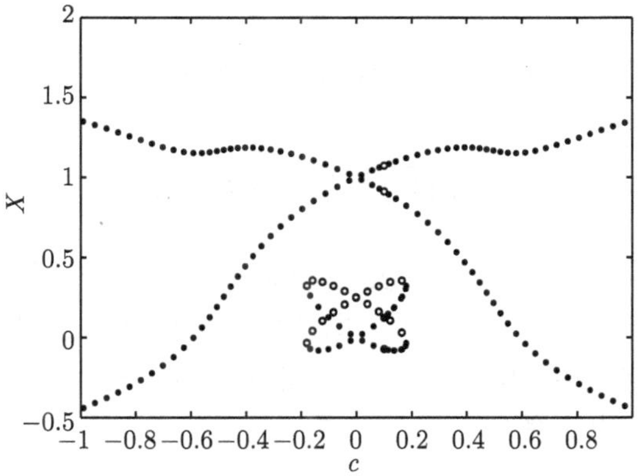

图 7.8 周期性驱动双稳系统的分岔图

练习

1. 周期性受迫振荡器导致非常复杂的行为. 这里, 我们将看周期驱动的 Fitzhugh-Nagumo 方程 (见第 3 章). ODE 文件如下:

```
# fhnfor.ode
# Fitzhugh-Nagumo equations with sinusoidal forcing
v'=I+v*(1-v)*(v-a) -w+c*u
```

```
w'=eps*(v-gamma*w)
u'=u*(1-u^2-z^2)-f*z
z'=z*(1-u^2-z^2)+f*u
init u=1,v=.0505,w=.1911
par c=.05,f=.8
par I=0.2,a=.1,eps=.1,gamma=.25
@ xp=V,yp=w,xlo=-.25,xhi=1.25,ylo=-.5,yhi=1,total=7.86
@ dsmax=.05,parmin=-.5,parmax=1
@ autoxmax=1,autoxmin=0,autoymin=-1.5,autoymax=1.5
done
```

多次运行这个文件以确保被锁定在一个周期上. 然后使用上述参数运行 AUTO. 你应该看到在 AUTO 标记为 PD 的点周期解失去稳定性——PD意味着存在倍周期不稳定性. 抓取这一点, 点击 Run. 从菜单选项中选择 Period doubling. 做好点击 ABORT 键的准备, 因为它将围绕周期 -2 轨道.

2. 在涉及周期性受迫的研究论文中找出一个问题并分析分岔行为, 或通过添加项

$$c\cos\omega t$$

到 Morris-Lecar 方程中来观察会出现什么样的现象.

7.5 将图导入 XPPAUT

本节会描述一个很好的几何思想, 这也是一些神经元的复杂放电模式的基础. 很多神经元表现出所谓的簇放电行为, 即阵发峰放电继以相对静息的周期性变化. 一个典型的电压跟踪如图 7.9 所示, 对应的模型是 Morri-Lecar (前面讲过), 但是加入一个依赖于电位的电流微分方程:

$$\begin{aligned}
C\frac{\mathrm{d}v}{\mathrm{d}t} &= I - g_L(V-V_L) - g_{\mathrm{Ca}}m_\infty(v)(V-V_{\mathrm{Ca}}) - g_K w(V-V_K),\\
\frac{\mathrm{d}w}{\mathrm{d}t} &= \phi\frac{w_\infty(v)-w}{\tau_w(v)},\\
\frac{\mathrm{d}I}{\mathrm{d}t} &= \epsilon(v_0 - v),
\end{aligned}$$

参数在如下 ODE 文件中给出:

```
# mlsqr.ode
dv/dt = ( I - gca*minf(V)*(V-Vca)-gk*w*(V-VK)-gl*(V-Vl))/c
dw/dt = phi*(winf(V)-w)/tauw(V)
```

```
dI/dt = eps*(v0-v)
v(0)=-41.84
w(0)=0.002
minf(v)=.5*(1+tanh((v-v1)/v2))
winf(v)=.5*(1+tanh((v-v3)/v4))
tauw(v)=1/cosh((v-v3)/(2*v4))
param eps=.001,v0=-26,vk=-84,vl=-60,vca=120
param gk=8,gl=2,c=20
param v1=-1.2,v2=18
param v3=12,v4=17.4,phi=.23,gca=4
@ dt=1,total=4000,meth=cvode
@ xp=I,yp=v,xlo=25,xhi=45,ylo=-60,yhi=20
done
```

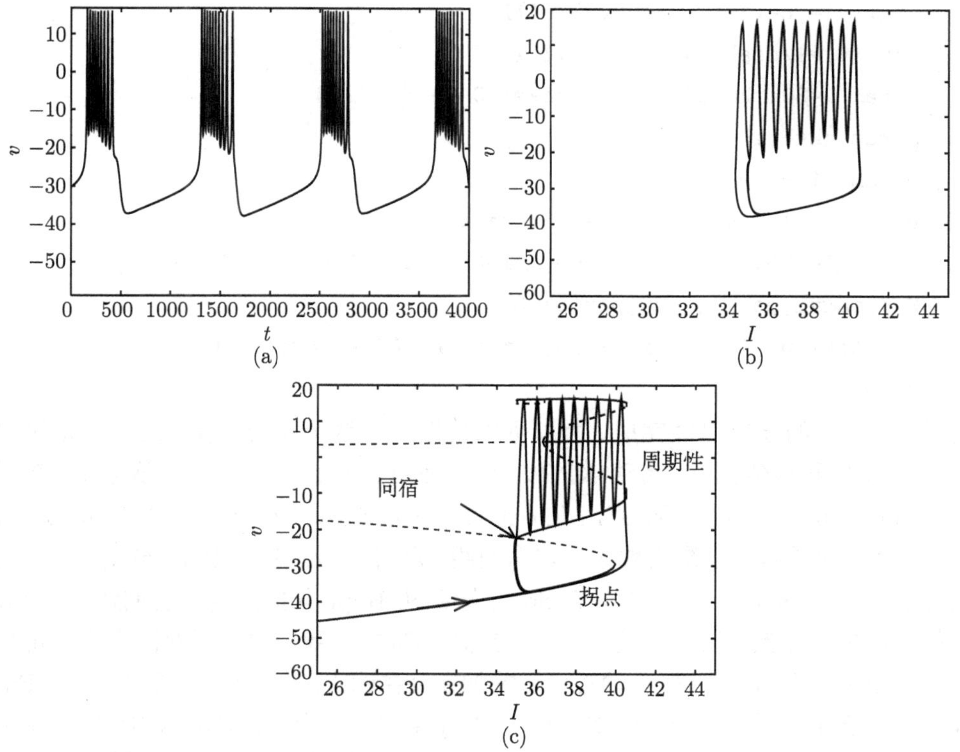

图 7.9 改进膜电位模型的簇. (a) 一个簇中电压 V 对时间的函数; (b) 慢变参数 I 和电压; (c) 分岔图叠加在 (I, v) 平面上

设为 (I,v) 平面图来展示电流如何随着电压移动通过稳定态或振荡态进行增加然后减小. 绘制 I 与 t 的图像来观察对于 I 振荡几乎不存在. 因为 ϵ 很小而且电流方程主要满足:

$$\frac{\mathrm{d}I}{\mathrm{d}t}=\epsilon(v_0-<v>),$$

$<v>$ 是 $v(t)$ 的平均值.

因为 I 的变化非常缓慢, 所以可以把 I 当做一个参数来研究 (v,w) 系统随着 I 变化的性质. 下面的文件 ml2dhom.ode 会来完成这个小技巧:

```
# ml2dhom.ode
dv/dt = ( I - gca*minf(V)*(V-Vca)-gk*w*(V-VK)-gl*(V-Vl))/c
dw/dt = phi*(winf(V)-w)/tauw(V)
v(0)=-41.84
w(0)=0.002
minf(v)=.5*(1+tanh((v-v1)/v2))
winf(v)=.5*(1+tanh((v-v3)/v4))
tauw(v)=1/cosh((v-v3)/(2*v4))
param i=30,vk=-84,vl=-60,vca=120
param gk=8,gl=2,c=20
param v1=-1.2,v2=18
param v3=12,v4=17.4,phi=.23,gca=4
@ total=150,dt=.25,xlo=-60,xhi=60,ylo=-.125,yhi=.6,xp=v,yp=w
@ dsmax=2,parmin=-30,parmax=60
@ autoxmin=-10,autoxmax=60,autoymin=-60,autoymax=40
done
```

对于 AUTO 的设置已经完成, 所以可以直接分析这个系统. 最后两个行是设置 AUTO 窗口和数值延续. 启动 XPPAUT 来使用 Initialconds Go 多次求解, 然后使用 Initialconds Last 命令. 点击 File AUTO 后再在 AUTO 窗口点击 Run Steady state, 会看到类似于三次函数的稳定态曲线. 点击 Grab 选定 Hopf 分岔点 (标记为 HB), 点击 Enter. 点击 Run Periodic 跟踪从 Hopf 分岔出现的周期解. 这个分支终止在中间分支的同宿轨迹上. 图像类似于图 7.4. 我们将要保存图像后并将其导入簇放电文件, 因此 (I,v) 动态可以叠加在分岔图上. 在 AUTO 窗口, 点击 File Write pts 选择一个文件名 (例如 mlhom.dat) 来保存这个图. 退出 XPPAUT. 使用 XPPAUT 运行 mlsqr.ode 文件. 积分后可以得到类似于图 7.9(b) 所示图像. 点击 Graphics Freeze Bif. Diag. 后选择之前保存的图像 mlhom.dat, 会看到非常不错的簇放电叠加载在分岔图上. 这解释了簇放电的机制. 当电压 v 低于 v_0 时, 电流增加导致电压沿着下稳定不动点. 这样继续直到达到“拐点”后, 电压跳跃到周期解分支. 平均电压大于 v_0, 因此 I 开始减小直到遇到同宿轨点. 然后电位减小至稳定静息态, 之后重复循环.

练习

对规范椭圆形的簇放电重复上面的小技巧:

$$\begin{aligned}
u' &= u(\lambda + R - R^2) - v + c, \\
v' &= v(\lambda + R - R^2) + u + c, \\
\lambda' &= \epsilon(R_0 - R), \\
R &= u^2 + v^2,
\end{aligned}$$

尝试 $\epsilon = 0.01, R_0 = 0.3, c = 0.01$ 并且在 dt=0.25, 积分为 1000 使用 qualrk 法. 在窗口 $-0.4 < x < 0.4$ 和 $-1.2 < y < 1.2$ 中绘制 (λ, u) 投影. 接下来给 (u, v) 系统以 λ 为参数写 ODE 文件. 从 $\lambda = -0.4$ 开始, 找到一个稳定状态. 然后使用 AUTO 随着 λ 增加跟踪不动点. (提示: 在 AUTO 数值对话框中设置 Dsmax=0.1 和 Par Min=−0.5) 查找 Hopf 分岔以获得周期解. 将点写入文件, 然后将它们叠加在椭圆簇放电的 (λ, U) 平面上.

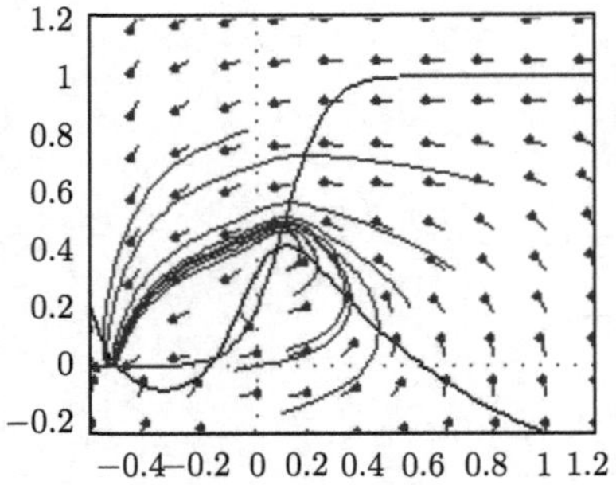

第 8 章

动　画

8.1 介　绍

XPPAUT有内置的动画器, 允许你创建模拟的系统的动画演示. 对于 ODE 文件而言, 动画文件和 ODE 文件是相互独立的, 你可以加载很多不同的动画文件, 在不需要退出 XPPAUT的情况下进行系统试验或者进行改变. 动画文件 (后缀.ani) 的思路是绘制简单的几何对象, 对应的坐标和颜色取决于求解的系统变量. 动画是在适当改变坐标后通过每个时间步长内重新绘图来完成的. 动画可以包含非常简单的线段和一些复杂的图像——尽管还没有复杂到可以跟迪士尼竞争.

本章会讲解创建动画的基础知识, 以及如何应用到课堂演示和科学研究中. 然后展示我自己的一些例子, 这些例子的想法来源于玩具和游乐园.

8.2 第 一 部 分

8.2.1 摆

第一个不错的例子是之前看过的非线性摆:

$$ml^2\ddot{\theta} = -mgl\sin\theta.$$

ODE 文件叫 pendulum.ode. 初始值设为 $\theta(0) = 3$, $\dot{\theta}(0) \equiv v(0) = 0$, 运行文件, 会看到一个很大的振荡. 现在讲解一下其中的物理含义. θ 是摆与 y 轴的夹角, 因此, 摆的坐标为

$$(x, y) = (l\sin\theta, l(1-\cos\theta)).$$

为了描绘摆, 需要绘制摆的杆和摆, 还有支持摆的架, 类似于图 8.1 所示, 一步一步完成. 首先, 先把摆画出, 然后再逐渐完善图像. 下面是摆的动画文件:

```
# pendulum.ani - goes with pendulum.ode
# animation for the pendulum
line .5;.5;.5+.3*sin(theta);.5-.3*cos(theta);$BLUE;3
done
```

前两行是注释, 最后一行告诉动画器文件结束, 所以只有一行是真正的代码. 在讨论这行代码前, 首先设立好坐标框架. 动画窗口默认是单位正方形, 因此 (0, 0) 在左下角, (1, 1) 在右上角. 坐标 (0.5,0.5) 在中间, 这是摆的中心点. 缩放摆的长度为框架长度的 3/10. 这更关乎于美学; 然而, 如果绘图超过单位正方形后, 由于不可裁剪动画演示会很糟糕, 所有坐标和绘制命令都是以分号相间隔的. `line x1;y1;x2;y2` 命令是绘制从 (x1,y1) 到 (x2,y2) 的线. 因此, 上面的命令是来告知动画器每一个时间步长绘制一条从 (0.5,0.5) 到 $(0.5+0.3\sin\theta, 0.5-0.3\cos\theta)$ 的线, 使用变量 theta 的值来计算坐标. Line 命令最后两部分是告知动画器创建一个蓝色的摆, 而且绘制一个宽度为三个像素的线. 在主窗口中, 点击 View Axes Toon 然后一个新窗口会出现 (图 8.1). 如果喜欢随意的动画, 在动画窗口点击 File 按键, 选择你已经下载或者输入保存后的动画文件 pendulum.ani. 如果这个过程报错, 会有报错信息出现; 否则, 是可以运行的. 在动画窗口, 点击 Go 后会开始摆动. 点击 Pause 来停止, 点击 Reset 键来重置. 左右按键每次前进一帧. Skip 键是用来改变帧速率的, 例如, 每三帧只绘制一帧. MPEG 创建 mpeg 格式的视频 (需要额外的程序 mpeg_encode) 或者 GIFs 动画. 后面会讲解如何使用. 最后, 右上角有一个

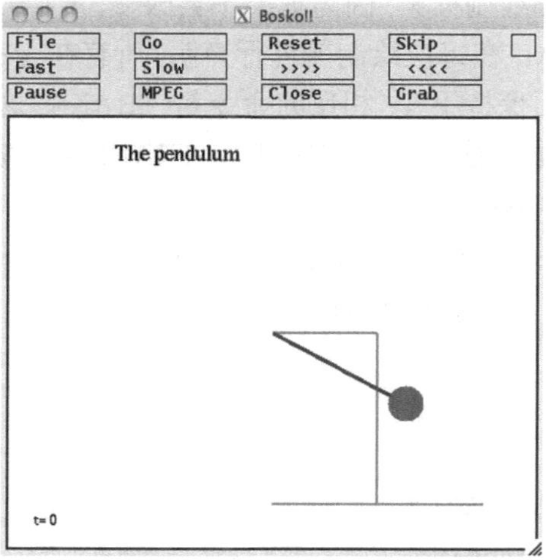

图 8.1 动画窗口

复选框, 如果选定, 那么在解决常微分方程的同时运行动画. 这会大大减慢求解方程的时间, 因为绘制动画的过程 CPU 使用率非常高. 点击复选框后改变参数或者初始值后进行求解, 可以看到各种振荡的摆.

改变初始值后重新求解方程. 点击动画窗口的 Reset Go 会看到不同的结果. 选择 `theta=3,v=0.5`来观看摆的情况, 摆像风车一样. 现在加入摆和框架:

```
# pendulum.ani - goes with pendulum.ode
# animation for the pendulum
#
# the frame
line .5;.1;.9;.1;$GREEN;2
line .5;.5;.7;.5;$GREEN;2
line .7;.5;.7;.1;$GREEN;2
#
# the pendulum
line .5;.5;.5+.3*sin(theta);.5-.3*cos(theta);$BLUE;3
fcircle .5+.3*sin(theta);.5-.3*cos(theta);.04;$RED
done
```

对于绿色框架, 绘制了三条宽度为两个像素的线段. 以 `fcircle x;y;r` 开始的命令是绘制中心为 (x, y), 半径为 r 的实心圆. 最后选项只是进行颜色设置. 因此, 我们绘制了一个在垂线末端半径为 0.04 的实心红色圆.

编辑之前的 `pendulum.ani`, 然后如上改变. 在动画窗口中, 因为文件已经默认加载, 所以点击 File 和 Ok. 点击 Go 会看到完整的动画.

注意不需要每次都绘制框架, 因为框架不会改变, 所以只需绘制一次. 动画器有一个控制命令 PERM, 在每次绘制前进行声明, 所有在 PERM 后绘制命令只需要在开始时计算一次后保持不变. 相反的命令是 TRANS, 这个命令是告知动画器每次都要重新计算. 因此, 通过加入 PERM 和 TRANS 可以提高文件的效率. 同样加入了一个不错的黑体名字:

```
# pendulum.ani - goes with pendulum.ode
# animation for the pendulum
#
PERM
# the frame
settext 3;roman;$BLACK
text .2;.9;The pendulum
line .5;.1;.9;.1;$GREEN;2
```

```
line .5;.5;.7;.5;$GREEN;2
line .7;.5;.7;.1;$GREEN;2
#
TRANS
# the pendulum
line .5;.5;.5+.3*sin(theta);.5-.3*cos(theta);$BLUE;3
fcircle .5+.3*sin(theta);.5-.3*cos(theta);.04;$RED
done
```

注意 settext 命令接受三个参数: 文本大小 (0-5), 字体形式 (罗马, 符号), 还有颜色. 默认值是 0 号罗马黑体, 非常小. 而且要注意, 在绘制命令前已经把积分器设置成瞬变模式. 如果不这样做, 只会画第一帧. 加载这个动画文件后运行.

现在再介绍一个小功能. 在文本文件中输入当前的模拟时间. 下面是最终文件:

```
# pendulum.ani - goes with pendulum.ode
# animation for the pendulum
#
PERM
# the frame
settext 3;roman;$BLACK
text .2;.9;The pendulum
line .5;.1;.9;.1;$GREEN;2
line .5;.5;.7;.5;$GREEN;2
line .7;.5;.7;.1;$GREEN;2
settext 1;roman;$BLACK
#
TRANS
# the pendulum
vtext .05;.05;t= ;t
line .5;.5;.5+.3*sin(theta);.5-.3*cos(theta);$BLUE;3
fcircle .5+.3*sin(theta);.5-.3*cos(theta);.04;$RED
done
```

首先把文本设置回 1 号黑体. `vtext`命令接受四个参数: 屏幕上的位置 (两个), 文本字符串, 每次运行的评估公式. 因此, 把 t 的值放到文本字符串`t=`之后.

最后, 创建一个动画的永久版本. 有两种方法, 一个简单, 另一个复杂. 复杂方法是首先创建一个 ppm 文件的序列, 然后把它们与 `mpeg_encode` 结合. 这个方法会创建较小的文件, 但是需要很大的磁盘空间. XPPAUT使用手册上对这个方法进行了非常详细的讲解. 相反, 我们选择简单的方法: 创建一个 GIF 文件. 动态 GIF 文件是用来创建动画的一种标准文件格式. 这类文件可以在浏览器中播放. 如果你非常喜欢这个动画, 可点击动画窗口的 MPEG. 在对话框中, 在标记为 AniGif 项把 0 改成 1. 关闭对话框. 点击 Skip, 把 Increment 从 1 改成 2, 这样每隔一帧绘图. 点击 Reset, 重置动画器到起始数据文件. 点击动画窗口中 Go, 动画器会再次启动. 因为是在磁盘上写的, 所以这个过程中有可能偶尔停滞. 很快, 200 帧会写入名为 anim.gif 的文件. 这是文件默认名, 如果需要多个动画文件, 一定要确保在创建之后修改名字. anim.gif 文件大概有 225000 字节, 对于一个 200 帧的动画来讲已经非常小. 试着加载到浏览器中并播放它.

重要注解

动画器知道系统中所有的状态变量, 但不知道任何定义的辅助变量. 然而, 它知道固定变量. 因此, 如果想要传给动画器一个非常复杂的量, 最好在 ODE 文件中定义而不是在动画文件中定义, 并且要定义为固定变量而非辅助变量. 例如, 在摆的 ODE 文件中可以加入

```
xb=.5+.3*sin(theta)
yb=.5-.3*cos(theta)
```

来定义在垂线端点的摆. 因此动画文件会更加简洁:

```
line .5;.5;xb;yb;$BLUE;3
fcircle xb;yb;.04;$RED
```

8.2.2 动画互动

摆的例子表明, 你可以通过一个小的脚本来创建动力系统的动画, 使得模拟有了生命. 动画语言同样允许你使用鼠标与动画进行互动 (或在 iPad 上用手指). 例如, 你可能想先推一下摆, 然后观察模拟随时间的演变. 我们将创建几个新文件来说明这个概念. 首先, 我们将为摆创建一个新的 ODE 文件, 定义两个“帮助”函数. 摆还包括线性摩擦. 这里是 ODE 文件:

```
# ipend.ode
theta'=v
v'=-(g/l)*sin(theta)-mu*v
par g=9.8,l=2,m=1,mu=.1
par scale=1
@ total=30
# I also allow the velocity to be scaled
#this adds some helper stuff to get the angle from the coordinates
```

```
# it is very useful for interacting.
th(x,y)=atan2(x-.5,.5-y)
thp(x,y,xp,yp)=scale*(xp*(.5-y)+yp*(x-.5))/((x-.5)^2+(y-.5)^2)
done
```

文件名为 ipend.ode, 以便我知道它有一些代码使得与它的交互更容易. 这个文件与之前的摆文件唯一的不同是添加了一些线性摩擦-mu*v, 来消耗能量. 此外, 我定义两个函数th(x,y)和thp(x,y,xp,yp), 很快我将对其进行解释. 这里是第一个交互动画文件:

```
# ipend.ani - goes with ipend.ode
# animation for the pendulum with grab feature
#
PERM
# the frame
settext 3;roman;$BLACK
text .2;.9;The pendulum
line .5;.1;.9;.1;$GREEN;2
line .5;.5;.7;.5;$GREEN;2
line .7;.5;.7;.1;$GREEN;2
settext 1;roman;$BLACK
#
TRANS
# the pendulum
vtext .05;.05;t= ;t
line .5;.5;.5+.3*sin(theta);.5-.3*cos(theta);$BLUE;3
fcircle .5+.3*sin(theta);.5-.3*cos(theta);.04;$RED
# now the interactions
grab .5+.3*sin(theta);.5-.3*cos(theta);.03
{theta=th(mouse_x,mouse_y)}
{v=thp(mouse_x,mouse_y,mouse_vx,mouse_vy);runnow=1}
done
```

正如你可以看到的, 除了最后几行, 它与我们的“所有的钟声和口哨”动画文件是相同的. 动画器有一个命令 grab, 它指定对象在屏幕上的位置, 用户可以与其互动. 它有以下形式:

```
grab x;y;c
{stuff}
```

```
{more stuff}
```

(x,y) 是动画屏幕上对象所在位置, c 是在对象上绘制的叉的大小, 使得用户可以抓取. 我们想抓取摆锤, 从动画文件中可知摆锤位于`.5+.3*sin(theta);.5-.3*cos(theta)`, 所以这些表达式应该是一对 $(x;y)$ 坐标. 在 XPPAUT中, 将通过单击动画器中的抓取按钮启动抓取过程. 然后, 如果你点击鼠标靠近摆锤, 摆锤将被抓住. grab 命令后的一行告诉动画师, 对于抓取的对象, 当移动鼠标时要采取什么行动. 例如, 我们要转换鼠标的 (x,y) 坐标 (称为 mouse_x, mouse_y)

$$x = 0.5 + 0.3\sin\theta,$$
$$y = 0.5 - 0.3\cos\theta,$$

可知

$$\tan\theta = \frac{x-0.5}{0.5-y}.$$

在这里我们必须要小心,但在XPPAUT和许多其他数值程序中存在函数`atan2`(y,x), 其根据 x, y 的符号返回 θ 的全范围. 因此, 要得到摆的 θ 的真实值, 需要

```
theta = atan2(x-.5,.5-y)
```

因此, 我们已经将这个小帮助函数添加到 ODE 文件中. 我们可以在动画文件中写出来, 但创建一个函数可能更加优雅和可读. 因此, 当用户抓取和拖动摆锤时, 角度 θ 改变并且动画器重绘框架以反映新的角度. grab 命令后的行反映:

```
{theta=th(mouse_x,mouse_y)}
```

grab 命令后面的第二行 (这里标记为 more stuff) 告诉 XPPAUT, 一旦鼠标释放要做什么. 动画器很智能, 因为它也能够记录鼠标移动时的速度, 使得除了鼠标的位置 (或者摆锤), 我们也可以传递速度. 存储鼠标速度变量, `mouse_vx,mouse_vy`. 由于这些是线速度, 我们必须将它们转换为角速度, 写作

$$\theta = \arctan(u/v),$$

可知

$$\theta' = (u'v - v'u)/(u^2 + v^2),$$

所以我们定义了另一个“帮助”函数 thp 从线速度中提取角速度. 所以在抓取命令 Grab 的最后一行, 我们写

```
{v=thp(mouse_x,mouse_y,mouse_vx,mouse_vy);runnow=1}
```

runnow=1 设置告诉 XPPAUT, 当鼠标释放时开始模拟. 如果你设置 runnow=0, 那么变量会被设置, 但不会运行模拟. 如果你有许多不同的对象可用, 你可能想在某些改变时运行. 在 grab 命令之后的指令中, 设置由分号分隔.

好吧, 现在我们准备试试运行 XPPAUT吧! 下面是一个很好的命令行技巧.

```
xpp ipend.ode -anifile ipend.ani
```

此命令行选项自动加载我们创建的动画文件. 或则, 启动 ipend.ode, 然后点击 View axes Toon. 在动画窗口中, 单击文件并选择 ipend.ani. 在尝试抓取选项之前, 应该做的第一件事是点击右上角的小方块 (“动画飞行”), 所以一旦你完成互动, 模拟就会出现. 接下来, 单击动画窗口中的 Grab 按钮, 一个 X 将出现在摆锤上. 如果你有很多可抓取对象, 那么 X 将出现在每个对象上. 用鼠标点击在 X 上, 然后拖动鼠标并释放它 (甚至在释放之前拖动一小段时间; 要小心它对速度相当敏感), 应该看到它开始移动或旋转. 它可能会如此之快, 以至于出界, 可以通过改变 ODE 文件中的边界或通过数字菜单来解决这个问题. (例如, 添加行 `@ bound=100000` 到 ODE 文件.)

提示 抓取和移动选项不只是用于给 ODE 初始化条件. 也可以使用它来调整参数. 这里是一个稍微复杂的摆动动画脚本:

```
# ipend2.ani - goes with ipend.ode
# animation for the pendulum with interactions
# and adjustable friction
#
PERM
# the frame
settext 3;roman;$BLACK
text .2;.9;The pendulum
line .5;.1;.9;.1;$GREEN;2
line .5;.5;.7;.5;$GREEN;2
line .7;.5;.7;.1;$GREEN;2
# set the slider for friction
line .9;.2;.9;.8;$BLACK;1
# max and min values are 1 an 0 respectively
text .95;.2;0
text .95;.8;1
# settext 1;roman;$BLACK
#
TRANS
# slider value
vtext .75;.85;mu=;mu
fcircle .9;.2+mu*.6;.02;$BLUE
# the pendulum
```

```
vtext .05;.05;t= ;t
line .5;.5;.5+.3*sin(theta);.5-.3*cos(theta);$BLUE;3
fcircle .5+.3*sin(theta);.5-.3*cos(theta);.04;$RED
# now the interactions
# grab the pendulum
grab .5+.3*sin(theta);.5-.3*cos(theta);.03
{theta=th(mouse_x,mouse_y)}
{v=thp(mouse_x,mouse_y,mouse_vx,mouse_vy);runnow=1}
# grab the slider
grab .9;.2+mu*.6;.02
{mu=max(0,min((mouse_y-.2)/.6,1))}
{mu=max(0,min((mouse_y-.2)/.6,1));runnow=0}
done
```

我添加了一个摩擦力为 μ 的滑块, 这允许你在动画窗口内设置摩擦. 设置 runnow=0使得释放滑块后 ODE 不被求解. *注意, 每次抓取一个对象后, 需要点击抓取按钮 Grab 再次抓取另一个对象.*

8.2.3　回顾空间问题

回顾第 6 章讲解的空间分布时滞神经网络模型:

$$u_j' = -u_j + f\left(c_e \sum_{l=-m}^{m} W(l)u(j+l) - c_i u_j(t-\tau)\right).$$

ODE 文件是 nnetdelay.ode. 再次运行文件, 创建一个动画文件, 在沿着 x 轴的每个空间点上绘制一系列小实心圆, 其高度是状态变量 u 的缩放版本. 下面是文件 nnetdelay.ani:

```
# use with nnetdelay.ode
# a one liner!
fcircle .05+.9*[0..99]/100;.05+.8*u[j];.01
done
```

[0..99] 声明是表明 XPPAUT扩展成 100 条线, 每个[j]被相应的整数替代. 因此这个动画文件代表了一个长文件:

```
fcircle .05+.9*0/100;.05+.8*u0;.01
fcircle .05+.9*1/100;.05+.8*u1;.01
...
fcircle .05+.9*99/100;.05+.8*u99;.01
```

对于图像绘制的全部已经缩放, 所以都可以显示在窗口中. 加载这个动画文件来观看运行结果.

实际上, 这并不是观看时间演化的最佳方式. 如果在点之间绘制线段, 效果会更好, 通过一行代码就可以实现, 观看如下文件 nnetdelay2.ani:

```
# use with nnetdelay.ode
# a one liner!
line .05+.9*[0..98]/100;.05+.8*u[j];.05+.9*[j+1]/100;.05+.8*u[j+1];
    $BLACK;2
done
```

注意这次是从 0 到 98 而非 0 到 99. 这会依次在 (x, y) 值之间绘制一条宽度为 2 像素的黑色线段, x 是空间网格点, y 是 u 的大小. 加载这个动画, 运行后观察结果.

8.2.4 滑翔机和花式滑翔机

非常流行的轻木滑翔机可以用一对微分方程来进行建模. 这里不会给出完整的推导过程. 考虑到滑翔机在 (x, y) 平面移动 (只能向上和向下倾斜, 不能偏离平面). 无量纲方程定义在速率 v (标量, 是速度的大小) 和攻角 θ 上, θ 就是飞机头与水平线形成的角度. 这些方程出自于 Lanchester(1908), 模型取自于 West et al(1997) 的书. 方程如下:

$$\frac{\mathrm{d}v}{\mathrm{d}t} = -\sin\theta - Dv^2, \quad v\frac{\mathrm{d}\theta}{\mathrm{d}t} = v^2 - \cos\theta.$$

$-Dv^2$是黏性阻力, 与速率相反. v^2 项表示提升. 沿着飞机方向的引力部分是$-mg\sin\theta$, 因为方程是无量纲的, 设定系数为 1. $v(\mathrm{d}\theta/\mathrm{d}t)$ 项是向心力, $\cos\theta$ 项是角方向的引力部分. 方程只给出了速度和攻角. 通过积分速度 $\vec{v} = (v\cos\theta, v\sin\theta)$ 可以跟踪飞机的位置:

$$\frac{\mathrm{d}x}{\mathrm{d}t} = v\cos\theta, \quad \frac{\mathrm{d}y}{\mathrm{d}t} = v\sin\theta.$$

简易滑翔机

现在可以使用 XPPAUT来数值求解这些方程, 然后创建动画文件. 对于第一个版本, 我们使用粗线来表示滑翔机. 滑翔机在屏幕上的位置由 (x, y) 的缩放版本给出, 线的角度是 θ. 下面是 ODE 文件, glider.ode:

```
# glider
v'=-sin(th)-d*v^2
th'=(v^2-cos(th))/v
x'=v*cos(th)*scale
y'=v*sin(th)*scale
```

```
par d=.25,scale=.1,lg=.04
# these initial data correspond to a nice loop
init th=0.25,v=3
init x=.1,y=.2
# some stuff for the animation
# glider is just a thick line
# 2*lg=length glider
xl=mod(x,1)-lg*cos(th)
yl=mod(y,1)-lg*sin(th)
xr=mod(x,1)+lg*cos(th)
yr=mod(y,1)+lg*sin(th)
# some controls
@ total=30,dt=.025,bound=1000000
done
```

文件的第一部分包括上述讨论过的所有方程. 缩放 (x, y) 坐标使得滑翔机不会太大. ODE 文件的最后一部分是传递给动画器的信息. 首先把坐标对 1 取模, 因此如果滑翔机超过动画器的一个边界, 它会从另一边回来, 整个滑翔机是在一个环形世界. 这些新的坐标形成滑翔机的中心. 然后构建滑翔机的左右端点, 滑翔机的净尺寸是 `2*lg`. 运行 `glider.ode` 文件后运行动画器. 改变拖动参数 d, 使之变得更小, 来看是否可以进行两次循环.

花式滑翔机

现在创建一个看上去更像飞机的滑翔机, 如图 8.2 所示 (图中的飞机非常小). 这次要使用 XPPAUT中的查找表来定义花式滑翔机的坐标. 表的名称是 `xglid.tab` 和 `yglid.tab`. 下面是两个坐标的 14 个对应值:

```
xglid.tab: 0 2.5 2 .5 -1 -1.75 -.5
           -2 -2.5 -2.5 -1 -2 -1.25 0
yglid.tab: 0 0 1 1 2 2 1
           1 2 0 0 -1 -1 0
```

下面是 ODE 文件 `fglider.ode`:

```
# fancy glider
tab xg xglid.tab
tab yg yglid.tab
v'=-sin(th)-d*v^2
th'=(v^2-cos(th))/v
x'=v*cos(th)*scale
```

```
y'=v*sin(th)*scale
par d=0.25,scale=2,lg=.04
# these initial data correspond to a nice loop
init th=.2,v=8
init x=4,y=0
# these are points for the fancy glider
xc=x
yc=y
c=cos(th)
s=sin(th)
xx[1..14]=(xg([j])*c-yg([j])*s+xc)*lg
yy[1..14]=(xg([j])*s+yg([j])*c+yc)*lg+.5
@ total=30,dt=.025,bound=1000000
done
```

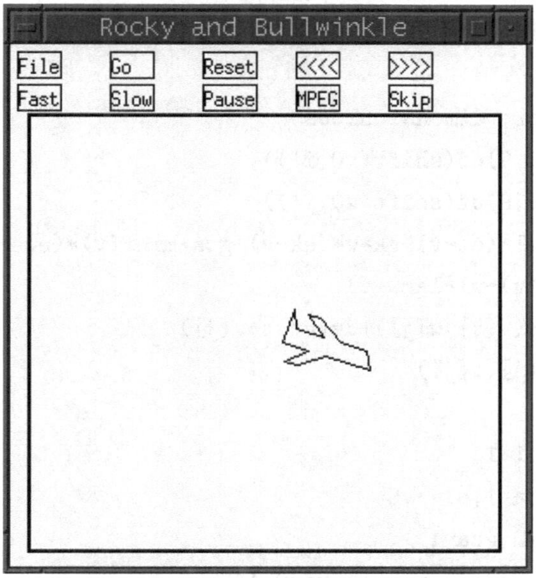

图 8.2 漂亮的滑翔机

这个文件的结构和简单的滑翔机类似, 但是在创建滑翔机后进行缩放, 滑翔机图像的中心在原点, 因此坐标需要选择 θ 角度, 然后由滑翔机中心进行平移. 因此, 对于滑翔机的坐标 x 和 y 分别定义了 14 个点, 这些点用来转动滑翔机, 然后通过中心位置进行平移. 最后, 整体进行缩放, 然后把 y 坐标提升一些. 不需要再为坐标取模而烦恼, 因此滑翔机可以在休闲的时候飞向日落. ODE 文件完成所有工作, 动画文件 fglider.ani 只有简单的一行命令:

```
# fancy animation for glider
line xx[1..13];yy[j];xx[j+1];yy[j+1]
end
```

通过连接滑翔机的线使之成为一个闭合曲线. 运行这些文件查看结果.

8.2.5　耦合振荡器

回顾前面章节讲过的 Morris-Lecar 模型. 假设取振荡器的集群, 然后通过它们中所有的平均电压使它们进行扩散耦合:

$$V_j' = I_{\text{tot}}(V_j, w_j) + d\left(\frac{1}{N}\sum_k V_k - V_j\right)$$

I_{tot} 是每个细胞的局部离子电流. 可以探寻它们是否会有周期锁定, 如果是这种情况, 则是否存在同步或者是否存在其他更加复杂的解. 文件 ml10.ode 实现了 10 个这样的神经振荡器的耦合阵列:

```
# ml10.ode
# morris-lecar; dimensionless
vtot=.1*sum(0,9)of(shift(v0,i'))
wtot=.1*sum(0,9)of(shift(w0,i'))
itot(v,w)=I+gl*(el-v)+gk*w*(ek-v)+gca*minf(v)*(eca-v)
g(v,w)=(winf(v)-w)*lamw(v)
v[0..9]'=itot(v[j],w[j])+d*(vtot-v[j])
w[0..9]'=g(v[j],w[j])
par d=.05
par I=.095,phi=1
par ek=-.7,eca=1,el=-.5
par gl=.5,gk=2,gca=1
par va=-.01,vb=0.15,vc=0.1,vd=0.145
minf(v)=.5*(1+tanh((v-va)/vb))
winf(v)=.5*(1+tanh((v-vc)/vd))
lamw(v)= phi*cosh((v-vc)/(2*vd))
@ total=200,nout=4
@ xlo=-.6,xhi=.5,ylo=-.25,yhi=.75
@ xp=v0,yp=w0
```

```
done
```

注 `sum(0,9)of(shift(v0,i'))` 项累加了所有相似电压的恢复变量——这在稍后的动画创建中会用到. 设置每四个点进行输出, 使动画更快.

运行 XPPAUT, 使用 Initialconds Formula 命令, 设置变量 `v[0..9]` 为 `-.5+.5*ran(1)`, 也就是为它们分配在 −0.5 和 0.5 之间的随机电压. 打开动画器, 然后加载动画文件 `ml10.ani`:

```
# ml10.ani
# use with ml10.ode
fcircle v[0..9]+.5;w[j]+.1;.02;[j+1]/10
fcircle vtot+.5;wtot+.1;.03;$BLACK
end
```

这个文件在 (v, w) 平面上对每个细胞都绘制相应的实心圆, 而且根据其索引进行着色, 方便观察每个个体. 同时, 质心 (平均电压和恢复变量) 会以更大的黑色圆圈来表示. 运行这个动画会看到细胞均匀扩展填满极限环; 而质心一直在内部几乎没有改变. 把 phi 从 1 改成 0.5, 重新求解方程 (Initialconds Go). 观察动画. 使用弱耦合振荡器解释 phi=1 和 phi=0.5 的区别 (见第 9 章).

通过在动画中叠加零等值线可以使得这个文件更加丰富. 最好的方式是把所有的计算都在 ODE 文件中处理而不是在动画文件中, 所以在 ODE 文件中加入下面的代码:

```
##   nullcline stuff for animation
# define the nullclines
wnull(v)=winf(v)
vnull(v)=(I+gl*(el-v)+gca*minf(v)*(eca-v))/(gk*(v-ek))
# now crudely draw them for the animation
vv[0..20]=-.6+1.1*[j]/20
vn[0..20]=vnull(vv[j])+.25
wn[0..20]=wnull(vv[j])+.25
done
```

对于每个零等值线用 20 个线段来绘制, 同时在 ODE 文件中在相平面内对它们进行同等缩放. 点 `vv[j]`, `vn[j]` 是 v 零等值线的坐标, 而 `vv[j]`,`wn[j]` 是 w 零等值线的坐标. 在 ODE 文件中加入代码, 动画文件有如下形式:

```
# ml10x.ani
# use with ml10x.ode
PERM
line [0..19]/20;vn[j];[j+1]/20;vn[j+1];$BLUE;3
```

```
line [0..19]/20;wn[j];[j+1]/20;wn[j+1];$RED;3
TRANSIENT
fcircle (v[0..9]+.6)/1.1;w[j]+.25;.02;[j+1]/10
fcircle (vtot+.6)/1.1;wtot+.25;.03;$BLACK
end
```

零等值线是随变量值绘制的.

8.3 我的最爱

本节会介绍一些我非常喜欢的玩具和机械物体. 首先介绍一些摆的变形; 然后创建一个过山车模型和一个非常有娱乐性的模型, 即链式机动车; 最后介绍根据 Strogatz 建立的洛伦茨方程的离散模型.

8.3.1 更多的摆

普通的摆总是很无趣. 然而, 如果周期性地驱动摆或者将两个摆耦合在一起, 则会产生很复杂的行为. 同样观察起来也会很有趣. 要讲的第一个例子是参数驱动摆. 正如你所知: 对于一个阻尼摆, 在最低位置时是渐进稳定, 而在最高状态是不稳定的. 然而, 如果把摆放在一个振荡平台上, 可以使得最高状态也是稳定的. 这就是玩杂耍的人可以保持扫帚在他们手心垂直的秘密——因为他们一直在摇动. 对应的微分方程并不是很难得到. (例子参考 Guckenheimer 和 Holmes.) 通过拉格朗日力学 (见 8.3.2 节) 可以得到运动方程. 结果如下:

$$ml^2\ddot{\theta} = -f\dot{\theta} - mg\sin\theta + aml\omega^2\sin\omega t\sin\theta,$$

其中 a 是正弦作用的大小, ω 是频率. 下面是对应的 ODE 文件 forcpend.ode:

```
# parametrically forced pendulum
#  forcpend.ode
yo(t)=a*sin(w*t)
yopp(t)=-a*w*w*sin(w*t)
th'=thp
thp'=(-f*thp-m*g*sin(th))/(m*l*l)-yopp(t)*sin(th)/l
par l=2,g=9.8,m=1
par a=0.3,w=50,f=.25
init th=2
@ meth=qualrk
@ total=100,bound=10000,tol=1e-5,atol=1e-4
```

```
done
```

使用 XPPAUT来运行此文件. 下面是动画文件 forcpend.ani:

```
# forcpend.ani
# force pendulum
# use with forcpend.ode
#
# the oscillating base:
line .4;.5+.2*yo(t);.6;.5+.2*yo(t);$BLUE;2
# the pendulum
line .5;.5+.2*yo(t);.5+.2*l*sin(th);-.2*l*cos(th)+.5+.2*yo(t);
     $BLACK;4
fcircle .5+.2*l*sin(th);-.2*l*cos(th)+.5+.2*yo(t);.05;$RED
end
```

底座是一个可以在垂直方向上下振动的水平蓝色线. 摆的枢转点以该点为中心, 摆的底端由角度 θ 决定. 缩放因子是 0.2, 乘以所有维度来使一切保持在窗口中. 把这个文件载入动画器中来运行. 注意摆锤如何使摆动向上. 尝试: 把频率设定为更低值 $w = 4$, 摩擦更低 $f = 0.03$, 振幅 $a = 0.3$, 求解方程. 摆锤会混沌地来回摆动, 动画这个过程.

下一个例子是另一个经典力学案例, 即双摆锤. 这是一个四维系统. 类似于其他力学系统, 通过写出动能和势能来得出相应的方程. 这些方程很复杂, 这里直接给出 ODE 文件,doubpend.ode:

```
# the double pendulum
# doubpend.ode
#  th1 is the angle between the pivot and the first mass
#  th2 is the angle between the first mass and the second mass
#  mu is friction
# L1-2, m1-2 are the length and mass.
th1' = th1p
th2' = th2p
th2p' = -mu*th2p+1/(L2*(m1+m2*(sin(th2-th1))^2))*(-(m1+m2)*g*sin
(th2)-\(m1+m2)*L1*th1p^2*sin(th2-th1)+cos(th2-th1)*((m1+m2)*g*sin
(th1)-\m2*L2*th2p^2*sin(th2-th1)))
th1p' = -mu*th1p+1/(L1*(m1+m2*(sin(th2-th1))^2))*(-(m1+m2)*g*sin
(th1)+\m2*L2*th2p^2*sin(th2-th1)+cos(th2-th1)*(m2*g*sin(th2)+\
m2*L1*th1p^2*sin(th2-th1)))
```

```
# parameters
par L1=.1,L2=.1,m1=.028,m2=.04,g=9.8,mu=.01
init th1=0,th2=0,th2p=31,th1p=0
@ total=30,dt=.01,meth=qualrk,bound=100000
done
```

这是设置两个 10cm 长的摆锤, 质量分别为 28g 和 40g. 给质量小的摆一个好的旋转. 时间单位是秒, 所以整个模拟是半分钟. 积分求解方程. 在进入动画器之前, 说服自己方程解是混沌的. 计算最大李雅普诺夫指数 (NUmerics stochastic Liapunov) 和小质量摆的角速度的功率谱`th1p` (nUmerics stochastic Power). 下面是动画文件,`doubpend.ani`:

```
# animation of double pendulum
#
# here is the base
fcircle .5;.5;.025;$BLACK
# first rod
line .5;.5;.5+.2*sin(th1);.5-.2*cos(th1)
# second rod
line .5+.2*sin(th1);.5-.2*cos(th1);.5+.2*sin(th1)+.2*sin(th2);\
.5-.2*cos(th1)-.2*cos(th2)
# bobs
fcircle .5+.2*sin(th1);.5-.2*cos(th1);.04;$RED
fcircle .5+.2*sin(th1)+.2*sin(th2);.5-.2*cos(th1)-.2*cos(th2);.04;
    $GREEN
end
```

这是一目了然的. 使用这个文件来观察出现的混沌性质. 还有很多相关的方程, 你可以进行深入观察. 我们可以与双摆互动, 这样可以对两个摆锤赋予速度和位置. 为了做到这一点, 我将创建另一个包含一些帮助函数的 ODE 文件, 让我更容易编写抓取代码. .

这是一个包含帮助函数的双摆的 ODE 文件.

```
# idoubpend.ode - interactive double pendulum
t1' = t1p
t2' = t2p
t2p' = -mu*t2p+1/(L2*(m1+m2*(sin(t2-t1))^2))*(-(m1+m2)*g*sin(t2)
      -(m1+m2)*\
L1*t1p^2*sin(t2-t1)+cos(t2-t1)*((m1+m2)*g*sin(t1)-m2*L2*t2p^2*sin
```

```
    (t2-t1)))
t1p' = -mu*t1p+1/(L1*(m1+m2*(sin(t2-t1))^2))*(-(m1+m2)*g*sin(t1)+\
m2*L2*t2p^2*sin(t2-t1)+cos(t2-t1)*(m2*g*sin(t2)+m2*L1*t1p^2*sin
    (t2-t1)))
# parameters
par L1=4,L2=1,m1=2,m2=1,g=9.8,mu=.01
@ total=200,bound=100000
init t1=1.5,t2=0
# Helper functions
th1(x,y)=atan2(x-.5,.5-y)
th1dot(x,y,xp,yp)=(xp*(.5-y)+yp*(x-.5))/((x-.5)^2+(y-.5)^2)
th2(x,y)=atan2(x-.5-.2*sin(t1),-y+.5-.2*cos(t1))
th2dot(x,y,xp,yp)=(xp*(.5-.2*cos(t1)-y)+yp*(x-.5-.2*sin(t1)))/
                  ((.5-.2*cos(t1)-y)^2+(x-.5-.2*sin(t1))^2)
done
```

帮助函数从鼠标信息中获得摆锤的速度和位置. 这里是动画文件:

```
# animation of double pendulum
fcircle .5;.5;.025;$BLACK
line .5;.5;.5+.2*sin(t1);.5-.2*cos(t1)
line .5+.2*sin(t1);.5-.2*cos(t1);.5+.2*sin(t1)+.2*sin(t2);.5-.2
     *cos(t1)-.2*cos(t2)
fcircle .5+.2*sin(t1);.5-.2*cos(t1);.04;$RED
fcircle .5+.2*sin(t1)+.2*sin(t2);.5-.2*cos(t1)-.2*cos(t2);.04;
       $GREEN
grab .5+.2*sin(t1);.5-.2*cos(t1);.03
{t1=th1(mouse_x,mouse_y)}
{t1=th1(mouse_x,mouse_y);runnow=0}
grab .5+.2*sin(t1)+.2*sin(t2);.5-.2*cos(t1)-.2*cos(t2);.03
{t2=th2(mouse_x,mouse_y)}
{t2=th2(mouse_x,mouse_y);t2p=th2dot(mouse_x,mouse_y,mouse_vx,
    mouse_vy); runnow=1}
end
```

只有在摆动外摆锤之后, 才能开始模拟. 这个文件, 你不能给内摆锤的任何初始速度.

8.3.2　过山车

如何模拟过山车？重温经典力学. 通过类似于弧长的变量 s 来参数化过山车，并且把过山车约束在一个平面内 (有一个环路). 设定 $x(s), y(s)$ 来定义过山车而且假定 $s \in [0,1]$. m 是车的质量. 动能为

$$K = \frac{m}{2}(\dot{x}^2 + \dot{y}^2) = \frac{m}{2}(x'(s)^2 + y'(s)^2)\dot{s}^2,$$

势能为

$$P = mgy(s),$$

拉格朗日力学有 $L = K - P$. 通过欧拉–拉格朗日方程来给出运动方程:

$$\frac{\mathrm{d}}{\mathrm{d}t}\left(\frac{\partial L}{\partial \dot{s}}\right) = \frac{\partial L}{\partial s},$$

因此有

$$mR(s)\ddot{s} = -mgy'(s) - A(s)\dot{s}^2,$$

并且

$$R(s) = x'(s)^2 + y'(s)^2, \quad A(s) = x'(s)x''(s) + y'(s)y''(s).$$

这是过山车的一个普通理论，而我们需要设计一个过山车. 一个简单的带有一个回路的过山车设计如下: 通过程序 xfig 产生由在过山车上的点的坐标组成的文本输出. 然后从这两个点中提取两个表的 x, y 值，这些值都在 `xcoast.tab` 和 `ycoast.tab` 的两个表中. (这些表都在 XPPAUT的网页上). 下面是过山车的 ODE 文件, `coaster2.ode`:

```
# coaster2.ode
# this is a rather simple coaster
tab xx xcoast.tab
tab yy ycoast.tab
# numerically compute x',x'' etc
xp=(xx(s+h)-xx(s-h))/(2*h)
yp=(yy(s+h)-yy(s-h))/(2*h)
xpp=(xx(s+h)-2*xx(s)+xx(s-h))/(h*h)
ypp=(yy(s+h)-2*yy(s)+yy(s-h))/(h*h)
#
vsq=xp*xp+yp*yp
aa=(xp*xpp+yp*ypp)/vsq
# now add a few parameters to scale time and gravity etc
s'=v
```

```
v'=-r*yp/vsq-q*aa*v*v
par r=175,h=.02,q=.1
# give it a little push!
init v=1e-5
# here is the coaster
aux x=xx(s)
aux y=yy(s)
@ bound=100000,total=40
@ xp=x,yp=y,xlo=0,ylo=0,xhi=12000,yhi=4500,lt=0
done
```

在 XPPAUT中使用了表函数来加载过山车的坐标, 同时数值求导了这两个函数.

(注 在表文件中已经设置标志告知 XPPAUT要使用三次插值法而不是默认的线性插值法来评估表. 这样, 导数会相对平滑. 这个标志是在表文件的第一行由一个字母紧接着数字完成的. 下面是表文件的前几行:

```
s35
0
1
300
600
900
```

字母 s 是样条——表 `xcoast.tab` 和 `ycoast.tab` 同样都可以在网上找到.) 同样也设置了绘制窗口来显示过山车的实际形状和速度. 因为过山车被定义为沿着环路带有更多的网格点, 所以并不是完全的物理上的正确, 而且沿着曲线的速度低于它们应该有的速度.

8.3.3 链式机动车

链式机动车(由 Chance Ride 制造) 是一种娱乐机动车, 它是由上面悬挂着可以自由转动的汽车座位的一个大卵型轨道构成的. 此外, 整个轨道沿着圆形旋转. 当轨道沿圆形旋转时, 汽车的座位可以随机转动. 图 8.3 是一个制造商的链式机动车的简图. 带有座位的自由悬挂的车主要是一个欠阻尼摆锤. 如果链式机动车做的只是沿着轨道移动汽车, 这会是一个周期性受迫摆. 然而, 沿着中心额外旋转使其成为一个准周期受迫摆. 因此, 我们可以看出这个运动是相当复杂的. 你可以到制造商的网站 (www.rides.com) 获得关于这个机动车的所有参数, 如沿轨道旋转的速度和车的维度 (可以通过制造商的图像).

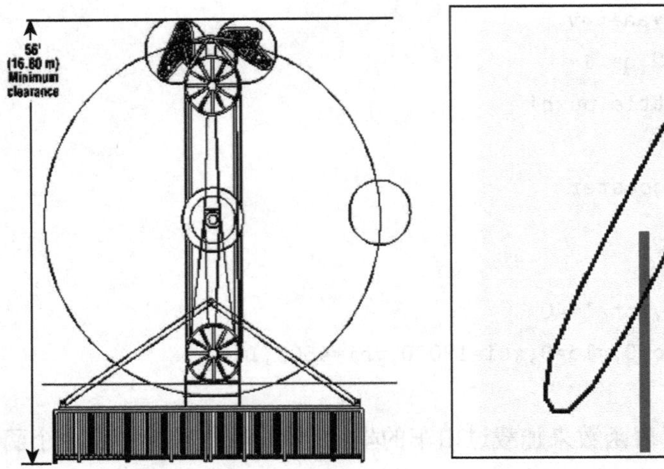

(a)　(b)

图 8.3　Zipper 嘉年华的游乐设施

(a) 制造商的原理图; (b) XPP 绘制的 Zipper

这个模拟最困难的地方在于如何创建轨道. 这里我使用了一个小技巧. 创建一个可积分动力系统, 形式如下:

$$x' = afy|y|^p, \quad y' = -fx|x|^p,$$

其解是各种幅度和宽高比的闭合曲线. 参数 a 决定宽高比, 参数 f 是系统的频率, 初始信息决定轨道整体的大小. 系统 x, y 的位置决定了在轨道上的车的位置. 为了使链式机动车旋转, 求解如下谐振子:

$$x_b' = \omega y_b, \quad y_b' = -\omega x_b,$$

ω 是旋转频率. 一旦有了旋转位置和在轨道上的位置, 就可以知道车中心的位置. 摆锤的位置 (对应车的质心) 与常规摆锤的位置相同. 我们可以得到摆相对于 y 轴的角度的方程:

$$ml^2\ddot{\theta} = -(mgl\sin\theta + ml\ddot{x}_c\cos\theta + m\ddot{y}_c\sin\theta),$$

$(\ddot{x}_c, \ddot{y}_c)$ 是在轨道上车的位置的二阶导. ODE 文件相对复杂, 因为需要绘制轨道. 文件 `zipper.ode` 如下:

```
# this is a model for the zipper carnival ride
# zipper.ode
#
# table of 16 points on the zipper
```

```
table zx zipx.tab
table zy zipy.tab
# here is the track RHSs
xdot=a*f*y*abs(y)^p
ydot=-f*x*abs(x)^p
# second derivatives
xddot=a*f*(p+1)*ydot*abs(y)^p
yddot=-f*(p+1)*xdot*abs(x)^p
# odes for the track
x'=xdot
y'=ydot
# omega and f are chosen so that they agree with the real
# machine - one is the angular frequency and the other the track
# g is gravity
# mu is friction
# l (feet) is the effective length of the cars
# a is aspect ratio for the track so that it is about 8 feet wide
# s is a scaling factor for the animation
par p=1,a=.005,l=4.5,f=.6,g=32,mu=.01
par s=60,q=1
# the initial condition here scales the length of the track 2*28
    =56 feet
init x=0,y=28
par omega=.8
# the endpoints of the cars
#
# now the angular variable for the zipper
xbdot=yb*omega
ybdot=-xb*omega
xbddot=-omega*omega*xb
ybddot=-omega*omega*yb
# simple harmonic oscillator for the rotation of the zipper track
xb'=xbdot
yb'=ybdot
init xb=1
```

```
#
# now put into a rotating frame
xc=x*xb-y*yb
yc=x*yb+y*xb
xcdot=xdot*xb+x*xbdot-ydot*yb-y*ybdot
xcddot=xddot*xb+2*xdot*xbdot+x*xbddot-yddot*yb-2*ydot*ybdot-y
      *ybddot
ycdot=xdot*yb+x*ybdot+ydot*xb+y*xbdot
ycddot=xddot*yb+2*xdot*ybdot+x*ybddot+yddot*xb+2*ydot*xbdot+y
      *xbddot
# this is car's dynamics
# now we add the pendulum with friction to the whole thing
th'=v
v'=-(g*sin(th)+mu*v+xcddot*cos(th)+ycddot*sin(th))/l
# position of people in the car
# scaled a bit for the animation
xp=xc+q*l*sin(th)
yp=yc-q*l*cos(th)
# position of a point on the track
aux xcar=xc
aux ycar=yc
# position of the people in a car
aux xpeople=xp
aux ypeople=yp
#
# now for the animation, we will make the track
xt[0..17]=zx([j])*xb-zy([j])*yb
yt[0..17]=zx([j])*yb+zy([j])*xb
@ xp=x,yp=y,xlo=-30,ylo=-30,xhi=30,yhi=30
@ dt=.05,total=240,bound=10000
done
```

ODE 文件只是看上去比较复杂, 而且大部分是用来计算受迫函数的二阶导的. 动画文件非常简单, 因为所有的工作都已经在 ODE 文件中完成. zipper.ode 文件如下:

```
# animation file for the zipper
```

```
perm
line .5;0;.5;.5;$GREEN;5
trans
# here is the track
line .5+xt[0..15]/s;.5+yt[j]/s;.5+xt[j+1]/s;.5+yt[j+1]/s;$BLACK;2
fcircle .5+xc/s;.5+yc/s;.015;$RED
fcircle .5+xp/s;.5+yp/s;.02;$BLUE
line .5+xc/s;.5+yc/s;.5+xp/s;.5+yp/s
end
```

第一行是绘制链式机动车的支架. 下一行是轨道, 红色圆圈代表轨道上的中心, 蓝色圆圈代表车. 用一条线连接它们.

这个机动车制造商有很多有趣的案例等着被分析. 例如, 以“混沌”命名你的座驾看是否与这个名字相符. 它包括一个旋转倾斜轮与自由摆动的汽车. 因此, 主要是一个周期受迫摆锤. 有谁能想到 Melnikov 和横向同宿轨道可以带来这么多乐趣!

8.3.4 洛伦茨方程

Strogatz[37] 通过观看漏水轮得出著名的洛伦茨方程. 他把一组小水杯依次放到一个自行车轮上. 假设每个水杯底部都有一个小洞. 在钟表 12 点方向有一处能填满水杯的水源. 随着每个水杯被填满, 水轮开始变得不平衡进而开始旋转, 从而每个杯子的位置在不停改变. 同时, 之前被填满的杯子因为小洞的原因也在进行慢速排水. Strogatz 表明在极限情况下, 随着水杯的数量变成连续体, 水轮的动力学可以由洛伦茨方程来描述. 角速度是 x 坐标, y, z 坐标分别是系统质量 (在水轮上周期性分布) 的余弦和正弦部分. 因此, 以此作为出发点, 我设计了一个有 10 个水杯的水轮模型. 水是以 flow 速率流下. 每个水杯是一个重物, 这个水轮主要由 10 个挂在圆上的摆组成. 这个模型有 10+2 个不同的方程: 前 10 个对应每个水杯, 最后 2 个对应水轮的动力学——旋转角度和角速度. ODE 文件 `waterwheel.ode` 如下:

```
# the waterwheel ala Lorenz but discrete
# there are 10 cups and each leaks
# here we figure out which cup is under the spigot
ff(u)=heav(cos(u)-cos(pi/n))
# flow into cup i. i=0..9
flow[0..9]=flow*ff(theta-2*pi*[j]/n)
# input-output for each cup
```

```
cp[0..9]=flow[j]-mu*c[j]
# mass of the cups
m[0..9]=c[j]+mc/n
# ODE for the cup
c[0..9]'=cp[j]
# total change in mass
mdot=sum(0,9)of(shift(cp0,i'))
# total mass
m=sum(0,9)of(shift(c0,i'))+mc
#the waterwheel equations using 10 pendulums with mass of each cup
theta'=thetap
thetap'=(-nu*thetap-l*l*mdot*thetap+l*sum(0,9)of(shift(m0,i')*sin
        (theta-2*pi*i'/n)))/(m*l*l)
# main parameter to change is flow - the spigot rate
par flow=.5,mu=.1,n=10,l=.15,mc=2,nu=.1
init theta=.05
### some stuff for animation
x[0..9]=.3*sin(theta-2*pi*[j]/n)+.4
y[0..9]=.3*cos(theta-2*pi*[j]/n)+.4
yc[0..9]=.3*cos(theta-2*pi*[j]/n)+.4+.1*c[j]/2
@ total=200,dt=.05,meth=cvode,tol=1e-5,atol=1e-4
@ yp=thetap,xhi=200,ylo=-2.5,yhi=2.5
```

注 需要得到质量和总质量的变化, 因此使用 sum 命令. 定义了一些将会在动画文件中使用到的变量 x,y,yc. 它们代表水轮的轮辐和每个水杯中水的高度. 运行 ODE 文件然后加载动画文件 waterwheel.ani:

```
# waterwheel.ani
# waterwheel animation file
line .4;.4;x[0..9];y[j];[j]/10
line x[0..9];y[j];x[j];yc[j];$BLUE;4
done
```

第一部分是绘制水轮的轮辐. 第二部分是绘制小的绿粗线来代表水杯中水的高度.

8.4 动画脚本语言

动画文件中包含了一系列对于动画器的命令. 这些命令经常是绘制命令, “状

态”命令, 或者样式命令. 下面是可以接受的命令:

- **dimension** xlo;ylo;xhi;yho
- **speed** delay
- **transient**
- **permanent**
- **line** x1;y1;x2;y2;color;thickness
- **rline** x1;y1;color;thickness
- **rect** x1;y1;x2;y2;color;thickness
- **frect** x1;y1;x2;y2;color
- **circ** x1;y1;rad;color;thickness
- **fcirc** x1;y1;rad;color
- **ellip** x1;y1;rx;ry;color;thickness
- **fellip** x1;y1;rx;ry;color
- **comet** x1;y1;type;n;color
- **text** x1;y1;s
- **vtext** x1;y1;s;z
- **settext** size;font;color

end

除了 **settext** 之外的所有命令, **color** 和 **thickness** 条目是可选的. 所有的命令都可以用前三个字母来简写, 并且不区分大小写. 初始动画窗口的维度是: (0,0) 在左下角 (1,1) 在右上角. 因此无论窗口实际大小, 点 (0.5,0.5) 都是中心.

transient 和 **permanent** 声明告诉动画器是否在每个时间步长内都要重新评估坐标或者始终保持不变. 当加载文件时默认为**transient**. 因此这是在两种不同类型的对象中进行切换.

Color 可以用一个在 0 到 1 之间的浮点来描述, 0 对应颜色表中最低值 (默认是蓝色), 1 对应最高值 (默认是红色). 当使用浮点数来描述颜色时, 它可以是一个取决于变量的方程. (在所有命令中, 除了**settext** 之外颜色都是可选的) 另一种描述颜色的方式是使用以 $ 符号开始的名称. 这些名称有 $WHITE, $RED, $REDORANGE, $ORANGE, $YELLOWORANGE, $YELLOW, $YELLOWGREEN, $GREEN, $BLUEGREEN, $BLUE, $PURPLE, $BLACK.

在 **speed** 声明后的数字必须是非负整数. 它告诉动画器在图像之间等待的毫秒数.

dimension 命令需要四个数字. 它们是左下角和右上角的坐标, 默认是 (0,0) 和 (1,1).

settext 命令告诉动画器要显示的字体的大小和颜色. 大小必须是 **{0,1,2,3,4}** 中的整数, 0 最小, 4 最大. 字体为 Roman 或者 symbol. 颜色必须是命名的颜色.

剩下的 10 个命令都是在屏幕上进行不同的显示.

line x1;y1;x2;y2;color;thickness 使用户用坐标来绘制一条从**(x1,y1)**到**(x2,y2)** 的线. 这四个数字可以是关于模拟中的变量或者固定变量的表达式. 每个时间步长都会被评估 (除非使用 **permanent**), 而且会在窗口中缩放绘制. **color** 是可选项, 可以是命名形式或者是被评估的表达式. **thickness**同样是可选项, 但是如果你要加入此项, 最好把 **color** 也一并加入. **thickness** 命令是用任何非负整数来表示粗线.

rline x1;y1;color;thickness 类似于 **line** 命令, 但是会绘制一条从上条线端点开始到点 **(xold+x1,yold+y1)**的线, 而且点 **(xold+x1,yold+y1)**也变成了新的端点. 其余选项都与 line 中相同. 因此这是一条“相关”的线.

rect x1;y1;x2;y2;color;thickness 绘制一个下角坐标为 **(x1,y1)**到上角坐标**(x2,y2)**的长方形, 并带有颜色和线粗选项.

frect x1;y1;x2;y2;color 绘制一个下角坐标为 **(x1,y1)** 到上角坐标**(x2,y2)**的长方形, 并带有颜色选项.

circ x1;y1;rad;color;thick 绘制一个半径为 **rad**, 圆心为 **(x1,y1)** 的圆, 并带有颜色和线粗选项.

fcirc x1;y1;rad;color 绘制一个半径为**rad**, 圆心为 **(x1,y1)** 的圆, 并带有颜色选项.

ellip x1;y1;rx;ry;color 绘制半径为**rx,ry**, 中心为 **(x1,y1)** 的椭圆, 并带有颜色和线粗选项.

fellip x1;y1;rx;ry;color 绘制半径为**rx,ry**, 中心为 **(x1,y1)** 的椭圆, 并带有颜色选项.

comet x1;y1;type;n;color 保留了最后画的 n 个点, 然后在颜色选项 **color** 中可以对其染色. 如果 type 是非负, 那么最后 n 个点会被绘制为具有 **type** 大小的像素的粗细的线. 如果 **type** 为负, 则会绘制以 **-thick** 像素大小为半径的圆圈.

text x1;y1;s 绘制一个在 **(x1,y1)** 位置当前颜色和文本属性的字符串**s**. 只有坐标取决于当前值.

vtext x1;y1;s;z 绘制一个在 **(x1,y1)** 位置的在浮点值 z 之后带有当前颜色和文本属性的字符串 **s**. 因此, 你可以在任意时间打印出变量的当前时间或值.

对于 ODE 文件, 可以使用 **[i1..i2]** 结构的组合创建命令数组. 例如

```
fcircle [1..9]/10;.5;.02;[j]/10
```

会创建 9 个半径为 0.02, 圆心在 (0.1,0.2), 以此类推的圆, 而且颜色分别是 0.1,0.2.

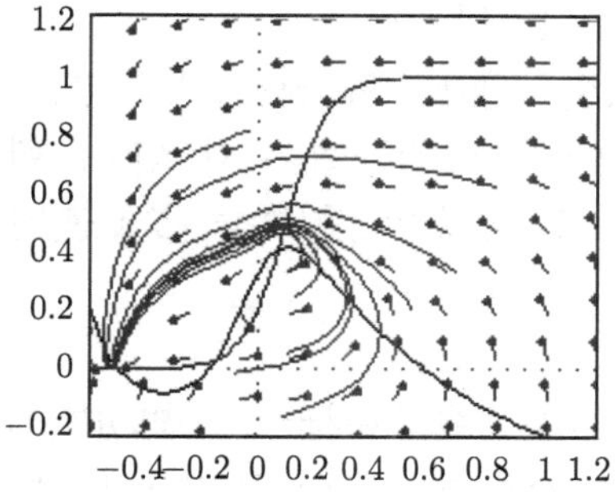

第 9 章

技巧和高级方法

9.1 简　　介

本章主要介绍一些使用技巧和不经常使用的高级方法，但是在需要的时候这些技巧方法可以提供非常大的帮助.

9.2 画 图 技 巧

9.2.1 更好的图像

导出数据

如果想要高质量的图像，例如在发表论文中使用，那么可能需要把数据导出成 ASCII 文件格式后再使用绘图软件例如 Xmgr 或者 Excel 来进行处理. 大部分的软件会读取文件中以空格分隔格式的一系列 $(x,\ y)$ 值. 例如，如果你有一个 ODE 文件，其上绘制两条曲线，即 $V(t), w(t)$ 作为 t 的函数，点击 `Graphic stuff Export` 然后定义文件名. 文件会包含三列，分别是 t, V, w. 你可以使用喜欢的图像处理软件来导入后进行绘图.

可以通过使用 Data Viewer 中的 `Write` 键来导出整个模拟中的全部数据.

在 AUTO 窗口中，可以通过点击 File Write pts 来在当前视窗中写数据. XPPAUT 可以读取这个数据并且进行解释，以便可以将着色的分岔图放到 XPPAUT 主窗口中进行标记. 文件包含五列数据 x,y1,y2,n,b. 前三个坐标分别是当前视窗的 x 坐标，y 的最大值和最小值. n=1,2,3,4 分别对应稳定不动点、不稳定不动点、稳定周期轨、不稳定周期轨. b 是分支数. 通过使用 File All info 命令可以得到分岔图更多完整的信息. 使用命令后得到的是一系列带有如下信息的数字行: $(n, b, p_1, p_2, T, y_1^{hi}, \ldots,$

$y_N^{hi}, y_1^{lo}, \ldots, y_N^{lo}, r_1, m_1, \ldots, r_N, m_N)$, n 是点的类型, b 是分支数, p_1, p_2 是活动参数, T 是周期, y^{hi}, y^{lo} 是系统坐标的最大值和最小值, (r_j, m_j) 是对应点的特征值的实数部和虚数部. 例如, 如果有三维系统, 你想要绘制特征值的实数部作为主参数的函数, 那么需要绘制第 3 列 p_1 和第 12 列 r_1,14 列 r_2,16 列 r_3.

同时也可以通过 Data Viewer 中的 Read 键来引入数据. 每个列会进入 Data Viewer 中的关联列. 如果数据文件中的列比 Data Viewer 中的列数多, 那么前 k 列会先读入, k 是 Data Viewer 中的列数. 我经常从 PDE 模拟中读取数据, 以便使用 XPPAUT 中的动画功能.

文本

XPPAUT 有一些有限的功能可以在图表中添加文本、线条和符号. 这些功能都在菜单项 `Text Etc` 中. 可以使用两种不同的字体, 大小有五种选择. 字体是时代罗马和符号. 后者允许你使用希腊字母, 但你必须知道相应的拉丁字母. 例如, $a = \alpha$ 很易懂, 但 $q = \theta$ 不是那么明显! 也可以使用混合字体和在文本中添加下标和上标. 要做到这一点, 使用五个转义序列

\0 使用常规的 Times-Roman 字体

\1 使用符号字体

\s 下标

\S 上标

\n 正常 - 无上标或下标

因此, 如果输入 `\1q\0\sj\n = a+b\S2\n+\1b`, 输出将是:

$$\theta_j = a + b^2 + \beta,$$

因为 'q' 在符号字体中变为 θ, 'b' 变成 β.

`Arrow` 选项可以让你用鼠标在定义的方向上绘制小箭头. 箭头的尖端是第一点, 方向由鼠标的释放点定义. 你可能使用这个功能一段时间才能感到满意, 因为它的 size 和绘制的内容之间的关系是模糊的. `Pointer` 选项允许你绘制带有箭头的直线. 选择大小 0, 没有箭头. `Marker` 选项让你在鼠标单击时的位置绘制各种符号. `markerS` 选项让你沿着轨迹对点标记. 除了尺寸、形状和颜色, 你应该选择起始行 (第 0 行从轨迹开始处开始, 第 1 行是在下一个输出点, 等等)、标记的数量和每次间隔的行数. 你可以修改小图形对象或从此菜单项中删除它们.

线型

在 `Graphic stuff Add curve` 或者 `Edit curve` 对话框中, 你可以选择颜色和线型. 线型 1, 默认是实线. 线型 0 绘制单个点而不是线. 负线型, 例如 −3, 将在轨迹上每一个点上绘制一个半径为 3 的小圆. 负线型用于显示映射的周期性的轨道, 因为它们比点更容易在屏幕上被看到.

三维绘图

有时三维图看上去像要把轴切断. 可以通过点击 Window Window 使窗口 xlo, xhi,ylo,yhi 变大一些来解决这个问题.

9.2.2 从范围积分绘制结果

XPPAUT 是一个电脑程序. 因此它并不聪明, 你可以欺骗它做你想要的, 即使它不想这样做. 假设你有一个方程系统, 你想从一个范围积分 (Initialconds Range) 保留运算结果. 如果绘制曲线的数量少于 26 条, 那么你可以点击 Graphic stuffFreeze Freeze, 然后进行范围积分. 每条曲线将被保留并且可以被绘制或以 Postscript 文件形式输出. 这个可能是保持运算结果的最佳方式.

还有另一种不限制曲线数量的方法并且不需要使用"冷冻"曲线. 这个技巧在于, 在 ODE 文件中, 把最大存储量改为更大值, 例如在 ODE 文件中添加一行@ maxstor=20000, 以便存储 20000 点而不是默认值 4000. 运行文件. 在 Initialconds Range 对话框中, 在Reset storage框中键入No并运行范围积分. 所有每次运行的数据会连接成一个长图像. 这样做的问题是, 当你绘制结果时, 从一条曲线的末尾开始绘制另一条曲线的开始, 而这样的图像可能并不好看. 有两种方法可以避免出现这种情况. 第一个是使线型 0 或负数. 但这并不能令人完全满意, 因为你得到的只是点而非实线. 第二个是充分利用 XPPAUT 的绘图技巧. 当 XPPAUT 绘制定义在圆环上的方程解时, 它"知道"有一个从 T 到 0 的跳转, 其中 T 是圆环的周期 (请参见 9.5.4 部分). 因此, 它寻找跳转部分而且不会将分开的点用线连接起来. 所以, 观察图像后可以估计出从上一次结束到下次开始的跳转有多大. 比如, 你正在绘制许多关于时间的图像, 时间间隔是 20. 在完成积分后点击 phAsespace 并选择 All. 对于周期选择一个略小于此跳转的数. XPPAUT 将看到这两点之间的距离大于周期, 并且不会在它们之间绘制线. 此外, PostScript 图也不会有这个跳转.

9.3 外部数据仿真拟合

XPPAUT 能够导入外部数据, 解决初始值问题, 而且使用最小二乘法来找到初始数据和参数的最佳值以匹配数据. XPPAUT 使用的方法是 Marquardt-Levenberg 算法 (参见 Numerical Recipes in C). 这里算法实现的使用是有些限制性的, 并且每个参数和初始条件被赋予了同等权重. 除此之外, 对参数或初始数据没有约束. 这里用一个酶促反应的模型数据来讲解如何使用这个方法. 微分方程为

$$
\begin{aligned}
c' &= k_1(a_0 - c - 2d)(b_0 - c - 2d) - k_2 c - 2(k_3 c^2 - k_4 d) \\
d' &= k_3 c^2 - k_4 d
\end{aligned}
$$

数据在 $t = 0, \cdots, 70$, 以 11 个等间隔值在 (c, d) 上呈现. 数据文件名为 mod.dat, 如下:

```
0    0        0
7    1.065    0.0058
14   1.383    0.2203
21   0.9793   0.4019
28   1.107    0.3638
35   0.7289   0.456
42   0.7236   0.5014
49   0.4674   0.715
56   0.6031   0.4723
63   0.6149   0.7219
70   0.3369   0.7294
```

假设你对于参数值有一个模糊的想法但是你想要更好的参数值. 下面是这个问题的 ODE 文件 kinetics.ode:

```
# kinetics.ode
# simple enzyme model to fit some data
c'=k1*(a0-c-2*d)*(b0-c-2*d)-k2*c-2*(k3*c*c-k4*d)
d'=k3*c*c-k4*d
init c=0,d=0
par a0=2,b0=3,k1=.02,k2=.002,k3=.02,k4=.004
@ total=70
done
```

在运行最小二乘法之前让我们首先查看数据和模型的比较. 对此文件运行 XPPAUT. 不要积分方程. 在数据查看器 DataViewer 中点击加载 Load, 并将数据 mod.dat 加载到 XPPAUT 中. 绘制 d 对时间的图, 而后以颜色 1 "冻结" 该图. 绘制 c 对时间的图后以颜色 0 "冻结" 该图. 现在开始积分方程. 在对话框中点击 `Graphic stuff Edit crv` 后并更改到颜色 8, 然后单击 OK. 点击 `Graphic stuff Add Crv`, 使得 Y-axis:d 并且 Color: 9. 窗口化图像使所有曲线可见. 你会看到 4 条曲线: 其中两个是数据曲线, 另外两个是模拟. 这是在图像之前进行. 现在, 我们将运行曲线拟合来看是否能做得更好. 点击 `nUmerics stochastic fIt data`, 你会得到一个大的对话框. 填写如下:

File: mod.dat	Ncols: 3
Fitvar: c,d	To Col: 2,3
Params: a0,b0,k1,k2,k3,k4	Params:
Tolerance: 0.001	Epsilon: 1e-5
Npts: 11	Max iter: 20

这告诉 XPPAUT 文件的名称, 文件有多少列, 要拟合其各自列的变量的名称. (因此 c 拟合第 2 列, d 拟合第 3 列.) 还要告诉 XPPAUT 将会改变的参数名称. 容许偏差用于确定何时不再需要进一步的改变. 令 χ_1, χ_2 为连续最小平方值. 如果 $|\chi_1 - \chi_2|$ 或 $|\chi_1 - \chi_2|/\chi_2$ 小于容许偏差, 那么程序认为运行成功. 不要使容许偏差太小, 否则会浪费很多时间. 参数 Epsilon 用于数值导数. 参数 Max iter 设置最大迭代次数来尝试实现所需的容许偏差. Npts 是要使用的数据点 (行) 的数量. XPPAUT 使用数据文件中的第一列数据来确定模拟的时间点. 这些点应该按递增的顺序, 但不要求等间隔.

一旦你把值输入对话框中, 单击 ok 后会有很多东西在终端窗口中闪烁. 几秒钟后, 一个消息框应该弹出, 表示运行成功. 这意味着程序实现收敛, 并且发现了最小值. 但是请注意, 在参数窗口中, 两个动力学常数 k_2, k_4 是负的. 这是不符合基本物理常识的. 如何解决这个问题? 最简单的策略是将它们设置为零或一些非常小的正数. 然后重做一次拟合并且拟合算法不包括它们作为参数——它们将被孤立. 再次单击随机拟合数据 stochastic fIt data, 通过从列表中删除 k_2, k_4 编辑 Params 条目并单击“ok”. 这次拟合将成功运行, 而且这一次没有违反物理约束. 从数字菜单中退出, 然后单击 Initialconds Go 并查看新的计算解, 结果比之前好很多. 图 9.1 显示了参数的初始和最终选择的结果.

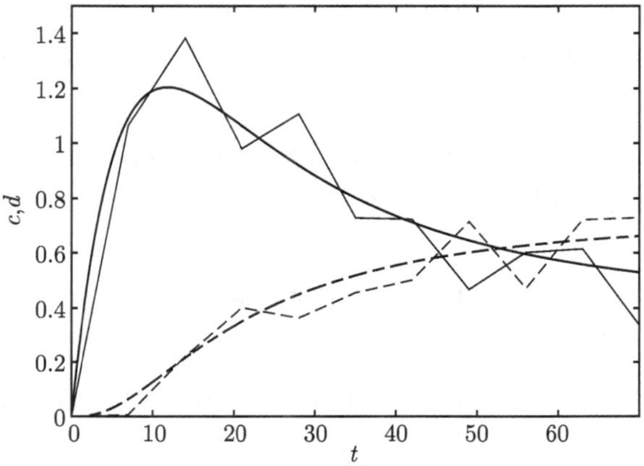

(a)

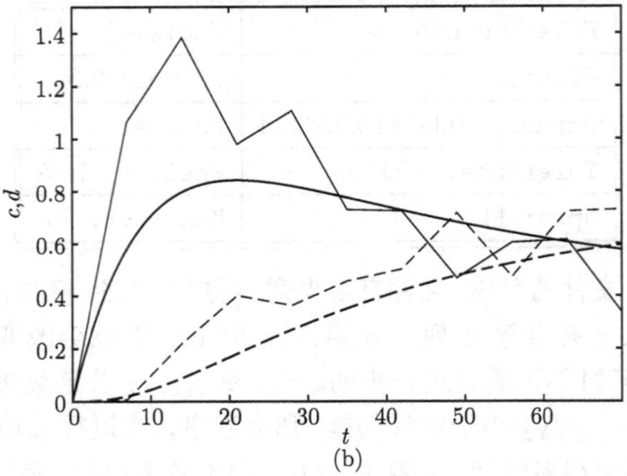

(b)

图 9.1　实验动力学模型的拟合曲线

(a) 初始估计; (b) 在曲线拟合中发现的参数

9.4　数据浏览器作为电子表格

数据浏览器有许多有趣的功能, 允许你像在电子表格中一样处理列中的数据. 例如, 有时可能需要在列中对数据进行数值求导或积分, 或查看对数图. 这些都可以通过处理数据浏览器中的列来实现. 现在让我们来看看数据浏览器的一些功能. 运行 Morris-Lecar 方程模型, ml.ode. 在数据浏览器中, 点击 Add col. 对于名称输入 il, 是漏电流 I_L 的缩写. 对于相应的公式, 输入 `gl*(v-el)` 后点击 Add it, 数据浏览器中会出现新的一列. 你可以对这个列的数据进行绘图, 而且当对方程积分时, 这个新列的数值会随之更改. 你还可以添加更多数值量. 由于 Del Col 无法正常工作, 所以已经无效. 如果你对新数值量的方程定义中出错, 你可以随之通过使用主窗口的 `File Edit RHS's` 来进行编辑.

如果你不想添加新的列, 而只是想查看某一特定列的对数, 可以在 Data Viewer 中单击 Replace 按钮. 这将提示你输入列的名称和公式. Unreplace 按钮将撤销最近的替换.

你还可以使用 `&`和`@` 符号来对某一列进行数值积分或求导. 因此, 在 Morris-Lecar 文件中, 假设你需要电压的导数. 首先选择电压 v 作为要替换的列, 在公式中键入`@v`, 然后就可绘制电压的导数. 注意求导和积分仅是后积分命令. 也就是说, 不能在一个新的列公式中或者右侧使用. 有时需要一个连续的数字列表. 你可以用这样的列表替换一个列. 公式 `a:b` 创建一个与数据浏览器的行数相同的从 a 到 b 的数字列表. 公式 `a;b` 创建一个以 a 开始并每行递增 b 的列表 b. 例如, 将 t 替换

为 `0:6.283`, 然后把 V 替换为`sin`(t). 绘制 V 对 t 的图像, 你会看到一个很好的正弦波!

一个小窍门是从文件中读取数据并在浏览器中进行处理, 然后使用 XPPAUT 来绘图.

9.5 振荡器、相位模型和平均值

我自己研究的主要领域之一是关于非线性耦合振荡器的定性分析, 特别是对于弱耦合振荡器的系统行为一直非常感兴趣. 在描述如何使用 XPPAUT 的一些功能使得分析变得简单之前, 我将先给出一些理论介绍. 考虑一个自治微分方程:

$$X' = F(X)$$

其允许渐进稳定周期解 $X_0(t) = X_0(t+P)$ 作为方程解, P 为周期. 现在假设耦合这样的振荡器两个 X_1 和 X_2:

$$\begin{aligned} X_1' &= F(X_1) + \epsilon G_1(X_2, X_1), \\ X_2' &= F(X_2) + \epsilon G_2(X_1, X_2), \end{aligned}$$

G_1, G_2 可以是不同的耦合函数, ϵ 是一个小的正数. 可以应用变量连续变化和使用平均值方法来展现, 对于 ϵ 足够小,

$$X_j(t) = X_0(\theta_j) + O(\epsilon),$$

与

$$\theta_1' = 1 + \epsilon H_1(\theta_2 - \theta_1), \quad \theta_2' = 1 + \epsilon H_2(\theta_1 - \theta_2),$$

H_j 是上述问题的 P 周期性函数. 这类模型称为**相位模型**, 已经成为很多研究的主题. 关键问题之一是函数 H 的形式以及如何计算? XPPAUT 在这里也可以派上用场. H_j 的公式是

$$H_j(\phi) \equiv \frac{1}{P}\int_0^P X^*(t) \cdot G_j[X_0(t+\phi), X_0(t)]\,\mathrm{d}t \tag{9.1}$$

也就是与某个称为**伴随**解 X^* 且周期为 P 的函数耦合的平均值. 该方程满足线性微分方程和范式:

$$\frac{\mathrm{d}X^*(t)}{\mathrm{d}t} = -[D_X F(X_0(t))]^{\mathrm{T}} X^*(t), \quad X^*(t) \cdot X_0'(t) = 1,$$

$D_X F$ 是 F 对于 X 的导数矩阵, A^{T} 是 A 的转置矩阵.

因此, 为了计算 H_j, 需要在积分中计算出伴随解. XPPAUT 实现了一种由 Graham Bowtell 发明的计算伴随解 $X^*(t)$ 的数值方法. 这个方法只适用于渐进稳定的振荡器. 基本思想如下, 使 $B(t) = (D_X F(X_0(t)))$, 因为极限环是渐进稳定, 如果我们作向前时间积分方程

$$Y' = B(t)Y,$$

因为极限环的稳定性和平移不变性, 它将收敛到一个与 $X_0'(t)$ 成比例的周期轨道上. 类似的, 方程

$$Z' = -B(t)^{\mathrm{T}} Z$$

的解会收敛到一个周期轨道, 如果我们作向后时间积分. 这就是所需要的伴随解的方案. 一旦 $X^*(t)$ 被计算出, 很容易计算积分和相互作用函数.

9.5.1 计算极限环和伴随解

使用 XPPAUT 来计算伴随解. 作为计算相互作用函数 H 的第一步, 首先要计算一个完整的振荡周期. 以 Morris-Lecar 方程为例:

$$\begin{aligned} v' &= I + g_l(e_l - v) + g_k w(e_k - w) + g_{ca} m_\infty(v)(e_{ca} - v), \\ w' &= (w_\infty(v) - w)\lambda_w(v), \end{aligned}$$

有

$$\begin{aligned} v_1' &= f(v_1, w_1) + \epsilon(v_2 - v_1), \\ w_1' &= g(v_1, w_1), \\ v_2' &= f(v_2, w_2) + \epsilon(v_1 - v_2), \\ w_2' &= g(v_2, w_2). \end{aligned}$$

由于计算平均的方法取决于除了可能的耦合部分外基本相同的两个振荡器, 所有你需要做的是积分孤立振荡器. 使用 `ml.ode` 文件, 更改参数, $I = 0.09$, phi=0.5. 积分方程并点击 Initialconds last 多次来确保已经去掉了所有暂态. 现在基本在极限环上, 要计算伴随解需要一个完整的周期. 在许多神经系统中, 振荡器之间的耦合仅通过电压发生, 因此式 (9.1) 的积分仅涉及伴随解的一个分量, 即电压部分. 无论什么原因, 如果在振荡峰值处开始计算, 基于给定分量的伴随数值算法收敛最好. 因为这个例子中只通过电位耦合, 我们应该在电压的峰值处开始振荡. 这里给出找到最大值的一个好技巧. 在数据查看器 DataViewer 中单击 Home 确保数据的第一个条目位于数据查看器的顶部. 单击查找 Find, 在对话框中选择变量 v 并选择 1000 为其值, 然后单击 OK. XPPAUT 将找到 v 的最接近 1000 的值, 这显然是 v 的最

大值. 现在点击在数据查看器中的获取键 Get, 将此作为初始条件. 在主窗口 Main Window 中, 单击 Initialconds 去获得一个新的解. 绘制电压对时间的图. 使用鼠标找到下一个峰值的时间 (点击鼠标左键并移动鼠标, 在窗口底部读取值). 下一个峰的出现时间约为 22.2. 在数据查看器向下滚动到此时间, 查找 v 达到其下一个最大值的确切位置. 正如我们所想, 在 $t=22.2$ 处. 在主窗口中, 单击 nUmerics 菜单, 然后单击 Total 以设置总积分时间. 选择 22.21(总是最好多一点点, 但只是一点点.) 退回到主菜单并点击 Initialconds Go. 现在我们有一个完整的振荡周期!

计算伴随解

点击 `nUmerics Averaging New adjoint` 后经过很短的时间, XPPAUT 会发出哔声. (有时当计算伴随解时, 你会遇到 `Out of Bounds` 消息. 在这种情况下, 只需增加边界值然后重新计算伴随解.) 点击 Escape 并绘制 v 对时间的图, 可以看到伴随电压在数据查看器中的电压分量下. (注意伴随解几乎全部为正, 看起来像 $1+\cos t$. 这并不是偶然, 而且已在理论上解释过.)

9.5.2 平均值

现在计算平均值. 回忆一下积分取决于伴随解, 原始极限环和相移形式的极限环:

$$X^*(t)\cdot G(X_0(t+\phi),X_0(t)).$$

在 XPPAUT 中, 将会询问函数 G 的每个分量. 对于未移位部分, 使用原始变量名称, 例如 x,y,z, 而对于移位部分, 使用带撇的形式, 即 x',y',z'. 我们例子中的耦合向量是

$$(V(t+\phi)-V(t),0).$$

因此, 对于我们的模型, 用于耦合的两个分量是 $(v'-v,0)$. 这说明我们采用变量 v 的相移形式 v', 通过 XPPAUT 并从其中减去未移动形式 v. 通过这些预备知识, 计算平均值将很快实现. 单击 `nUmerics Averaging Make H` 然后键入耦合的第一个分量 $v'-v$ 和第二个分量 0. 稍后会完成计算. 如果你的系统除了时间还有两列以上 (如本例所示 `-v,w, ica, ik`), 则第一列包含平均函数 $H(\phi)$, 第二列包含相互作用函数的奇函数部分, 第三列包含偶函数部分. 退回主菜单, 绘制 v 对时间的图来绘制函数 H——记住 v 是浏览器中的 t 列的下一列. 这是一个周期函数. 为了以后需要, 我们想要近似这个周期函数. 点击 `nUmerics stocHastic Fourier` 并选择 v 作为要转置的列. 查看数据浏览器并观察前三个余弦项 (t 列后的第 1 列) 和前三个正弦项 (t 列后的第 2 列). 它们分别是 (3.34, −3.05, −0.29) 和 (0,3.61, −0.33). 因此 H 的近似函数为

$$H(\phi)=3.34-3.05\cos\phi-0.29\cos 2\phi+3.61\sin\phi-0.33\sin 2\phi. \tag{9.2}$$

要获得相互作用函数、伴随解或原始轨道, 回到数据浏览器, 在 nUmerics 菜单中点击 `Averaging Hfun` 等.

总结如下:

1. 只计算一个周期的振荡——你可能想相位移动到主要耦合分量的峰值.

2. 从 `nUmeric Averaging` 菜单中计算伴随解.

3. 使用原始变量名计算相互作用函数中未相移的变量, 并使用带撇的变量名称表示相移变量.

9.5.3 相位响应曲线

可用于非线性振荡器研究的最有用的技术之一是**相位响应曲线**或 PRC. PRC 在实际的生物和物理系统中很容易计算. PRC 定义如下: 假设存在具有周期 T 的稳定振荡: 假设在 $t=0$ 时, 其中一个变量达到其峰值. (这可以通过变换时间来实现) 在峰值之后的时间 τ, 其中的一个状态变量被给予短暂的扰动, 使其脱离极限环. 这通常将导致下一个峰值出现在时间 $T'(\tau)$ 处, 与没有扰动的情况下出现峰值的时间不同. PRC, $\Delta(\tau)$ 定义为

$$\Delta(\tau) \equiv 1 - T'(\tau)/T.$$

如果对于某些 τ 值 $\Delta(\tau) > 0$, 我们说扰动使得相位提前, 因为下一个峰值的时间经过刺激后缩短. 如果 $\Delta(\tau) < 0$ 则称为相位延迟. 实验生物学家已计算出各种系统, 如心脏细胞、神经元, 甚至萤火虫的 PRCs. 我们将使用 XPPAUT 来计算 Van der pol 振荡器的 PRC:

$$\ddot{x} = -x + \dot{x}(1 - x^2),$$

有宽度 σ 和振幅 a 的方波脉冲.

下面是如何对这个问题进行设置. 设定 τ 为一个变量而非参数, 这样可以在给定范围内取值并进行记录——类似于一个分岔参数. 定义参数 T_0 为未扰动周期. 将使用 XPPAUT 来找到 ODEs 解的最大值, 并且当达到 x 的最大值时停止计算. 这时的时间是 $T'(\tau)$, 而且我们还将跟踪辅助变量 $1 - t/T_0$, 即 PRC. ODE 文件如下:

```
# vdpprc.ode
# PRC of the van der Pol oscillator
init x=2
x'=y
y'=-x+y*(1-x^2)+a*pulse(t-tau)
tau'=0
```

```
pulse(t)=heav(t)*heav(sigma-t)
par sigma=.2,a=0
par t0=6.65
aux prc=1-t/t0
@ dt=.01
done
```

注意, pulse(t) 函数产生小的方波脉冲. 为了计算 PRC, 要在一段时间积分方程以获得一个没有扰动 ($a = 0$) 的不错的极限环. 然后从 x 的最大值开始积分直到下一个最大值. 这是原始周期. 应用不同时间的扰动并计算下一个最大值的时间, 然后从这里得到 PRC. 用 XPPAUT 启动这个文件. 按照以下简单步骤操作:

1. 积分, 然后使用 Initialconds Last (**I L**) 命令确保没有暂态.

2. 找到感兴趣的变量, 在我们的例子中是 x. 要做到这一点, 在数据查看器单击 Home 以转到数据窗口的顶部. 点击 Find 并键入变量的 x 和值 100. XPPAUT 将尝试找到最接近 100 的 x 的值, 这将是最大值. 单击 Get 将其作为初始条件加载.

3. 找出未受扰动的周期. 一种方法是对方程进行积分并估计周期. 另一个更好的方法是让 XPPAUT 帮你找. 在主窗口中, 单击 nUmerics Poincare map Max/Min, 并填写对话框如下:

Variable: x
Section: 0
Direction: 1
Stop on sect: Y

然后点击确定. 这告知 XPPAUT 进行积分, 只对 x 的最大值 (方向 =1) 绘图. Stop on section 是当截面交叉时停止计算. 单击 transient 和选择 4 为其值. 这样做的目的是在最初的最大值处不停止计算. Transient 允许积分器在观察并存储值之前进行一段时间的计算. 单击 Esc 退出数值菜单. 点击 Initialconds Go 程序将开始积分, 直到 x 达到一个最大值. 在数据查看器中, 单击首页 home, 您应该看到时间 Time 中有一个为 6.6647 的值, 这是没有扰动下的周期. 在 Data Viewer 中设定参数 to 为这个数.

4. 计算 PRC. 把扰动幅度从 0 改成 3. 单击 Initialconds Range 并填写对话框如下:

Range over: tau
Steps: 100
Start: 0
End: 6.6647
Reset storage: N

点击 OK.

5. 绘制辅助量 RPC 对变量 tau 的图. (点击 Viewaxes 2D, 将 tau 放在 X 轴上, PRC 放在 Y 轴上. 单击 Ok, 然后使用 Window Fit 让 XPPAUT调整到最佳显示窗口.) 你应该看到这是图 9.2 中的第一条曲线. 冻结此曲线并尝试使用不同的振幅值 a 来进行尝试.

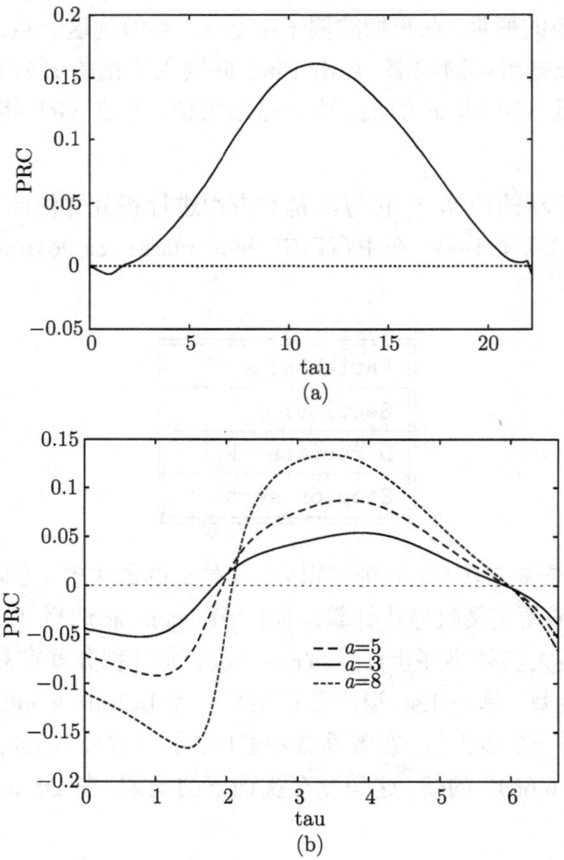

图 9.2 (a) 具有不同振幅的 Van der Pol 振子的 PRC; (b) Morris-Lecar 模型的 PRC

练习 通过加入所需部分到文件 `ml.ode` 来计算 Morris-Lecar 振荡器的 PRC. 定义一个如上所述的宽度为 0.25、幅度为 0.1 的方波脉冲. 如果有困难, 下载已经设置好的 ODE 文件 `mlprc.ode`. 你应该能得到如图 9.2 所示的底部图.

9.5.4 相模型

在之前的章节中, 我们看到了如何将一对耦合振荡器简化成一对标量模型, 其中每个变量都在一个圆上. XPPAUT 有一个处理标量变量系统上的流的方法, 每个变量都在一个圆上. 例如, 有两个这样的变量的系统的相位空间是双环面. 让我们从最简单的相模型开始:

$$\theta_1' = \omega_1 + a\sin(\theta_2 - \theta_1),$$
$$\theta_2' = \omega_2 + a\sin(\theta_1 - \theta_2),$$

表示一对有不同耦合频率 ω_1, ω_2 的正弦耦合振荡器, 幅度为 a. ODE 文件如下:

```
# phase2.ode
# phase model for two coupled oscillators
th1'=w1+a*sin(th2-th1)
th2'=w2+a*sin(th1-th2)
par w1=1,w2=1.2,a=.15
@ total=100
done
```

积分这个方程. 你将在 $t = 90$ 左右得到 Out of bounds 消息. 这是因为变量 θ_j 实际上仅被定义为模 2π, 并不是真超出边界, 而只是围绕圆转动. 因此, 查看 θ_j 模 2 对这个问题更为适合: 如果定义一个 mod 2 的辅助变量, 然后对其绘图, 你会得到一系列从屏幕的一部分交叉到另一部分的丑陋的线. 这是因为 XPPAUT 并不知道这个特定变量是在圆上定义的. 有一个简单的方法来告诉 XPPAUT 哪些状态变量位于圆上. 单击 `phAsespace Choose` (**A C**), 当提示输入周期时, 选择大约为 2π 的默认值: 将出现一个包含所有变量的小窗口. 将光标移动到它们的左边, 然后单击鼠标以在变量旁边看到一个 X 出现. 将此标记应用到两个变量旁边, 然后单击 done. 这告诉 XPPAUT 这些都被认为是“折叠”的变量, 并将以模 2π 的形式进行折叠: 现在重新积分方程. 这一次没有得到上面的边界消息——而会看到这些图都是模 2π: 将视图切换到两个变量 θ_1, θ_2 的相平面 (在初始数据窗口中点击每个变量左边的框, 然后再点击 `xvsy` 按钮.), 你会看到轨迹似乎收敛在稍微向上偏移的对角线上. 使用 `Initialconds mIce` (**I I**) 命令进行积分尝试不同的初始条件, 它们应该收敛到同一条线. 这是一个锁相解的例子——流上的不变圆. 把 a 从 0.15 改为 0.08, 再次进行积分. 注意轨迹如何不收敛到吸引子; 相反, 整个环面将逐渐填满, 锁相不再发生.

派生示例

现在让我们来看一下我们在 9.5.3 节中得到的例子, 当我们使用定义 (9.2) 的相互作用函数时, 一对振荡器是否锁相, ODE 文件 phase_app.ode 如下:

```
# phase_app.ode
# phase model for two coupled oscillators
# using numerically computed H
h(x)=3.34-3.05*cos(x)-.29*cos(2*x)+3.61*sin(x)-.33*sin(2*x)
th1'=w1+a*h(th2-th1)
th2'=w2+a*h(th1-th2)
par w1=1,w2=1,a=.1
@ total=100
@ fold=th1,fold=th2
@ xlo=0,ylo=0,xhi=6.3,yhi=6.3,xp=th1,yp=th2
done
```

加入了一些新的@命令. fold=th1为指令告诉 XPPAUT 从变量 th1 中产生一个圆, 即将其取模. 所有想要取模的变量可以通过 fold=name 指令进行设置. 这自动告诉 XPPAUT 查找取模的变量. 默认期为 2π, 所以不需要改变. 如果你想更改周期, 比如说 3, 可以用命令 @ tor_period=3 进行设置. 使用鼠标设置一些初始条件并在 XPPAUT 上运行. 注意所有初始数据如何沿着对角线同步, 可得 $\theta_1 = \theta_2$. 改变固有频率 w2, 看看在锁相消失之前可以取多大值.

脉冲耦合

Winfree[42] 使用相位响应曲线的振荡器引入了耦合振荡器的一个版本, 假设振荡器之间的相互作用只是通过相位, 并采取相乘的形式. Ermentrout 和 Kopell[11] 证明, 当某些基于极限环吸引的假设成立时, 这是一个合理的模型. 下面是一对脉冲耦合相位模型:

$$\frac{\mathrm{d}\theta_1}{\mathrm{d}t} = \omega_1 + P(\theta_2)R(\theta_1),$$
$$\frac{\mathrm{d}\theta_2}{\mathrm{d}t} = \omega_2 + P(\theta_1)R(\theta_2).$$

将 $R(\theta)$ 作为振荡器的相位响应曲线, 将 $P(\theta)$ 作为脉冲耦合. 例如, 如果 $P(\theta)$ 是 Dirac delta 函数, 那么这个模型简化为一维映射. 这个耦合实例在 9.6.2 节中进行了模拟. 以下 ODE 是通过光滑函数耦合的情况:

```
# phasepul.ode
# pulsatile phase model
```

```
r(x)=-a*sin(x)
p(x)=exp(-beta*(1-cos(x)))
par a=3,beta=5
x1'=w1+p(x2)*r(x1)
x2'=w2+p(x1)*r(x2)
par w1=1,w2=3
@ total=100
@ fold=x1,fold=x2
@ xp=x1,yp=x2,xlo=0,ylo=0,xhi=6.3,yhi=6.3
done
```

如前所示, 我已经进行设置使投影在环相平面上. 这里有一些事情要做:

- 积分方程并注意解如何趋向于对角线. 存在一个稳定的锁相同步解.
- 将积分时间步长更改为 -0.05 并对公式再次进行积分. 注意, 还有另一个锁相解. 将积分时间步长改回 0.05.
- 将耦合强度 a 从 3 改为 -3, 重复前两个练习. 注意当 $a<0$ 时同步不稳定.
- 再次将 a 更改为 3, 绘制零等值线, 它们不相交. 更改 w1, 即第一振荡器的频率为 0.1. 重绘零等值线. 确定不动点的稳定性并绘制鞍点的恒定流形. 稳定流形走向如何? 它们趋向于在相平面中间的"垂"线. 也就是说, 存在一个排斥不变圆, 其中振荡器 2 重复地激发, 而振荡器 1 只是在 π 附近晃动, 所有稳定解收敛到不动点, 这被称为**相灭**.
- 现在将 w1 改回 1, 将 w2 改为 3, 积分方程. 注意, 对于振荡器 2 个的每三个周期, 振荡器 1 有一个周期. 这是 3:1 锁相的示例. 通过点击 Makewindow New 打开另一个图形窗口, 在这个窗口中绘制 x1 和 x2 对 t 的图像. 设置 $80<t<100$, 这样你可以更清楚地看到图像.
- 逐渐将 w2 减少到 1, 看是否有其他类型的锁相. (`w1=1.9` 是一种有趣的情况.)

9.6 秘　方

本节我会讲述一些没有特殊类别的使用技巧.

9.6.1 固定变量迭代

因为 XPPAUT 中的"固定"变量是连续评估的, 可以将其使用在右侧的方程中并计算出迭代的整个过程. 在第 4 章中, 我们看到过泰勒级数图的例子. 这里给出使用这个技巧的一个更复杂的例子. 我想创建和分析 Morse-Thule 序列, M_n. 这是一个只有 0 和 1 的序列. 序列中的第 n 个数字是 n 二进制表达式中 1 的个数模 2. 例如, 第 23 个元素可以通过写 23 = 10111, 这有四个 1, 4=0(mod 2), 所以 $M_{23} = 0$. 假设 $n < 2^p$, 在 n 的二进制展开式中 1 的个数可以通过迭代找到:

```
s=0;
x=n;
for(i=0;i<p;i++){
s=s+mod(x,2);
x=flr(x/2);
}
```

这里flr(x)是 x 的整数部分. 因此不断把 x 除以 2 来检查结果是否为奇数. (在 C 语言中比现在的方法会更快实现, 但这个方法比较易懂.) 迭代后, s 包含 1 的数量. 然后我们通过模 2 得到 M_n. 这是实现此迭代的 XPPAUT 代码的一部分:

```
s0=0
x0=n
%[1..16]
s[j]=s[j-1]+mod(x[j],2)
x[j]=flr(x[j-1]/2)
%
```

这些都是“固定”变量, 因此它们在每个时间步长都进行评估. 由%分隔的部分表示迭代 16 次, 前提是 $n < 2^{16} = 65536$ 下才能正常运行. 数值量 s16 有所需数字 1 的总和. 固定变量按照它们被定义的顺序来计算. 这里我们定义了 34 个固定变量. 有了这部分代码, ODE 文件的其余部分很容易定义. `mt.ode` 如下:

```
# mt.ode
# the morse-thule sequence of 0's and 1's
# the sum mod 2 of the 1's in the binary expansion
# of the integers
# look at the power spectrum for z
#
init n=0
s0=0
x0=n
%[1..16]
s[j]=s[j-1]+mod(x[j],2)
```

```
x[j]=flr(x[j-1]/2)
%
n'=n+1
z'=mod(s16,2)
aux ss=s16
@ meth=discrete,total=10000,maxstor=68000
@ bound=100000
@ xlo=0,xhi=10000,ylo=0,yhi=16,yp=ss
done
```

运行这个 ODE 文件并查看具有自相似的性质的求和结果 (已经绘图). 序列本身是辅助变量, ss. 现在很酷的部分是查看序列的功率谱, ss. 单击 nUmerics stocHast Power 并选择 ss 作为要变换的变量. 单击 Esc 返回主菜单. 点击 `Xi vs t` 和对 N 绘图. 你会看到一个非常奇怪的自相似功率谱. 也就是说, 如果你放大一个区域, 它看起来像全谱. 尝试 64000 次迭代, 它看起来与之前的结果基本相同.

9.6.2 计时器

通常情况下, 你可能想要在禁止一段时间后打开一个开关. 例如, 如果有一个突触模型具有如下形式:

$$\mathrm{d}s/\mathrm{d}t = A(t)(1-s) - s/\tau,$$

其中 $A(t) = A_0$ 是 $T < t < T + h$, 否则为零. T 是对应突触细胞 s 的激发时间. 有一个方法可以解决:

```
init tf=-1000
s'=a0*heav(tf+h-t)*(1-s)-s/tau
tf'=0
global 1 v-vt {tf=t}
```

使用全局标志来确定细胞电压 v 超过一些阈值 vt 的时间. 变量 tf 被设置为当前时间 t. Heaviside 阶跃函数只要t`<tf+`h就切换到 1 并保持, 因此在经过 h 时间单位后关闭.

耦合相位响应曲线

与这个跟踪时间问题相关的是保持神经振荡器系统中的尖峰间隔和/或相对激发时间的记录. 为了简单起见, 考虑两个耦合神经振荡器, 比如说通过相位响应曲线耦合 (见 9.5.3 节):

$$x_1' = \omega_1 + \delta(x_2)P_{21}(x_1), \quad x_2' = \omega_2 + \delta(x_1)P_{12}(x_2).$$

假设每当 x_j 越过 1 时, 它被重置为零, 并且 $x_k = x_k + P(x_k) \equiv F(x_k)$. 我们还假设 P 是周期一并且在 $x = 0$ 处消失. 然后, 我们可以写这个 ODE 文件如下:

```
# map2.ode
# pair of coupled maps
x1'=w1
x2'=w2
p(x)=-a*sin(2*pi*x)
f(x)=mod(x+p(x),1)
par a=.05
par w1=1,w2=.9
global 1 x1-1 {x1=0;x2=f(x2)}
global 1 x2-1 {x2=0;x1=f(x1)}
@ dt=.0101
done
```

dt 的取值比较奇特, 是由于全局命令偶尔会失败的问题, 也就是说, 如果测试条件被精确地满足, 即在特定时间步长处 x1=1.

现在, 这个特定的 ODE 文件给出了状态变量的值, 但没有给出两个细胞的时间差以及它们之间的激发时间间隔. 设 ϕ 是细胞 1 激发和细胞 2 激发的时间之间的时间差. 令 T_j 是各个细胞的连续激发的间隔. 然后我们可以跟踪这些变量, 牢记 `global` 全局命令只允许修改状态变量. 我们引入了 5 个新变量, 即 t1f, t2f, t1, t2, phi, 它们都满足 $u' = 0$. 下面是新的 ODE 文件:

```
# map2.ode
# pair of coupled maps
# and timing info
x1'=w1
x2'=w2
t1f'=0
t2f'=0
t1'=0
t2'=0
phi'=0
p(x)=-a*sin(2*pi*x)
f(x)=mod(x+p(x),1)
par a=.05
par w1=1,w2=.9
```

```
global 1 x1-1 {x1=0;x2=f(x2);t1=t-t1f;t1f=t}
global 1 x2-1 {x2=0;x1=f(x1);phi=t-t1f;t2=t-t2f;t2f=t}
@ dt=.0101,total=50, bound=10000
done
```

每次 x_1 激发后更新与上一次触发之间的间隔, `t1=t-t1f`, 然后更新激发时间 1, `t1f=t`. 每次 x2 激发, 我更新类似的间隔并包括时间差, `phi=t-t1f`. 尝试带有默认参数值的文件. 在同一图上绘制 t1, t2 并绘制 phi. 把增加 a 到 0.06 并再试一次. 将 a 更改为 -0.06 并再次求解. 最后, 设置 $a = 0.1$ 和 w2=0.53, 并对等式进行积分. 观察 t1, t2 并解释这意味着什么.

9.6.3 基于参数的初始数据

XPPAUT 中的一个缺点是程序无法设置依赖于参数的初始数据. 参数可以通过其他参数的形式来进行声明, 文法如下:

```
!<name>=<formula>
```

然而, 没有简单的方法来用一个参数定义初始数据. 尽管有这个缺陷, 但仍然有一个小技巧可以使用. 这个技巧利用了全局标志条件可以将状态变量进行任意设置的事实. 让我们来考虑加农炮射击的经典问题. 想改变的参数是加农炮的角度 θ, 因此微分方程如下:

$$m\ddot{x} = -f\dot{x}, \quad m\ddot{y} = -mg - f\dot{y},$$

有

$$x(0) = y(0) = 0,\ \dot{x}(0) = v_0\cos\theta,\ \dot{y}(0) = v_0\sin\theta.$$

技巧如下: 我们将标记 $t = 0$ 并立即切换初始数据. 设置的关键在于使用全局符号 0 而不是 1, -1. 与使用 0 的区别在于, 只有在完全相等时才进行标记设置. 这种情况基本上从不发生, 除非在问题的开始. 因此, 它是设置依赖于参数的初始数据的好方法. ODE 文件如下:

```
# cannon.ode
# with linear friction
x'=vx
vx'=-f*vx
y'=vy
vy'=-f*vy-g
global 0 t {vx=v0*cos(pi*theta/180);vy=v0*sin(pi*theta/180)}
par theta=30
par f=.01,g=1
```

```
par v0=2.5
init x=0,y=0
@ xlo=0,xhi=5
@ ylo=0,yhi=3
@ xp=x,yp=y,bound=100000
done
```

我已经把这个问题设置在 (x, y) 平面, 以便可以看到加农炮的轨迹. 同时也缩放了角度, 使它是度数而不是弧度. 尝试在 x 轴上打 4 号!

计算域边界

XPPAUT 所具有的参数化控制初始数据的能力允许我们进行一些有趣的计算——我们可以计算有多个吸引子的吸引盆边界. 让我们先来考虑一个经典的例子, 1 的复数立方根:

$$z^3 = 1.$$

如果我们以带有实部和虚部的 $z = x + \mathrm{i}y$ 的形式进行重写, 问题等同于解决对 (x, y) 的方程

$$x^3 - 3xy^2 = 1, \quad 3x^2y - y^3 = 0,$$

这表示有两个未知数的双非线性方程. 可以使用牛顿迭代法来解决这个问题:

$$\begin{bmatrix} x_{n+1} \\ y_{n+1} \end{bmatrix} = \begin{bmatrix} x_n \\ y_n \end{bmatrix} - \begin{bmatrix} 3x^2 - 3y^2 & -6xy \\ 6xy & -3y^2 \end{bmatrix}^{-1} \begin{bmatrix} x^3 - 3xy^2 - 1 \\ 3x^2y - y^3 \end{bmatrix},$$

(x_n, y_n) 是解的第 n 次近似. 上面的矩阵是对两个函数的雅各布矩阵. 关键是使用牛顿法产生一个离散动力系统. 复平面上有三个 1 的立方根, 实根, $(x, y) = (1, 0)$ 和复共轭根, $(x, y) = (1/2, \pm\sqrt{3}/2)$. 因此, 我们可以问下面的问题: 给出一个猜测初始值, (x_0, y_0), 迭代后将收敛到哪一个根? 如果我们根据被吸引到的根来对点 (x_0, y_0) 进行着色, 结果看起来如图 9.3 所示.

可以使用 XPPAUT 以参数方式改变初始数据的能力来绘制这个图像. 绘制图像的 ODE 文件如下:

```
# cube.ode
# newtons method in the complex plane to find cube roots of 1
# z^3=1
# x^3-3*xy^2 = 1 , 3x^2y-y^3=0
# draws fractal basin boundaries
#
# tolerances
```

```
par eps=.001
# discretization of the phase-space
par dx=0,dy=0
# the three roots
par r1=1,s1=0
par r2=-.5,s2=-.8660254
par r3=-.5,s3=.8660254
# the functions
f=x^3-3*x*y^2-1
g=3*x^2*y-y^3
# the derivatives of the functions
fx=3*(x^2-y^2)
fy=-6*x*y
gx=6*x*y
gy=3*(x^2-y^2)
# the Jacobian -- used in the inverse
det=fx*gy-fy*gx
# a euclidean distance function
dd(x,y)=x*x+y*y
# if close to the root then plot otherwise out of bounds for each
  root
aux xp[1..3]=if(dd(x-r[j],y-s[j])<eps)then(x0)else(-100)
aux yp[1..3]=if(dd(x-r[j],y-s[j])<eps)then(y0)else(-100)
#
# iteration
x'=x-(f*gy-g*fy)/det
y'=y-(g*fx-f*gx)/det
# initial data
x0'=x0
y0'=y0
# set initial data as parameters
glob 0 t {x0=-1.1+dx*2.2;y0=-1.1+dy*2.2;x=-1.1+dx*2.2;y=-1.1+dy
        *2.2}
#
# plot all three sets of points in lousy colors
```

```
#
@ meth=discrete,total=20,bound=1000,maxstor=100000,trans=20
@ xp=xp1,yp=yp1,xp2=xp2,yp2=yp2,xp3=xp3,yp3=yp3,nplot=3,lt=-1
@ xlo=-1.1,ylo=-1.1,xhi=1.1,yhi=1.1
done
```

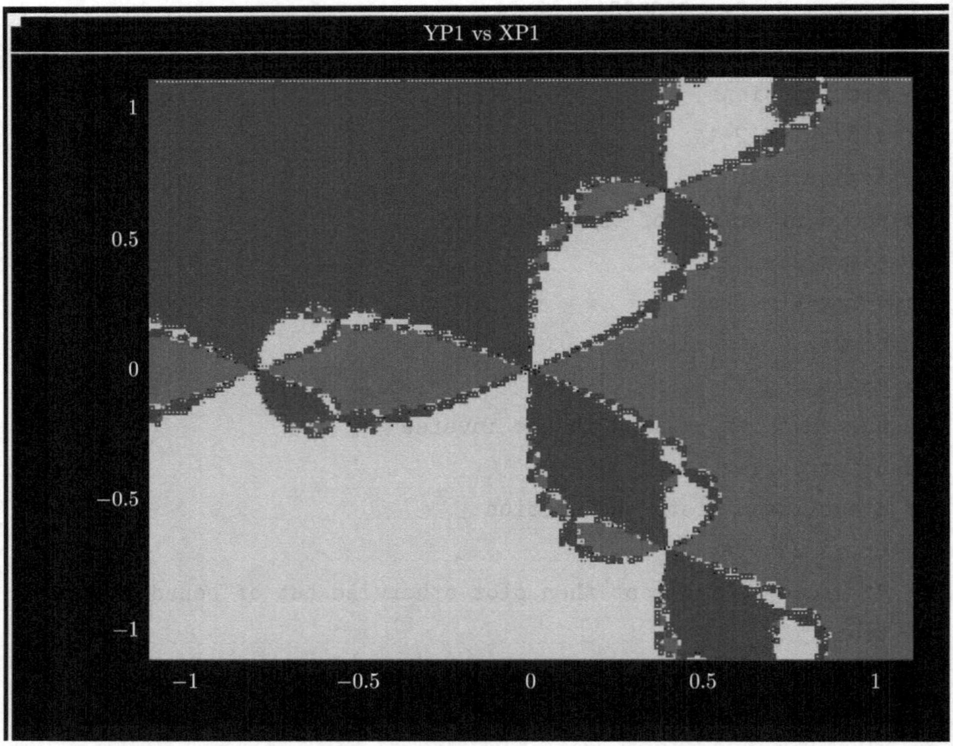

图 9.3 对方程在复平面的牛顿法迭代而得到的盆边界. 平面内的点均是根据收敛于它的根而着色的 (文后附彩图)

这个相当冗长的 ODE 文件其实很简单, 工作原理如下: 绘制对应三个不同根的 3 个不同的数据集. 计算 20 次迭代, 并且通过设置迭代总数和暂态到 20, 保留最后一次迭代结果. 如果 (x_{20}, y_{20}) 接近真实根, 那么绘制初始条件 (x_0, y_0), 否则绘制 $(-100, -100)$, 而它是超出绘图范围的. 类似地, 如果第 20 次迭代接近第一复根, 那么我们绘制初始条件, 否则绘制超越界点. 将每个根的数据作为三组不同的点 (希望大量的注释可以解释清楚), 并指出使用全局语句根据参数 dx, dy 的值设置初始条件. 在 options 语句中, 我告诉 XPPAUT 绘制所有三对点 xp1, yp1, xp2, yp2 和 xp3, yp3, 它们是迭代的初始条件或点 (−100, −100). 通过选择线型 −1, 将绘制一系列小圆圈而不是点或线. 运行此文件. 点击 `Initialcond 2 par range` (**I**

2) 并填写如下对话框:

`Vary1: dx`	`Reset storage: N`
`Start1: 0`	`Use old ic's: Y`
`End1: 1`	`Cycle color: N`
`Vary2: dy`	`Movie: N`
`Start2: 0`	`Crv(1) Array(2): 2`
`End2: 1`	`Steps2: 101`
`Steps: 101`	:

点击 OK. 一系列彩色点将被绘制. 想更好地区分点, 你应该点击 `Graphics Edit crv`, 选择曲线 2 并改变颜色从 2 红橙色到 7 绿色.

练习

• 计算 $z^2 = 1$ 和 $z^4 = 1$ 的复根的盆边界: 注意, 第一个等价于 $x^2 - y^2 = 1, 2xy = 0$, 第二个相当于 $x^4 - 6x^2y^2 + y^4 = 1, 4(x^3y - xy^3) = 0$. 对于四个根问题, 应该设置迭代的总数以及暂态为 50.

• 考虑离散双稳定系统:

$$x_{n+1} = y_n, \quad y_{n+1} = ay_b + bx_n(c^2 - x_n^2),$$

在同上面例子相同的方形范围内, 系统存在两个稳定不动点 $(\pm c, 0)$. 选择 $a = 0.6, b = 0.3, c = 0.15$ 来计算两个根的吸引域. 应该设置迭代的总时间和暂态为 100.

不变集回顾

回想一下, 周期性的受迫 Duffing 方程是混沌的, 可以存在从鞍点出现的不变流形的横向交叉点. 方程流形的动力学像做蛋糕时搅拌面糊把点全部混合起来一样. 下面可以看到这种情况发生. 在相平面中选择一个区域. 如果具有该初始数据的解在 $x > 0$ $(x < 0)$ 半平面中某个固定的时间 t_0 在相平面上对每个点着色为黑色 (白色), 对不同的时间多做几次来看方程流形如何混合在一起. 这就像我们上面计算的有限时间内的盆边界. XPPAUT 文件与 9.6.2 节中的类似, 但更简单:

```
# duffbas.ode
# a trick to compute the basin boundaries of the duffing equation
# better be patient it takes awhile
# here is the ODE
x'=y
y'=-.15*y+.5*x*(1-x^2)+f*cos(.8333*t)
#  dx,dy are the increment sizes, f is the forcing amplitude
```

```
par dx,dy,f=.1
# here are the initial data evaluated once per cycle
# initial data lie in the square [-2.4,2.4]x[-1.2,1.2]
!x0=-2.4+dx*4.8
!y0=-1.2+dy*2.4
# save the initial data at different time slices
aux xp[1..10]=if((x>0)&(abs(t-2*[j]))<.1)then(x0)else(-100)
aux yp[1..10]=if((x>0)&(abs(t-2*[j]))<.1)then(y0)else(-100)
# set initial data with parameter
glob 0 t {x=x0;y=y0}
# set some options
@ total=22
@ xp=xp5,yp=yp5,xlo=-2.4,ylo=-1.2,xhi=2.4,yhi=1.2,lt=-1
@ maxstor=500000
@ trans=1,dt=2,meth=8
done
```

以!开头的行可以认为是不可见参数, 当其他参数改变时会被重新评估. 不同于固定变量, 它们仅在方程的积分中被评估一次. 如果对应于时间片和 x 坐标为正, 则 10 个辅助变量包含初始数据; 否则设置为 $(-100, -100)$. 使用 Dormand-Prince 8(3) 积分器, 因为它非常快, 特别是当输出时间很大 (例如, $\mathrm{d}t = 1$) 时.

运行此文件, 单击 Initialconds 2 par range, 并如下填写对话框:

Vary1: dx	Reset storage: N
Start1: 0	Use old ic's: Y
End1: 1	Cycle color: N
Vary2: dy	Movie: N
Start2: 0	Crv(1) Array(2): 2
End2: 1	Steps2: 101
Steps: 101	:

点击 OK. 这将在不同点绘制一系列小圆圈. 由于 xp5, yp5 在绘图窗口中, 而且在偶数时间 2,4 等绘图, 该图显示了所有初始条件在右半平面中 $t = 10$ 时结束. 绘制 xp10, yp10 后会看到一个很大的区别.

制作电影　你可以按照下面的方法在不同的时间片做一个快速翻转的绘图集. 单击 Viewaxes 2D 并更改绘制变量为 xp1, yp1, 也就是集合中的第一个. 然后点击

Kinescope Capture 抓取屏幕图像. 接下来将视图更改为 xp2, yp2 并再次用 K C 命令抓取屏幕. 重复此操作, 直到所有 10 节绘制完. 现在它们被存储在内存中. 点击 Kinescope Playback(K P), 然后单击鼠标按钮循环. 当厌倦了这样做的时候点击 Esc.

作为练习, 你可以对一些其他混沌系统, 如 Lorenz 方程或 Rossler 吸引子, 尝试这个方法.

9.6.4 回顾庞加莱映射

自适应积分法对于周期性驱动系统的庞加莱计算很容易实现. 思路是只设置输出时间 Dt 到强制的周期, 然后只是绘制结果. 也就是说可以完全忽略 Poincare 选项. 这只适用于庞加莱映射是相对于时间变量的系统. 回顾第 3 章的受迫 Duffing 方程:

$$x' = v, \quad v' = x - x^3 - fv + c\cos(\omega t),$$

对应的 ODE 文件为 `duffing.ode`. 使用 XPPAUT 运行该文件. 更改 `c=0.7`, `f=0.3`, `omega=1.25`. 在 nUmerics 菜单中, 将方法更改为 DorPri (8)3, 相对和绝对容许偏差为 1e-5. 点击 Dt 并输入以下字符串 `%2*Pi/omega`. XPPAUT 评估命令行以 % 符号开头的数字, 并将其转换为浮点数. 因此输出只发生在 $2\pi/\omega$ 的倍数, 也就是周期. 现在更改 total 到 `%2*Pi*4000/omega` 获得 4000 点! 在平面中创建一个 (x, v) 的二维窗口, $[-2,2]\times[-2,2]$. 最后, 编辑图形类型 (G E) 并选择 0, 更改线型为 -1 到更大的点. 现在积分方程, 你会看到正常的吸引子.

标记输出 较新版本的 XPPAUT 集成了一个功能, 可以非常迅速地制作庞加莱映射 (和许多其他计算). 以下方法的缺点是需要在 ODE 文件中添加一个特殊行, 而这不能在程序中完成. 回顾第 3 章的 3.5 节, XPPAUT 允许你抓取变量的交叉, 并基于此采取一些行动. 其中一个操作是输出一个点到数据浏览器. 只需在操作列表中包含操作, `out_put=1`, 当事件发生时, XPPAUT 将发送输出到数据浏览器. 通常情况下想要抑制所有其他输出, 你应该从数字菜单中设置 Transient 为一些大数字. 这保证 XPPAUT 将不打印出任何其他数据. 相比标准的庞加莱映射, 这个方法的优势是可以标记许多可能的事件. 它通常比 Poincare 映射图更快, 因为其图形输出被抑制.

9.7 不要忘记

1. 初始条件和参数可以在命令行中以公式的形式输入. 使用 Parameter 命令, 然后输入参数名. 当要求一个值时, 首先输入 % 符号, 然后输入公式. 使用 Initialconds New 命令以相同的方式输入初始值.

2. 有一个内置于 XPPAUT 的简易计算器. 单击 `File Calculator` 来得到它. 可以输入通常的数学类型表达式得到答案. 甚至可以进行求和, 例如 `sum(0,100)of (exp(-i'))`. 可以通过输入表达式来设置任何变量或参数. 例如 `x:1/(1+pi2)`, 它将 x 设置为 0.091999···. 点击 Esc 退出计算器.

3. 可以在 -silent 模式下通过调制解调器线路运行 XPPAUT. 也就是说, 使用 @ 选项设置 ODE. 然后, 输入 `xpp file.ode -silent`, 程序将不调用接口而直接运行. 数据将被保存在文件 output.dat 中. 这也是以批处理模式编程的好方法.

4. 参数集是一种非常有用的问题设置方式, 使不同的参数组带有好的名称并可以通过使用 `File Get par set` 命令进行调用. 例如, 考虑三种不同的方式来积分谐波振荡器:

```
# harmonic oscillator
x'=y
y'=-x
@ dt=.2,total=10
set euler {meth=euler}
set backeul {meth=backeul}
set rk4 {meth=rk4}
done
```

使用 XPPAUT 的 -silent 模式, XPPAUT 会保存三个称为 `euler.dat`, `backeul.dat`, `rk4.dat`的数据文件.

为了更进一步, 使用参数集与 array 技巧来遍历一组参数范围. 这是一个愚蠢的例子, 为 11 种不同的初始条件下的 $x' = -x$ 积分. 这里使用了很多前面讨论的技巧.

```
# integrate over a range of initial conditions
# silently
x'=-x
global 0 t {x=a}
!a=f(index)
par index=0
f(x)=.1*x
set x[0..10] {index=[j]}
@ total=5
done
```

在静默模式下运行, 将得到 11 个数据文件, 它们包括了从 $x' = -x$ 与 $x(0) = .1 * j$ 和 $j = 0, \cdots, 10$ 解.

参数集可以包含选项文件以及初始数据和参数声明中使用的任何声明.

5. 还可以充分利用单参数范围积分. 如果所有要变化的是一个参数或初始条件, 那么可以在静默模式下对 ODE 文件设置范围积分. 这里有两个例子. 第一个例子会产生一个包含所有运行结果的文件:

```
#ex1.ode
x'=y
y'=-x
@ rangeover=y,rangestep=10,rangelow=-1,rangehigh=1
@ range=1,rangereset=no
done
```

这里 y 的初始值在 -1 和 1 之间变化. 如果输入 `xpp ex1.ode -silent` 将生成一个具有所有积分的输出文件. 有些情况下你想这样做. 在第二示例中, 11 个不同的文件被产生, 每个对应每次运行:

```
#ex1.ode
x'=y
y'=-x
@ rangeover=y,rangestep=10,rangelow=-1,rangehigh=1
@ range=1,rangereset=yes
done
```

唯一的区别是 rangereset=yes, 它告诉 XPPAUT 在每次运行时重置存储. 在静默模式下, XPPAUT 生成文件 names, output.dat.0, output.dat.1 等.

6. 如果有很多参数集, 并想在批处理模式下运行一次, 把每次运行结果保存在一个单独的文件, 下面讲解如何做. 我将使用一个带有三个参数的例子: a, b, c 取对 4 组值 $(1,2,3)$, $(1,2,4)$,$(-1,0,2)$, 和 $(2,-2,6)$. 首先创建一个有 12 个条目的表; 表的前 3 个条目用于集合 #1, 等等. 这里是名为 `pars.tab` 的转置表:

```
12 0 11 1 2 3 1 2 4 -1 0 2 2 -2 6
```

创建一个 ODE 文件, 其中包含运行编号的参数, 使用范围积分, 并定义参数来完成文件. 例子如下:

```
# par.ode
#
table pp pars.tab
par n
!a=pp(3*n)
!b=pp(3*n+1)
!c=pp(3*n+2)
```

```
x'=-x+a
y'=-y+b
z'=-z+c
aux my_a=a
aux my_b=b
aux my_c=c
@ total=10
@ range=1,rangeover=n,rangelow=0,rangehigh=3,rangestep=3
@ rangereset=yes
done
```

我已经添加辅助变量作为实际参数使用值的“硬拷贝”. n 参数从 0 到 3 以 1 的增量运行. 表 pp 有 0 到 11 的域, 前三个整数对应到前三个参数值. 也就是 `pp(2*3+1)` 是第三次运行的 b 值. 使用 `xpp par.ode -silent` 命令行会得到四个文件, 每个文件对应每次运行结果.

7. 可以通过引用注释创建与之相关操作的内联教程. 用户通过点击 `File PrtInfo` 来进行调用, 它创建一个带有 ODE 源代码的窗口. 点击此窗口中的 action 会产生从 ODE 文件和某些相关操作的特殊注释. 例如, 这是一个带有关于不动点本质内置教程的线性平面系统 `planar.ode`:

```
# the linear planar systems
# planar.ode
x'=a*x+b*y
y'=c*x+d*y
par a=-1,b=0,c=0,d=-2
init x=2,y=0
@ xp=x,yp=y,xlo=-5,ylo=-5,xhi=5,yhi=5
# here is a tutorial
"      Linear planar systems
" There are several different behaviors for the phase-plane of a
    linear 2D system
" To see these click on the (*) and then DirField Flow 5
" {a=-1,b=0,c=0,d=-2} 1. Stable node-two real negative eigenvalues
" {a=0,b=1,c=3,d=0} 2. Saddle point - a positive and negative
    eigenvalue
" {a=-1,b=3,c=-2,d=0} 3. Stable vortex - complex eigenvalues with
    negative real parts
```

```
" {a=.5,b=2,c=-2,d=-.25} 4. Unstable vortex - complex with positive
   real parts
" {a=.5,b=0,c=-.5,d=.5} 5. Unstable node - two positive eigenvalues
" {a=.5,b=2,c=-2,d=-.5} 6. Center - imaginary eigenvalues
" {a=-1,b=1,c=2,d=-2} 7. Zero eigenvalue
"
" Try your own values and classify them!
done
```

注意, 其中有 { }的行将被用户看成:

```
* 7. Zero eigenvalue
```

所以所做的是“隐身的”. 点击* 将出现一切在大括号内的内容.

9.8 与外部 C 程序的动态链接

XPPAUT 有一种方法允许直接使用 C 来定义 ODE 的右侧. 为什么要这样做? 偶尔, 你可能有一个从计算机代数系统输出的非常复杂的右侧. 这些系统中 (如 Maple 或 ATHEMATICA) 的大多数具有一个允许以 C 或 FORTRAN 代码输出代数的命令. 然后你可以很简单地来编辑这段代码, 编译它, 利用它写一个 ODE 文件, 然后运行 XPPAUT. 注意, 你不必重新编译 XPPAUT. 动态链接在 XPPAUT 内部完成. 你应该确保运行的是具有动态链接的 XPPAUT 版本. 默认是不使用它. 另一个例子是当你不知道如何在 XPPAUT 中实现右侧时.

此示例直接取自 XPPAUT 的用户手册. 我将写一个具有三个不同右侧的 C 文件, 然后在 XPPAUT 中任意切换. 为了允许 XPPAUT 直接与 C 文件互动, 必须在 ODE 文件中包括形式如下的一行:

```
export {x,y,a,b,t} {xp,yp}
```

其中第一组变量和参数是需要传递到外部程序的值. 第二组通常有想让外部程序传回给你的固定变量. 所以, 这里是有一堆参数的二位系统 ODE 文件:

```
# tstdll.ode
# test of dll
#
# In XPP click on File-Edit-Load Library
# and choose libexample.so
# Then pick either lv, vdp, duff as the function.
x'=xp
y'=yp
```

```
xp=0
yp=0
export {x,y,a,b,c,d,t} {xp,yp}
par a=1,b=1,c=1,d=1
init x=.1,y=.2
done
```

我已经导出了状态变量以及所有四个参数和自变量 t, 所以 C 程序将设置固定变量 xp,yp 到取决于状态变量的期望值. 然后这就是系统真正的右侧.

接下来, 必须编写一些 C 代码以与 XPPAUT 进行通信. 这里是三个右侧例子:

```
#include <math.h>
/*
 some example functions
*/

lv(double *in,double *out,int nin,int nout,double *var,double
   *con)
{
  double x=in[0],y=in[1];
  double a=in[2],b=in[3],c=in[4],d=in[5];
   double t=in[6];
  out[0]=a*x*(b-y);
  out[1]=c*y*(-d+x);
}

vdp(double *in,double *out,int nin,int nout,double *var,double
   *con)
{
  double x=in[0],y=in[1];
  double a=in[2],b=in[3],c=in[4],d=in[5];
   double t=in[6];
  out[0]=y;
  out[1]=-x+a*y*(1-x*x);

}
```

```
duff(double *in,double *out,int nin,int nout,double *var,double
    *con)
{
  double x=in[0],y=in[1];
  double a=in[2],b=in[3],c=in[4],d=in[5];
 double t=in[6];
  out[0]=y;
  out[1]=x*(1-x*x)+a*sin(b*t)-c*y;
}
```

每个右侧形式如下:

```
rhs( double *in, double *out, int nin, int nout, double *var,
double *con)
```

双数组 in 包含所有导出的变量. 因此在 `in[0]` 中包含 x 的值. 双数组 out 应该为对要发送回固定变量的值进行设置; xp 具有 `out[0]` 的值等. 整数 nin, nout 只是数组的维数. 最后, 额外两个数组会被传送, 但通常都被忽略. 这些包含所有状态变量和固定变量以及所有的参数的完整列表. 对于上述示例定义如下:

```
con[2]=a,con[3]=b,con[4]=c,con[5]=d
v[0]=t,v[1]=x,v[2]=y,v[3]=xp,v[4]=yp
```

也就是说, 数组 con 按顺序包含所有参数, 从开始 `con[2]`, 数组 var 包含时间变量, 紧接着是状态变量, 然后是固定变量. 因此, 你可以与所有的变量或参数进行直接通信.

一旦你写了你的 C 文件, 你应该编译它并创建一个库. 使用如下命令:

```
gcc -shared -fpic -O3 -o libexample.so funexample.c
```

这只是将其编译为可重定位对象文件并创建共享库. 如果你正在使用 Mac, 可使用此命令:

```
gcc -dynamiclib -fPIC -O3 -o libexample.so funexample.c
```

警告 XPPAUT 有 32 位和 64 位版本. 如果你有一个 32 位版本, 你应该添加标志 -m32 或 -arch i386 到编译线来强制启动 32 位模式. 大多数人都有默认 64 位, 但是如果强制启动它, 你可以添加 -m64.

现在使用文件 `tstdll.ode` 运行 XPPAUT. 单击 `File Edit Load DLL`, 选择已创建的库 (libexample.so), 然后选择下面三个函数之一, lv, vdp, duff 分别为 Lotord-Volterra 模型、Van den Pol 振荡器和强迫 Duffing 方程. 现在积分方程, 你应该看到 Lotka-Volterra(或任何其他两个方程) 解. 更改参数后都会在 ODE 的解中得到体现.

9.8.1 数组示例

export 指令对于少量的变量或参数很有用, 但是如果你正在导出一个大数组, 就不是那么好用. 在该示例中, 考虑具有最近相邻耦合的 51 个耦合振荡器数组. 只需要 50 个振荡器的方程, 因为相关变量是相对相位. 微分方程为

$$x'_j = H(x_{j+1} - x_j) + H(x_{j-1} - x_j) - x'_0,$$

有

$$H(u) = a_0 + a_1 \cos u + a_2 \cos 2u + b_1 \sin u + b_2 \sin 2u + b_3 \sin 3u,$$

减去 x'_0, 使得这表示相对相位. 关键点是记住时间变量, 从属变量和固定变量 (t,v1,v2,...,f1,f2,...其中 v 是变量, f 是固定变量) 的存储顺序. 以下是 ODE 文件, chain.ode:

```
# this is a chain of 50 oscillators using
# dll's to speed up the right-hand sides
x[1..50]'=xp[j]
xp[1..50]=0
par n=50,a0=0,a1=.25,a2=0,b1=1,b2=0,b3=0
export {a0,a1,a2,b1,b2,b3,n}
@ total=100
done
```

注意, 已经定义了包含在右侧的 50 个固定变量. 它们设置为 0, 但将被外部库程序更改. 传递振荡器的数量和相互作用函数的参数. 不需要导入任何东西, 因为这将通过固定变量来完成. 这里是右侧的 C 代码:

```
#include <math.h>
#define H(u) a0+a1*cos(u)+a2*cos(2*u)+b1*sin(u)+b2*sin(2*u)+b3*sin
   (3*u)
f(double *in,double *out,int nin,int nout,double *var,double *con)
{
 int i;
 double a0=in[0],a1=in[1],a2=in[2];
 double b1=in[3],b2=in[4],b3=in[5];
 int n=(int)in[6];
 double *x=var+1;
 double *xdot=x+n;
 double x0dot;
```

```
  x0dot=H(x[0]);
  xdot[0]=H(-x[0])+H(x[1]-x[0])-x0dot;
  for(i=1;i<(n-1);i++)
  xdot[i]=H(x[i+1]-x[i])+H(x[i-1]-x[i])-x0dot;
  xdot[n-1]=H(x[n-2]-x[n-1])-x0dot;
}
```

这个代码是非常灵活的, 它可以为任何大小的数组所使用, 因为振荡器数量是输出的. 时间变量、因变量和固定变量在数组 var 中发送. 因此, `var[0]=t`, `var[1]=x1`, 等等. 固定变量是 `var[1+50]=xp1` 等. 这些被发送回 XPP 用作右侧. 我定义一些指针和一些宏来使文件更易于写入和读取. 指针 `*x=var+1` 指向第一个变量, `*xp=x+n=var+n+1` 指向第一个固定变量.

使用 XPPAUT 运行 `chain.ode` 文件. 使用命令行来编译 C 文件 (这是 Linux 系统;Mac 系统见上面)

```
gcc -O3 -shared -o chain.so -fpic chain.c
```

并称它为 chain.c. 在 XPPAUT 中, 单击 `File Edit Load DLL`. 从列表中选择 chain.so, 对于函数名称, 输入 f. 更改参数, 看会发生什么.

在上面的两个例子中, 你可以不用任何 C 代码在 XPPAUT 做完整个事情. 但是, 有时有一些系统真的没有简单的方法在 XPPAUT 中来解决右侧. 这里给出一个只能在 C 中实现的例子. 虽然这个例子有点复杂, 但从科学的观点来看是非常有意思的. 我们对下列积分方程系统的平面解感兴趣. $u(x,y,t)$ 是具有周期 2π 的周期性的正方形域上的神经元群体的活动. 方程满足:

$$
\begin{aligned}
u_t(x,y) &= -u(x,y) + K(x,y) \star F[u(x,y)] - gz(x,y), \\
z_t(x,y) &= \frac{1}{\tau}(u(x,y) - z(x,y)),
\end{aligned}
$$

其中, $K(x,y)$ 是二维高斯样核, $z(x,y)$ 是尖峰频率适配. 一维模型由 Pinto 和 Ermentrout 首次进行深入研究, 并已成为许多其他论文在一维或二维域的研究主题. 一维情况使用 XPPAUT 可以很容易地解决. 通常, 假设 $K(x,y)$ 是 $\sqrt{x^2+y^2}$ 的一个函数, 但是很难创建在 (x, y) 中也是周期性的这样的函数. 由于 $K(x,y)$ 必须是周期性的, 它必须是余弦和正弦的和, 所以我们做的只是截断它到少量的项. 结果是 $K(x,y)$ 将是几项的简单总和. 对于这个例子, 我们采取:

$$
K(x,y) = 1 - I_0 + \cos(x) + \cos(y) + q\cos(x)\cos(y),
$$

其对于 q 小于 1 且近似径向对称.

9.8.2　使用导入方法

由于旧版本的 XPPAUT, 我添加了另一种方式来使 XPPAUT 被称为导入, 虽然它与导出相同. 这种方法对于大型系统更好, 也允许你在 XPPAUT 中创建表发送到 C 代码中.

参 考 文 献

[1] J. M. Aguirregabiria, *Free Dynamical Systems Solver: Dynamics Solver* , http://tp.lc.ehu.es/jma/ds/ds.html

[2] L.V.Ahlfors, *Complex Analysis*, 2nd.ed., McGraw-Hill, NY, 1966.

[3] P. Blanchard, R.L. Devaney, and G.R. Hall, *Differential Equations*, Brooks Cole, 1998.

[4] R.L. Borrelli and C.S. Coleman, *Differential Equations : A Modeling Perspective*, John Wiley, 1995.

[5] J. Bower and D. Beeman, *The Book of GENESIS: Exploring Realistic Neural Models with the General Neural Simulation System*, 2nd ed., Telos, New York 1998.

[6] K.E. Brenan, S. L. Campbell and L. R. Petzold, *The Numerical Solution of Initial Value Problems in Differential-Algebraic Equations*, Revised and corrected reprint of the 1989 original, Classics in Applied Mathematics 14, SIAM, Philadelphia, PA, 1996.

[7] A.R. Champnays, Yu.A. Kuznetsov, and B. Sandstede, *A numerical toolbox for homoclinic bifurcation analysis*, Internat. J. Bifurcation and Chaos, 6(1996), PP. 867-887.

[8] S.D.Cohen and A.C.Hindmarsh, *CVODE Software Package*, ftp://sunsite.doc.ic.ac.uk/Mirrors/netlib.att.com/netlib/ode/cvode.tar.gz.

[9] E. Doedel, *AUTO*, ftp://ftp.cs.concordia.ca/pub/doedel/auto

[10] L.Edelstein-Keshet, *Mathematical Models in Biology*, McGraw-Hill, Boston, MA, 1988

[11] G.B. Ermentrout and N. Kopell, *Multiple pulse interactions and averaging in systems of coupled neural oscillators*, J. Math. Biology, 29(1991), PP. 195-217.

[12] P.C. Fife and J.B. Mcleod, *The approach of solutions of nonlinear diffusion equations to travelling front solutions*, Arch. Ration. Mech. Anal., 65 (1977), PP. 335-361.

[13] C. W. Gear, *Numerical Initial Value Problems in Ordinary Differential Equations*, Pretice Hall, Englewood Cliffs, NJ, 1975.

[14] D. T. Gillespie, *Exact Stochastic Simulation of Coupled Chemical Reactions*, J. Phys. Chem., 81 (1977), pp. 2340-2361.

[15] L. Glass and M. C. Mackey, *From Clocks to Chaos*, Princeton University Press, Princeton, NJ, 1988.

[16] M. Golubitsky and M. Dellnitz, *Linear Algebra and Differential Equations Using MATLAB*, Brooks Cole, Pacific Grove, CA, 1999.

[17] J. Guckenheimer, *DsTool*, ftp://cam.cornell.edu/pub/dstool/

[18] J. Guckenheimer and P. Holmes, *Nonlinear Oscillations, Dynamical Systems, and Bifurcations of Vector Fields*, Springer, New York, 1983.

[19] E. Hairer, S. P. Norsett and G. Wanner, *Solving Ordinary Differential Equations I: Nonstiff Problems*, 2nd ed., Springer, New York, 1993.

[20] G.P. Harmer, D. Abbott, *Game theory: Losing strategies can win by Parrondo's para-*

dox Nature 402(1999), pp.864.

[21] Institute of Information and Computing Sciences, Universiteit Utrecht, Utrecht, The Netherlands, *Nonlinear Science FAQ*, http://www.cs.ruu.nl/wais/html/na-dir/sci/nonlinear-faq.html. Contains a lengthy list of software packages as well as some comments on the content.

[22] P.E. Kloeden and E. Platen, *Numerical Solution of Stochastic Differential Equations*, Springer, New York, 1992.

[23] H. Kocak, *Differential and Difference Equations through Computer Experiments: PHASER*, Springer, New York, 1986.

[24] C. Koch and I. Segev, *Methods of Neuronal Modeling*, MIT Press, MA 1989.

[25] Y. Kuznetsov, *Elements of Applied Bifurcation Theory*, 2nd ed., Springer, New York, 1998.

[26] F.W.Lanchester, *Aerodonetics*, London, 1908.

[27] T.Y. Li and J.A. Yorke, *Period three implies chaos*, Amer Math Monthly, 82(1975),pp. 985-992.

[28] P. Linz, *Analytical and Numerical Methods for Volterra Equations*, SIAM, Philadelphia, 1985.

[29] E. Lorenz, *Deterministic nonperiodic flow*, J. Atmospheric Sci., 20(1963), pp.130-141.

[30] R. Macey and G. Oster, *MADONNA*, http://www.berkeleymadonna.com/

[31] J.D. Murray, *Mathematical Biology*, Springer, New York, 1988.

[32] J. Paullet, B. Ermentrout, and W. Troy, *The existence of spiral waves in an oscillatory reaction-diffusion system*, SIAM J. Appl. Math., 54 (1994), pp.1386-1401.

[33] W.H. Press, S.A. Teukolsky, B.P. Flannnery, and W.T. Vetterling, *Numerical Recipes in C, Second Edition*, Cambridge University Press, Cambirdge 1992.

[34] W. Rheinboldt, *MANPAK*, http://www.netlib.no/netlib/contin/manpak.

[35] R. Shaw, *The Dripping Faucet as a Model Chaotic System*, Aerial Press, Santa Cruz, CA, 1984.

[36] L. F. Shampine and M.W. Reichelt, *The MATLAB ODE Suite*, SIAM J. Sci. Comput.,18(1997), pp.1-22.

[37] S. Strogatz, *Nonlinear Dynamics and Chaos: With Applications in Physics, Biology, Chemistry, and Engineering*, Addison-Wesley, New York, 1994.

[38] A.M. Turing, *The Chemical basis for morphogenesis*, Phil. Trans. Roy. Soc. London Ser. B, 37(1952), pp. 37-72.

[39] C. van Vreeswijk, L.F. Abbott, and B. Ermentrout, *When inhibition not excitation synchronizes neuronal firing*, J. Computational Neuroscience,1(1994), pp.313-321.

[40] B. West, S.Strogatz, J.M.McDill, and J.Cantwell, *Interactive Differential Equations*, Addison Wesley Interactive, New York, 1997.

[41] T.L. Williams and G. Bowtell, *The calculation of frequency-shift functions for chains*

of couples oscillators, with application to a network model of the Lamprey locomotor pattern generator, J Computational Neuroscience, 4(1997), pp.47-55.

[42] A.T. Winfree, *Biological rhythms and the behavior of populations of coupled oscillators*, J. Theor. Biol., 16(1967), pp.15-42.

附录 A　颜色与线型

XPPAUT 使用的数字 0-10 表示绘图的颜色. 这些数字被表述为黑白 postscript 文件. 这里是颜色数字及其近似名称. 图 A.1 显示相应的黑白 postscript 文件的线型.

Color 0: 白色屏幕上为黑色, 黑色屏幕上为白色

Color 1: 红

Color 2: 红橙色

Color 3: 橙色

Color 4: 黄橙色

Color 5: 黄色

Color 6: 黄绿色

Color 7: 绿色

Color 8: 蓝绿色

Color 9: 蓝色

Color 10: 紫色

牢记这些硬拷贝信息. 例如, 要改变零等值线的线型, 使用附录 B 中的选项来改变在程序中绘制的颜色, 然后再进行硬拷贝后, 线型会如图 A.1 所示.

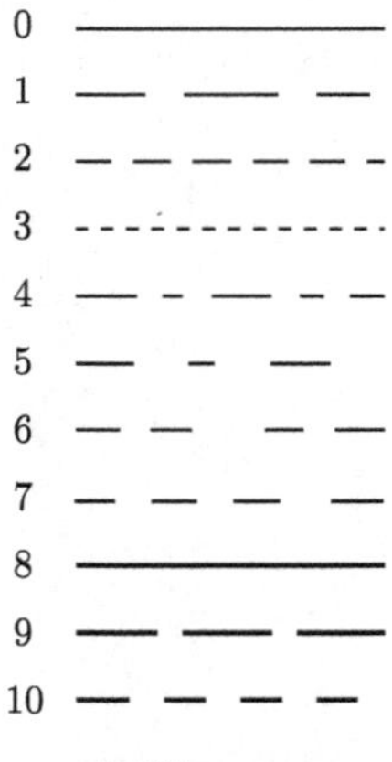

图 A.1　可用的 PostScript 线型

XPPAUT 中的负线型不会将点连接在一起, 而是绘制单个点 (`LT=0`) 或圆或变化的直径 `LT=-1,-2,...`

附录B　选　　项

XPPAUT 可以使用户在 ODE 文件中包含大量选项. 这些形式:

`@ opt1=value,opt2=value2,`

其中 `opt1` 是选项的名称, `value` 是指定值. 几乎每个选项都可以在 XPPAUT 菜单中设置. 同样, 要在 XPPAUT 中设置的大多数项目也可以在 ODE 文件中设置. 以下选项只能在程序外设置:

• MAXSTOR=`integer` 设置保存在内存中时间步长的总数. 默认值为 5000. 如果要执行非常长的积分, 改变到一些大数.

• BACK= {`Black,White`} 将背景设置为黑色或白色.

• SMALL=`fontname fontname` 是一些对于 X 服务器可用的字体. 在数据浏览器和一些其他窗口设置了"小号"字体.

• BIG=`fontname` 设置所有菜单和弹出窗口的字体.

• SMC={0,...,10} 设置稳定流形颜色.

• UMC={0,...,10} 设置不稳定流形颜色.

• XNC={0,...,10} 设置 X 零等值线颜色.

• YNC={0,...,10} 设置 Y 零等值线颜色.

• OUTPUT=filename 为其想写入的积分文件设置文件名. 默认为 "output.dat"

下面的选项可以在程序内设置. 它们是:

绘图选项

• LT=`int`设置线型. 它应该小于 2 和大于 −6.

• XP=name 设置要在 x 轴上绘制的变量的名称. 默认值为`T`, 时间变量.

• YP=name 设置变量在 y 轴上的名称.

• ZP=name 设置变量在 z 轴上的名称 (如果绘图是 3D.)

• NPLOT=`int` 告诉 XPP 绘图的数量.

• XP2=name,YP2=name,ZP2=name 告诉 XPP 第二曲线轴上的变量; XP8 等是第 8 个图. 最多可以在一个屏幕上绘制 8 个不同的曲线. 他们将被给予不同的颜色.

• AXES={`2,3`} 确定是二维还是三维绘图.

• PHI=value,THETA=value 设置三维的角度图.

• XLO=value,YLO=value,XHI=value,YHI=value 设置的二维图的范围 (默认

值分别为 0, −2,20,2) 对于三维绘图, 绘图被缩放到定点为 ±1 的立方体上, 此立方体被旋转和投影到平面上, 所以将这些设置为 ±2 适用于 3D 图.

• XMAX=value, XMIN=value, YMAX=value, YMIN=value, ZMAX=value, ZMIN=value 三维绘图的缩放设置.

数值选项

• SEED=int 设置随机数生成器种子.

• TOTAL=value 设置要积分方程的总时间量 (默认值为 20).

• DT=value 设置积分器的时间步长 (默认值为 0.05).

• NJMP=integer 或 NOUT=integer 告诉 XPPAUT输出解的频率. 默认值为 1, 表示在每个积分步长上的值. 这也用于在 AUTO 延续包中设定映射的周期.

• T0=value 设置开始时间 (默认值为 0).

• TRANS=value 告诉 XPP 积分, 直到 T=TRANS, 然后开始对方程解绘图 (默认值为 0).

• NMESH=integer 设置用于计算零等值线的网格大小 (默认为 40).

• {BANDUP=int, BANDLO=int} 对于使用 CVODE 积分器的带式版本的带式系统设置上限和下限.

• METH={discrete,euler,modeuler,rungekutta,adams,gear,volterra, backeul, qualrk,stiff,cvode,5dp,83dp,2rb,ymp} 设置积分方法 (见附录 C; 默认为 Runge-Kutta) 后四个是 Dormand-Prince 积分器和 Rosenbrock(2,3) 积分器和符号积分器.

• DTMIN=value 设置 Gear 积分器的可允许最小时间步长.

• DTMAX=value 设置 Gear 积分器的可允许最大时间步长.

• VMAXPTS=value 设置 Volterra 积分求解器可保持的点数. 默认值为 4000.

• { JAC_ EPS=value, NEWT_TOL=value, NEWT_ ITER=value} 对根查找器设置参数.

• ATOLER=value 设置积分器的绝对容许偏差.

• TOLER=value 设置 Gear, 自适应 Runge-kutta, 和刚性积分器的误差容许值. 它是 CVODE 和 Dormand-Prince 积分器的相对容许偏差.

• BOUND=value 设置任何绘制变量的最大边界. 如果任何可绘图数量超过这个最大边界, 积分器将停止并发出警告, 程序不会停止. (默认值为 100.)

• DELAY=value 设置积分中允许的最大时滞 (默认值为 0).

• AUTOEVAL={0,1} 告诉 XPP 是否每次更改参数时自动重新计算表. 默认值为自动重新计算. 但是对于随机表, 你可能想关闭这个功能. 每表可以在 XPP 中单独标记.

庞加莱映射

• POIMAP={ section,maxmin,period} 对于变量, 极值或者事件之间的周期截面设置了一个 Poincare 映射.

• POIVAR=name 设置你感兴趣截面的截面对应的变量名.

• POIPLN=value 是截面的值; 它是一个浮点数.

• POISGN={ 1, -1, 0 } 确定截面方向.

• POISTOP=1 表示当到达某一截面时停止积分.

范围积分

• RANGE=1 表示要运行范围积分 (批处理) 模式.

• RANGEOVER=name, RANGESTEP, RANGELOW, RANGEHIGH, RANGERESET=Yes,No, RANGEOLDIC=Yes,No 对应于范围积分选项中的条目.

相空间

• TOR_PER=value 定义了超环面相位空间的周期而且告诉 XPP 在圆上会有一些变量.

• FOLD=name 告诉 XPP 变量 <name> 要对周期取模. 可以对许多变量重复此操作.

AUTO 选项

下面 AUTO 的特定变量也可以进行设置: NTST, NMAX, NPR, DSMIN, DSMAX, DS,EPSS,EPSL,EPSU, PARMIN,PARMAX, NORMMIN, NORMMAX, AUTOXMIN, AUTOXMAX, AUTOYMIN, AUTOYMAX, AUTOVAR. 最后一个是在 y 轴上绘制的变量. 除非在 AUTO 中更改它, x 轴变量始终为 ODE 文件中的第一个参数.

其余

• AUTOEVAL={1,0} 告诉 XPPAUT 是否在参数更改时重新计算表. 如果你有一个随机连接的表, 最好关闭它 (0).

• BELL=0 关闭 XPPAUT 的铃声.

• COLORMAP={0,1,2,3,4,5} 进行如下颜色图切换:

• 0: 标准的

• 1: 周期的

• 2: “热的”

• 3: “冷的”

• 4: 红–蓝

• 5: 灰

附录C 数值方法

这里简要描述 XPPAUT 中使用的数值方法.

C.1 不动点和稳定性

XPPAUT 可以找到映射和微分方程的不动点. 查找不动点涉及解决:

$$G(X) = 0$$

对微分方程 $X' = F(X)$ 是 $G(X) = F(X)$, 对映射 $X_{n+1} = F(X_n)$ 是 $G(X) = X - F(X)$. 牛顿法是迭代的且满足如下:

$$X_{k+1} = X_k - J^{-1}G(X_k)$$

其中, J 是 G 在值 X_k 的雅各布矩阵. XPPAUT 实现牛顿方法需要三个参数: 最大迭代次数、容许偏差和用于矩阵 J 的数值计算参数, 在 XPPAUT 中称作 epsilon. 如果逐次迭代之间的差在容许偏差内或者 $G(X_k)$ 在容许偏差内, 则假定收敛并找到根. J 通过以与 `epsilon` 成比例的量对每个变量进行扰动来找到矩阵, 然后使用这个扰动来近似导数.

一旦找到不动点, 估矩阵 J 被进行评估, 并且使用标准线性代数方法计算 J 的特征值. (例如, 见Numerical Recipes.) XPPAUT 使用此信息来计算解的稳定性. 一维稳定和不稳定不变流形是通过找到对实数特征值的特征向量来进行计算的. 从这个不动点的向量方向制造小扰动, 并且对方程进行积分.

特征向量是通过逆迭代计算出来的. 也就是说, 假设 λ 是特征值, 让 $M = J - \nu I$, 其中 ν 是一个接近 λ 的数. XPPAUT 选择一个随机单位向量, 与 M^{-1} 相乘并规范化结果以获得一个新的向量. 这个迭代直到实现收敛才停止. 得到的向量是近似特征向量.

C.2 积 分 器

常微分方程数值解是一个研究相对充分的领域. XPPAUT 有两类积分器: (i) 固定步长和 (ii) 自适应步长. 每一类可以进一步分为两个类: (i) 显式和 (ii)

隐式. 后者的区别最好可以通过考虑两个最简单的固定步长积分器、欧拉和反向欧拉来进行说明. 欧拉方法求解

$$\frac{\mathrm{d}x}{\mathrm{d}t} = f(x,t),$$

通过近似

$$x(t+h) = x(t) + hf(x(t),t),$$

h 是步长. 这是最容易编程和理解的方法. 但是, 在数值积分中有两个主要的难点: 精度和稳定性. 任何数值分析的书都会告诉你精度为 $O(h)$. 也就是说, T 是一个时间区间. n 由等式 $nh = T$ 定义. 然后有

$$|x(T) - x_n| = O(h),$$

x_n 是欧拉方法的第 n 次迭代. 因此, 想要误差减半, 必须将步长减半. 这个问题也可以通过使用高阶方法来纠正. 最为著名的是 Runge-Kutta 方法, 它对于右侧项进行多次调用. 例如, XPPAUT 使用 Heun 或者改进的欧拉方法, 二阶的 RK 方法定义为

$$\begin{aligned} y_1 &= x_n + hf(x_n,t), \\ y_2 &= x_n + hf(y_1,t+h), \\ x_{n+1} &= \frac{1}{2}(y_1+y_2). \end{aligned}$$

注意这需要右侧两次评估, 但是有 $O(h^2)$ 的精度. 这样做的好处是步长减半, 精度提高了 4 倍. 图 C.1 说明了这一点. 尝试用下面的 ODE 文件来重现这个图像:

```
# a first order equation whose exact answer is known
x'=1-x
aux 1-exp(-t)
aux err=abs(1-exp(-t)-x)
@ total=2
done
```

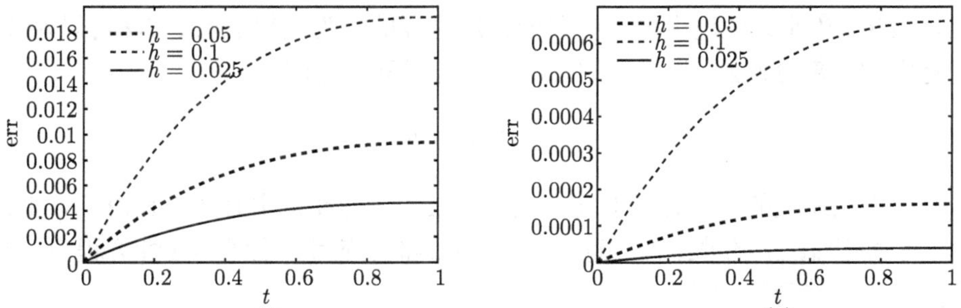

(a) (b)

图 C.1 欧拉算法 (a) 和改进欧拉算法 (b) 的误差

经典的 Runge-Kutta 方法是一个有 $O(h^4)$ 精度的四步方法. 因此, 如果步长减半, 误差会减少 16 倍:

$$\begin{aligned} k_1 &= f(t, x_n), \\ k_2 &= f(t + h/2, x_n + hk_1/2), \\ k_3 &= f(t + h/2, x_n + hk_2/2), \\ k_4 &= f(t + h, x_n + hk_3), \\ x_{n+1} &= x_n + \frac{h}{6}(k_1 + 2k_2 + 2k_3 + k_4). \end{aligned}$$

这些方法称为显式, 因为评估下一项需要前面的值. 显式方法都会有稳定性的问题, 下面的非线性方程可以很好地说明:

$$x' = ax(1 - x), \quad x(0) = 0.1. \tag{C.1}$$

对于所有 $a > 0$, 方程的解都单调收敛到 $x = 1$. 使用欧拉方法应用到这个问题:

$$x_{n+1} = x_n + hax_n(1 - x_n) = hax_n(1 + \frac{1}{ha} - x_n).$$

后者可以看成是带有各种混沌行为的逻辑映射的变体. 也就是说, 固定步长, 让参数 a 变大. 一旦 a 越过 $2/h$, 可以看到不动点 $x_n = 1$ 变成非稳定. 在区间 [0,1] 上进行积分 (C.1), 步长设为 0.05, 使用欧拉方法对于 a 取以下值 (20,30,40,60,80). 即使是经典的 Runge-Kutta 也会报错. 然后尝试使用 RK 方法, 使用默认步长和 $a = 90, 100, 101, 102$.

这个问题的解决方法是使用反向法或者隐式法. 考虑一个简单的线性微分方程:

$$x' = -ax, \quad x(0) = 1,$$

a 是参数. 步长为 h 的欧拉迭代为 $x_{n+1} = (1 - ah)x_n$, 相应的解为 $x_n = (1 - ah)^n$. 显然, 如果 $ah > 1$, 方程解经历振荡而非单调. 如果 $ah > 2$, 方程解会以振荡的方式进行增长. 在非线性逻辑模型中我们见过这样的行为. 使用隐式方法可以避免这些问题中的一部分问题. 最简单的方法称为隐式欧拉方法:

$$x_{n+1} = x_n + hf(t + h, x_{n+1}).$$

这与欧拉方法最大的区别在于右侧取决于 x_{n+1}, 这样在每个时间步长内, 我们需要求解一个关于 x_{n+1} 的非线性方程. 不过, 如果将其应用到上述的线性方程中, 这个方法的优点会变得更加明显:

$$x_{n+1} = x_n - hx_{n+1},$$

求解 x_{n+1} 得到 $x_{n+1} = x_n/(1+ha)$. 因此, 方程解为

$$x_n = x_0 \left(\frac{1}{1+ah}\right)^n,$$

而且为单调递减. 因此, 与显式欧拉方法不同, 无论 a 取多大值, 反向欧拉方法的行为都与微分方程一致. 这个方法可以应用到任何线性系统, 结果为

$$x_{n+1} = (I - hA)^{-1} x_n.$$

如果 A 的所有特征值的均有负实部, 对于任何正的 h 值, 这个迭代方法会一直把初始值简化到原点. 如果与反向欧拉方法有同样的属性, 那么这个数值方法是稳定的. XPPAUT 对于一般非线性方程使用反向欧拉方法. 这意味着每一步必须求解非线性方程:

$$x_{n+1} = x_n + hF(t+h, x_{n+1}).$$

牛顿方法用于解决这个问题. XPPAUT 需要两个参数, `MaxIt` 最大迭代次数和 `Tolerance` 收敛容许偏差. (见上文关于牛顿方法的描述).

XPPAUT 还有一个标准的固定步长积分器: Adams-Bashforth, 它是一个四阶预测校正器. 除了说明一下这个方法在维持四阶精度的同时比 RK 需要更少函数评估, 我不会用更多的篇幅来详细讲解这个方法. 该方法是显式而且相当不稳定. 在时间步长为 0.05 的逻辑方程上尝试 Adams 方法来找出使得该方法变得不可靠的 a 的值. 所以我不推荐使用这种方法, 因为它相当不稳定而且相对于 Runge-Kutta 的加速并不值得冒险.

XPPAUT 还有一个辛积分器. 这个积分器仅适用于有如下形式的系统:

$$\ddot{x_j} = f_j(x_1, \ldots, x_n),$$

写为如下形式:

$$\dot{x_j} = v_j, \quad \dot{v_j} = f_j.$$

辛积分器遵守离散等效守恒定律, 因此可以为 Hamiltonian 系统保留能量. 它们仅适用于 Hamiltonian 系统.

除了固定步长积分器, XPPAUT 有几个自适应积分器. 其中四个, 即 Stiff, Gear, Rosenbrock 和 CVODE, 是隐式方法而且适用于刚性微分方程. Stiff 是基于在 C 中的数值计算中的刚性算法; Gear 是一种直接在 Gear 的书中找到 FORTRAN 代码的翻译; CVODE 基于 LSODE 和网站内容 `http://netlib.bell-labs.com/netlib/ODE/index.html`; Rosenbrock 是基于称为`ODE23S`的算法, 这个算法是其他三个自适应积分器发展而来的: Dormand-Prince8(3), Dormand-Prince 5 和 QualRk, 都是显

式的. DorPri8(3) 基于 8 阶的 Runge-Kutta 方法并带有自动步长控制. 它由 Prince 和 Dormand 开发并在文献 [19] 中描述. 它提供 7 阶的分段多项式近似解. DorPri(5) 与其类似但阶数更低. 两种方法都是很复杂的, 所以应该参考 Hairer 来得到更多细节. 两者都需要相对和绝对容许偏差. 相对容许偏差由输出的大小来量化, 而绝对容许偏差不是. 如果在积分期间出现问题, XPPAUT 会输出错误消息并"建议"可能的补救办法. QualRk 是一个自适应步长的 4 阶 Runge-Kutta 方法. 它是基于数值配方中的代码. 感兴趣的用户应该进一步阅读参考目录. 但是, 我的基本思想是选取大小为 h 的 Runge-Kutta 步长进行一步运算, 然后是选取大小为 $h/2$ 的步长进行两步运算并比较结果. 对比结果会给出很好的误差估计. 这用于调整时间步长. 自适应步长的优势技术是, 有时可能采取大步长而只在必要时切换到小步长, 这样不会浪费时间.

C.2.1　时滞微分方程

通过使用三次多项式插值方法来解决时滞微分方程. XPPAUT 存储来自于常规输出区间的循环堆栈上积分器的输出. 堆栈的大小由参数 `Maximum Delay` 决定. 当需要相对于 t_0 的 $u(t_0)$ 值时, 用 u 附近点的值进行插值. 如果延迟是输出时间的倍数, 则不需要插值. 因此, 如果没有使用延迟作为参数, 相应选择 `Delta T` 是最精确的.

时滞微分方程的不动点的稳定性如下. 线性化的系统有如下形式:

$$\frac{\mathrm{d}y}{\mathrm{d}t} = A_0 y(t) + \sum_{j=1}^{m} A_j y(t-\tau_j),$$

其中 A_j 是矩阵. 替换 $y(t) = \Phi \exp(\lambda t)$ 产生超越特征方程:

$$\Delta(\lambda) = \det\left(A_0 + \sum_{j=1}^{m} A_j \mathrm{e}^{-\lambda\tau_j} - \lambda I\right).$$

我们只对正特征值感兴趣. 最大正实数部的界很容易获得. 然后, XPPAUT 在右半平面的大正方形中计算函数的近似围道积分 $\Delta(\lambda)$. 从论证原则来讲, 可以得到围道中根的数量, 进而得到不动点的稳定性. 然后 XPPAUT 使用牛顿方法来找到 $\Delta(\lambda)$ 最接近 0 的根.

C.2.2　Volterra 积分器

这个积分器是基于 Peter Linz 书中关于求解积分方程的一个方法. 它是一个隐式一阶方法. 我会讲解如何应用在标量积分方程上:

$$u(t) = f(t) + \int_0^t F(t,s,u(s))\,\mathrm{d}s.$$

使 $t=hn$, h 是时间步长. 然后, 可以写成离散化形式:

$$u_n = f_n + h\sum_{j=0}^{n-1} F(nh, nj, u_j) + hF(nh, nh, u_n).$$

注意, u_n 在右侧出现. 因此, 必须再次使用牛顿方法找到 u_n. 这个方法与反向欧拉方法都是稳定的, 而且原因相同.

考虑这个奇异积分:

$$\int_0^{nh} \frac{F(nh, s, u(s))}{(nh-s)^r}\,\mathrm{d}s,$$

其中 $0<r<1$. 则

$$\begin{aligned}\int_0^{nh} \frac{F(nh, s, u(s))}{(nh-s)^r}\,ds &\approx \sum_{j=0}^{n-1} F(nh, nj, u(nj)) \int_{jh}^{(j+1)h} \frac{\mathrm{d}s}{(nh-s)^r}\\ &= \frac{1}{1-r}\sum_{j=0}^{n-1} F(nh, nj, u(nj))\left([nh-jh]^{1-r} - [nh-(j+1)h]^{1-r}\right).\end{aligned}$$

这个技巧把奇异积分变成了一个常规求和的问题.

C.3 AUTO 的工作原理

AUTO 能够找到系统的不动点并且可以随着参数变化来跟踪它们, 同样也可以跟踪微分方程的解. 后一种情况下经常被认为是边界值问题, 而且总是在单位区间上进行求解. 首先考虑求解代数问题:

$$f(u,\lambda)=0, \quad u, f\in \mathbf{R}^n, \quad \lambda\in\mathbf{R}.$$

这是通过参数 s 来参数化方程解, 因此有 $(u(s),\lambda(s))$ 形式的方程解一定会被发现. 通过方程 $f(u(s),\lambda(s))=0$ 对 s 求导可以得到一个 $n\times n+1$ 维的矩阵:

$$M=(f_u|f_\lambda),$$

其假定有一个零维空间. 零向量 $(\dot{u},\dot{\lambda})$ 正规化为

$$c_u\dot{u}^T\dot{u}+c_\lambda\dot{\lambda}^2=1,$$

其中 c_u, c_λ 是常数. 假定我们已经得到 (u_{j-1},λ_{j-1}) 和 $(\dot{u}_{j-1},\dot{\lambda}_{j-1})$, 然后必须求解

$$f(u_j, v_j)=0$$

$$\Delta s = c_u(u_j - u_{j-1})^{\mathrm{T}}\dot{u}_{j-1} + c_\lambda(\lambda_j - \lambda_{j-1})\dot{\lambda}_{j-1},$$

其中, Δs 是所需的步长. 这是一个 $(n+1)\times(n+1)$ 的系统, 雅各布矩阵

$$M \equiv \begin{pmatrix} f_u & f_\lambda \\ \dot{u} & \dot{\lambda} \end{pmatrix}$$

是非奇异的, 即使 f_u 是奇异的. 因此, AUTO 可以跟踪鞍点. 用同样的方式应用到 (2n+1) 维的系统, 可以使用两个参数 (λ,μ) 来跟踪极限点或者鞍点:

$$f(u,\lambda,\mu)=0,\ f_u(u,\lambda,\mu)v=0,\ v^Tv-1=0.$$

Hepf 分岔点跟踪稍微复杂, 但是取决于 Hepf 分岔点处的线性化问题:

$$V(t)' = Tf_uV(T),$$

在 T 的某些值下有满足 $V(0)=V(1)=0$ 的非常数解. 因为解与正弦和余弦在 Hepf 点成比例, $V(t)=\xi\sin 2\pi t+\eta\cos 2\pi t$. 结果包括两个代数方程

$$(T/2\pi)f_u\xi+\eta=0,\quad -\xi+(T/2\pi)f_u\eta=0,$$

范式为

$$\xi^T\xi+\eta^T\eta=1.$$

由于平移不变, 必须再提供一个正规化条件来固定相:

$$\eta_0\xi-\xi_0\eta=0,$$

其中, ξ_0,η_0 是之前找到的解. 所以我们现在有一个 $3n+2$ 维的系统需要解决. 对于映射的延续与之相类似. 对于在区间 $[0,1]$ 上的微分方程, AUTO 通过智能的离散化获得 ODE 后求解所得的代数方程来解代数系统. AUTO 数值菜单中的 Ntst 定义了离散化点的数量. 离散化不是均匀的, 而是更多的点放置在解快速变化的地方. 因此, 在 AUTO 中没有真正的方程积分解; 取而代之的是代数方程系统的延续.

下面是 AUTO 如何进行方程延续的详细例子. 考虑

$$f(u,\lambda)=\lambda+u^2=0.$$

假设从 $\lambda=-1$ 和 $u=1$ 开始. 对 $f_u\dot{u}+\dot{\lambda}=0$ 的规范化零向量是

$$(\dot{u},\dot{\lambda})=\frac{1}{1+4u^2}(-1,2u),$$

其中 $f_u = 2u$. 必须解决

$$u_j^2 + \lambda_j = 0$$

$$\Delta s = \frac{1}{1+4u_{j-1}^2}[(u_j - u_{j-1})(-1) + (\lambda_j - \lambda_{j-1})2u_{j-1}]$$

这对方程在猜测值 u 的雅各比矩阵是

$$M = \frac{1}{1+4u_{j-1}^2}\begin{pmatrix} 2u & 1 \\ -1 & 2u_{j-1} \end{pmatrix},$$

矩阵的行列式是

$$\frac{1+4uu_{j-1}}{1+4u_{j-1}^2},$$

如果移动足够小的步使得 u 和 u_{j-1} 接近, 那么行列式的值为非零.

关于 AUTO 的使用方法和更多细节可以在参考文献中找到.

附录D　ODE 文件的结构

所有 ODE 文件只是由一系列定义和到 XPP 解析器指令组成的文本文件. 定义给出的顺序通常是不重要的, 但是有一个例外, 即固定变量或临时变量是以定义顺序进行评估的. 因此, 在一个命名的固定变量定义之前永远不要使用, 在试图解决一个 ODE 时这会导致出现很多奇怪的结果. ODE 文件的每一行限定为 1024 个字符. 可以使用编制行继续符号 \. 以下是 ODE 文件的指令集合:

#: 注释行. XPPAUT 会忽略这一点.

": 提取的注释, 可以显示在单独的窗口.

" {a=1,b=2,...}: 伴有一些"行动"的注释. 当这些注释显示在注释窗口中时, * 符号出现在附近. 当用户点击时, 各种初始条件、参数和 XPP 内部选项都可以设置.

!`name=formula` 这定义了一个派生参数`name`, 它的值可能取决于其他参数. 这些派生参数不会出现在参数列表中, 因为它们与其他参数有关. 每次改变一个参数, 它们也会更新.

options `filename`: 使用常规选项插入文件名. 这仅包括向后兼容性并且一般是淘汰的.

name(t+1)=`formula` 或

dname/dt=`formula` 或

name'=`formula`: 定义微分/差分方程的因变量 **name**, `formula`定义右侧. 例如:

```
x'=-x+sin(t)
z(t+1)=z*(4-z)
dw/dt=1-cos(w)+(1+cos(w))*a
```

name(t)=`formula` 或

volterra `name = formula`: 定义一个变量为 **name** 的 Volterra 积分方程. 例如:

```
y(t)=int{exp(-t)#x}
y'=-y + a int{exp(-(t-t'))*max(y-1/(1+(t-t')^2),0)}
y(t)=int[.5]{1#y}
```

\# 符号表示卷积, `[a]`将被积函数乘以 $1/(t-t')^a$, 其中 $0<a<1$.

markov name nstates

$$\begin{array}{cccc}\{P_{0,0}\} & \{P_{0,1}\} & \cdots & \{P_{0,n-1}\} \\ \{P_{1,0}\} & \{P_{1,1}\} & \cdots & \{P_{1,n-1}\} \\ \vdots & \vdots & & \vdots \\ \{P_{n-1,0}\} & \{P_{n-1,1}\} & \cdots & \{P_{n-1,n-1}\}\end{array}$$

这定义了有 nstates 状态的 Markov 变量 **name**. 下面是转换表, 包括有大括号 {} 隔开的一系列公式. 对角线条目被忽略, 但是仍然应该包含数值或者公式. 例如:

```
markov z 2
{0} {alpha(v)}
{beta(v)} {0}
```

aux name=formula 定义名字为 name 的命名数值量, 它出现在数据浏览器中并可用于绘图. 注意**辅助**变量在 XPPAUT 内部是未知的, 不能在公式中使用它们.

name= formula 定义一个内部或固定数量, 可用于其他公式. 这个 fixed 固定变量具有与 C 语言中的临时量相同的功能.

par name1=value1, name2=value2, ... 定义命名参数和默认值. 这些值可以以后在 XPPAUT 中改动. **不要在名称、值和等号之间放置空格**. 例如:

```
par a=1,b=2,c=2,big_g=20
```

number name1=value1, name2=value2, ... 定义命名参数和默认值. 这些值是固定的, 不能在 XPPAUT 中更改. 例如:

```
number faraday=96485,rgas=8.3147,tabs0=273.15
```

name(x,y,...)=f(x,y,...) 定义最多有 9 个变量的函数. 这个函数可以在任意右侧或者其他函数中使用. 例如:

```
f(x)=if(x>1)then(1/ln(x/(x-1)))else(0)
g(v,w)=2v^2(1-w)-w/10
```

table name filename 定义一个名为 **name** 的查找表, 该表由文件 **filename** 中的值定义. 查找表类似于在列表文件的值上使用线性插值的单变量函数. 该文件具有以下结构:

```
npts
xlo
xhi
y(xlo)
...
y(xhi)
```

函数的定义域是 $[x_{lo}, x_{hi}]$.

table % name npts xlo xhi f(t) 定义了以名为 **name**, 使用 **npts** 和在 $t = x_{lo}, \ldots, x_{hi}$ 评估**f(t)**的预计算表. 例如:

```
table h % 101 0 6.283 sin(t)+.6+.4*cos(t)+.2*sin(2*t)
```

表在修改参数时自动重新评估, 除非关闭 AUTOEVALUATE 标记.

wiener name1, name2, ...　定义了一系列正态分布随机变量, 平均值为 0, 标准方差是 $\sqrt{\mathrm{d}t}$, dt 是内部时间步长. 使用 viener 的优势在于, 当你更改时间步长时, 变量的幅度也会自动调整.

global sign condition {name1=form1;...} 定义全局标志来允许 XPPAUT 实现 delta 函数. 如果 **sign=1**, **condition** 是从负变为正, **sign=-1** 且 **condition** 从正变为负, 或者如果 **sign=0** 和 **condition** 同时消失, 然后每个变量 **name** 立即更改为 **formula** 的值. 例如:

```
global 1 x-1 {x=0;y=y+a*sin(y)}
```

init name1=val1,name2=val2,... 设置 **name** 的初始值为 **val**.

name(0)= expression 设置 **name** 的初值为表达式. 如果 **name** 是时滞微分方程变量, 且如果 **expression** 是关于时间 t 的函数, 那么 **name(t)** 被定义为对于 $-M < t < 0$ 的函数, M 是最大时滞. 例如:

```
x'=-delay(x,2)
x(0)=sin(t)
```

bdry expression 定义在区间起始点或者终点的边界值条件. 如果变量名是带撇的则表明是区间的终点, 否则为区间的起始点. 例如:

```
bdry u'-v-1
```

强制边界条件 $u(L) - v(0) - 1 = 0$, $[0, L]$ 是 ODE 的区间.

0= expression 对微分代数方程定义了一个代数条件.

solve name=expression 告知 XPPAUT 对于变量 **name** 并有初始猜测 **expression** 来求解代数条件. 例如:

```
x'=-y
init x=0
0=y+exp(y)-x
solv y=-.56715
```

求解微分代数方程 $x' = -y$, 其中 $y + \mathrm{e}^y = x$. 注意 $y + \mathrm{e}^y$ 没有闭形式逆.

special name=FUN(...) 定义名为 **name** 的一维数组, 它表示关于一个变量数组和表的特殊求和. **FUN** 可以是以下其中任何一个:

conv(type,n,m,w,u):

$$\text{name}(j) = \sum_{l=-m}^{m} w(m+l)\text{shift}(u, j+l), \quad j = 0, \cdots, n-1$$

w 是长度为 $2m+1$ 的表, **type={even,0,periodic}** 决定对于 $j+l<0$ 和 $j+l \geqslant n$, 如何定义 $u(j+l)$.

fconv(type,n,m,w,u,v,f):

$$\text{name}(j) = \sum_{l=-m}^{m} w(m+l)f(u(j+l), v(j)), \quad j = 0, \cdots, n-1$$

sparse(n,m,w,l,u) 为求值.

$$\text{name}(j) = \sum_{l=0}^{m-1} w(jm+l)u(c(jm+l)), \quad j = 0, \cdots, n-1$$

其中, w 是长度为 mn 的表, c 是长度为 mn 表的索引.

fsparse(n,m,w,l,u,v,f) 为求值

$$\text{name}(j) = \sum_{l=0}^{m-1} w(jm+l)f(u(c(im+l)), v(j))$$

mmult(m,n,w,u) 为求值

$$\text{name}(j) = \sum_{l=0}^{m-1} w(l+mj)u(l), \quad j = 0, \cdots, n-1$$

fmmult(m,n,w,u,v,f) 为求值

$$\text{name}(j) = \sum_{l=0}^{m-1} w(l+mj)f(u(l), v(j)), \quad j = 0, \cdots, n-1$$

这些都可以用于 ODE 右侧. 例如

```
table w % 21 -10 10 exp(-abs(t))
special k=conv(even,101,21,w,u0)
u[0..100]'=-u[j]+f(k([j]))
```

这里 k 是对于数组 u 和 $\exp(-|x|)$ 的离散卷积的计算.

`set name {x1=z1,x2=z2,...,}` 定义了一个声明集合, 包括参数值、初始数据和选项, 这些也可以当 XPPAUT 运行时使用 `File Get par set` 命令来完成. 例如:

```
set hopf {a=.3,x=1.2,b=9}
```

@ opt1=val1,opt2=val2,... 设定各种内部 XPPAUT 选项. 例如:

```
@ maxstor=100000,total=1000,dt=.02
```

anything[j1..j2] expr[j] 通过 XPPAUT 展开为一系列 j_2-j_1+1 的语句. 例如:

```
x[1..4]'=-x[j]+[j]
```

展开为

```
x1'=-x1+1
x2'=-x2+2
x3'=-x3+3
x4'=-x4+4
```

%**[j1..j2]** 展开所有语句, 直到遇到另一个%. 例如:

```
%[1..4]
x[j]'=-y[j]-x[j-1]
y[j]'=x[j]
%
```

展开为

```
x1'=-y1-x0
y1'=x1
x2'=-y2-x1
y2'=x2
x3'=-y3-x2
y3'=x3
x4'=-y4-x3
y4'=x4
```

done 告诉 XPPAUT 文件完成.

附录 E　完整命令列表

这里会展示所有命令的树状结构. 这些并不是命令描述, 所有的快捷键都大写并且用黑体表示. 因此, 要得到数据拟合的命令, 可以点击 **U H I** 或者选择 `nUmerics stocHastic fIt data`.

E.1 主 菜 单

- **I**nitialconds: **R**ange, **2** par ranges, **L**ast, **O**ld, **G**o, **M**ouse, **S**hift, **N**ew, s**H**oot, **F**ile, form**U**la, m**I**ce, **D**AE guess, **B**ackward,
- **C**ontinue
- **N**ullcline: **N**ew, **R**estore, **A**uto, **M**anual,
  - **F**reeze: **F**reeze, **D**elete all, **R**ange, **A**nimate
- **D**ir field/flow: **D**irect Field, **F**low, **N**o dir fld, **C**olorize, **S**caled Dir Fld.
- **W**indow/zoom: **W**indow, **Z**oom In, Zoom **O**ut, **F**it
- pha**A**sespace: **A**ll, **N**one, **C**hoose
- **K**inescope: **C**apture, **R**eset, **P**layback, **A**utoplay, **S**ave, **M**ake Anigif
- **G**raphic stuff: **A**dd curve, **D**elete last, **R**emove all, **E**dit curve, **P**ostscript, a**X**es opts, exp**O**rt, **C**olormap,
  - **F**reeze: **F**reeze, **D**elete, **E**dit, **R**emove all, **K**ey, **B**if Diag, **C**lr BD, **O**n/ff freeze
- n**U**merics: **T**otal, **S**tart time, t**R**ansient, **D**t, **N**cline ctrl, s**I**ng pt ctrl, n**O**utput, **B**ounds, **M**ethod, d**E**lay, r**U**elle plot, loo**K**up, bnd**V**al, **ESC**-exit,
  - stoc**H**astic: **N**ew seed, **C**ompute, **D**ata, **M**ean, **V**ariance, **H**istogram, **O**ld hist, **F**ourier, **P**ower, f**I**t data, **L**iapunov, **S**tat
  - **P**oincare map: **N**one, **S**ection, **M**ax/min, **P**eriod
  - **A**veraging: **N**ew adjoint, **M**ake H, **A**djoint, **O**rbit, **H**fun
- **F**ile: **P**rt info, **W**rite set,**R**ead set, **A**uto, **C**alculator, **S**ave info, **B**ell off, c-**H**ints, **Q**uit, **T**ranspose, t**I**ps, **G**et par set
  - **E**dit: **R**HS's,**F**unctions, **S**ave as, **L**oad DLL
- **P**arameters
- **E**rase

- **M**ake window: **C**reate, **K**ill all, **D**estroy, **B**ottom, **A**uto, **M**anual, **S**imPlot On/Off
- **T**ext etc: **T**ext, **A**rrow, **P**ointer, **M**arker, **D**elete all, marker**S**.
  - **E**dit: **C**hange, **M**ove, **D**elete
- **S**ing pts: **G**o,**M**ouse, **R**ange, monte**C**arlo
- **V**iew axes: **2**D, **3**D, **A**rray, **T**oon
- **X**i vs T
- **R**estore
- **3**D-params
- **B**ndryval: **R**ange, **N**o show, **S**how, **P**eriodic.

E.2 AUTO

- **P**arameter
- **A**xes: **H**i, **N**orm, h**I**-lo, **P**eriod, **T**wo par, **Z**oom, last **1** par, last **2** par, **F**it, f**R**equency, **A**verage
- **N**umerics
- **R**un
- **G**rab
- **U**sr period
- **C**lear
- re**D**raw
- **F**ile: **I**mport orbit, **S**ave diagram, **L**oad diagram, **P**ostscript, **R**eset diagram, **C**lear grab, **W**rite pts, **A**ll info

E.3 浏览器命令

- **F**ind
- **G**et
- **R**eplace
- **L**oad
- **W**rite
- **U**nreplace
- **T**able
- **A**dd col
- **D**el col

附录F　错 误 信 息

XPPAUT 含有很多模糊的错误信息. 这里提供一个常用的列表来讲述这些信息的来源以及如何处理.

Out of bounds 一些变量或辅助数量超出规定最大值. 通过增加 `nUmerics` 菜单中的 `Bounds` 来解决此问题. 但要小心, ODE 的一些解会趋于无穷.

Bad formula 解析器不清楚你想要表达什么意思. 你可能写错了一个名字, 忘了一个括号, 或使用 XPPAUT 未知的名称.

Singular Jacobian 在 Newton 的方法中, 矩阵不可逆. 在边界值问题, 这有时意味着你没有写入正确的边界条件. 在积分问题中, 有时把时间步长设置成更小值会起到作用.

Maximum iterates exceeded 在牛顿法或曲线拟合中, 在给定迭代次数的情况下不能达到规定的容许偏差. 要么增大容许偏差, 要么增加迭代次数至最大值.

Delay negative or too large. 增加最大允许时滞值. 如果时滞是负的, 你有一个不适定问题.

Could not converge to root. 在求解非线性方程中, 牛顿求解器未能收敛. 你应该给出一个更好的猜测.

Working too hard??? 当你有全局标志的时候会出现这个错误标志. 这是一个难以解决的错误. 它一般意味着当条件 A 发生时, 其诱导条件 B 反过来再次诱导条件 A 发生等. 多次点击 `Escape` 有时能起作用, 但偶尔需要关闭 XPPAUT.

All curves used. 冻结绘图时, 每个绘图窗口只有 26 个图保存, 删除一些不需要的.

Bad condition.　在计算直方图中发生忽视. 如果条件的公式是不好的, XP-PAUT
会忽略它.

Out of memory. 是时候升级电脑咯!

Out of film. 在 Kinescope 命令中, 只有这么多的屏幕拍摄可以保存.

No prior solution. 在没有首先计算具有新初始数据的解的情况下使用 `Initialconds Last`

No shooting data available. 在使用之前, 必须找到系统的一个不动点与一维不变流形.

Incompatible parameters.你试图加载一个与正在运行的 ODE 文件不相关联的保存设置文件.

F.1 便捷表

文件格式:

```
# comments
d<name>/dt=<formula>
<name>'=<formula>
<name>(t)=<formula>
volt <name>=<formula>
<name>(t+1)=<formula>
# arrays
x[n1..n2]' = ...[j] [j-1]
markov <name> <nstates>
  {t01} {t02} ... {t0k-1}
  {t10} ...
  ...
  {tk-1,0} ... {tk-1 k-1}

aux <name>=<formula>
# parameters defined as formulae:
!<name>=<formula>
<name>=<formula>
parameter <name1>=<value1>,<name2>=<value2>, ...
wiener <name1>, <name2>, ...
number <name1>=<value1>,<name2>=<value2>, ...
<name>(<x1>,<x2>,...,<xn>)=<formula>
table <name> <filename>
table <name> % <npts> <xlo> <xhi> <function(t)>
global sign {condition} {name1=form1;...}
init <name>=<value>,...
# delay initial conditions:
<name>(0)=<value> or <expr>
bdry <expression>
```

```
0= <expression>    <---  For DAEs
solv <name>=<expression> <------ For DAEs
special <name>=conv(type,npts,ncon,
                    wgt,rootname)
  fconv(type,npts,ncon,wgt,rootname,
        root2,function)
  sparse(npts,ncon,wgt,
         index,rootname)
  fsparse(npts,ncon,wgt,index,rootname,
          root2,function)
# comments
@ <name>=<value>, ...
set <name> {x1=z1,x2=z2,...}
options <filename>
# Active comments
" {z=3,b=3,...} Some nice text
done
```

积分方程:

常规积分方程

$$u(t)=f(t)+\int_0^t K(t,s,u(s))\mathrm{d}s$$

可写为

```
u = f(t) + int{K(t,t',u)}
```

卷积方程

$$v(t)=\exp(-t)+\int_0^t \mathrm{e}^{-(t-s)^2}v(s)\mathrm{d}s$$

可写为

```
v(t) = exp(-t) + int{exp(-t^2)#v}
```

如果想求解

$$u(t)=\exp(-t)+\int_0^t (t-t')^{-mu}K(t,t',u(t'))\mathrm{d}t'$$

形式如

```
u(t)= exp(-t) + int[mu]{K(t,t',u}
```

对于卷积使用如下形式:

```
u(t)= exp(-t) + int[mu]{w(t)#u}
```

网络:

```
special zip=conv(type,npts,ncon, wgt,root)
```

`root` 是变量名, `wgt` 是表, 生成有 npts 数量的数组`zip`:

$$\mathrm{zip}[i] = \sum_{j=-\mathrm{ncon}}^{\mathrm{ncon}} \mathrm{wgt}[j+\mathrm{ncon}]\mathrm{root}[i+j]$$

`sparse` 网络有如下文法:

```
special zip=sparse(npts,ncon,wgt,index,root)
```

wgt 和 index 均为表, 且至少有 `npts*ncon` 的条目. 数组 index 返回与其连接的索引偏移, 数组 wgt 是耦合强度. 返回为

```
zip[i] = sum(j=0;j<ncon)
     w[i*ncon+j]*root[k]
k = index[i*ncon+j]
```

另外两种网络可运行更加复杂的相互作用:

```
special zip=fconv(type,npts,ncon,
                  wgt,root1,root2,f)
```

评估为

```
zip[i]=sum(j=-ncon;j=ncon)
 wgt[ncon+j]*f(root1[i+j],root2[i])
```

和

```
special zip=fsparse(npts,ncon,wgt,
                 index,root1,root2,f)
```

评估为

```
zip[i]=sum(j=0;j<ncon)
wgt[ncon*i+j]*f(root1[k],root2[i])
k = index[i*ncon+j]
```

选项:

更改选项的格式为

```
@ name1=value1, name2=value2, ...
```

其中 `name` 是以下之一, `value` 为整数, 浮点数或字符串 (所有名字都可以大小写). *只有前四个选项必须在程序外设置*.它们是:

• MAXSTOR=`integer` 设置时间步长的总数, 而且将其保存在内存中. 默认值为 5000. 如果要执行非常长的积分, 则改成更大值.

• BACK={`Black, White`}将背景设置为黑色或白色.

• SMALL=`fontname` 其中 `fontname` 是 X 服务器可用的字体. 这里设置“小”字体用于数据浏览器和一些其他窗口.

• BIG=`fontname` 设置所有菜单和弹出窗口的字体.

- SMC={0,...,10}设置稳定流形颜色.
- UMC={0,...,10}设置不稳定流形颜色.
- XNC={0,...,10}设置 X 零等值线颜色.
- YNC={0,...,10}设置 Y 零等值线颜色.

其余选项可以在程序内设置. 它们是

- LT=`int` 设置线型. 它应该小于 2 和大于 −6.
- SEED=`int` 设置随机数生成器种子.
- XP=name 设置要在 x 轴上绘制的变量的名称. 默认值为`T`, 即时间变量.
- YP=name 设置变量在 y 轴上的名称.
- ZP=name 设置变量在 z 轴上的名称 (如果绘图是 3D.)
- NPLOT=`int` 告诉 XPP 在当前屏幕中绘制多少幅图形.
- XP2=name,YP2=name,ZP2=name 告诉 XPP 第二曲线轴上的变量; XP8 等是第 8 个图. 最多可以指定打开 8 个图. 他们将被给予不同的颜色.
- AXES={`2,3`} 确定是 2D 还是 3D 绘图显示.
- TOTAL=value 设置要积分方程的总时间量 (默认值为 20).
- DT=value 设置积分器的时间步长 (默认值为 0.05).
- NJMP=`integer` 告诉 XPPAUT ODE 解的输出频率. 默认值为 1, 表示在每步积分中都输出.
- T0=value 设置开始时间 (默认值为 0).
- TRANS=value 告诉 XPP 积分直到 `T=TRANS` 然后开始对方程解绘图 (默认值为 0).
- NMESH=`integer` 设置用于计算零等值线的网格大小 (默认为 40).
- METH={ `discrete`, `euler`, `modeuler`, `rungekutta`, `adams`, `gear`,`volterra`, `backeul`, `qualrk`, `stiff`, `cvode`, `5dp`, `83dp`, `2rb`, `ymp`} 设置积分方法 (默认为 Runge-Kutta.)
- DTMIN=value 设置 Gear 积分器的最小允许时间步长.
- DTMAX=value 设置 Gear 积分器的最大允许时间步长.
- VMAXPTS=value 设置 Volterra 积分求解器保持的点数. 默认值为 4000.
- JAC_EPS=value, NEWT_TOL=value,
NEWT_ITER=value 为根查找器设置参数.
- ATOLER=value 设置 CVODE 的绝对容许偏差.
- TOLER=value 对于 Gear, 自适应 Runge-Kutta 和刚性积分器 stiff, 设置容许误差. 它是 CVODE 的相对容差.
- BOUND=value 设置任何绘制变量的最大边界. 如果任何可绘图数值量超过这个值, 积分器将停止并发出警告. 但是程序不会停止 (默认值为 100.)

• DELAY=value 设置积分中允许的最大时滞 (默认值为 0)

• PHI=value,THETA=value 设置三维的角度图.

• XLO=value, YLO=value, XHI=value, YHI=value 设置的二维图的范围 (默认值分别为 0, −2,20,2) 对于三维绘图, 绘图被缩放到定点为 ±1 的立方体上, 此立方体被旋转和投影到平面上, 所以将这些设置为 ±2 适用于 3D 图.

• XMAX=value, XMIN=value, YMAX=value, YMIN=value, ZMAX=value, ZMIN=value 三维绘图的缩放设置.

• OUTPUT=filename 为其想写入的积分文件设置文件名. 默认为 output.dat.

• POIMAP={ `section,maxmin`} 对于变量的截面或极值设置一个 Poincare 映射.

• POIVAR=name 设置你感兴趣的截面对应的变量名.

• POIPLN=value 是截面的值; 它是一个浮点数.

• POISGN={ `1, -1, 0` } 确定截面方向.

• POISTOP=1 表示当到达某一截面时停止积分.

• RANGE=1 表示要运行范围积分 (批处理模式).

• RANGEOVER=name, RANGESTEP=number, RANGELOW=number, RANGEHIGH=number, RANGERESET=`Yes,No`, RANGEOLDIC=`Yes,No` 都对应于范围积分选项中的条目.

• TOR_PER=value, 定义了环形相位空间的周期而且告诉 XPP 在圆上会有一些变量.

• FOLD=name, 告诉 XPP 变量 <name> 要对周期取模. 可以对许多变量重复此操作.

• AUTO-stuff. 下面 AUTO 的特定变量也可以进行设置: `NTST, NMAX, NPR, DSMIN, DSMAX, DS, PARMIN, PARMAX, NORMMIN, NORMMAX, AUTOXMIN, AUTOXMAX, AUTOYMIN, AUTOYMAX, AUTOVAR`. 最后一个是在 y 轴上绘制的变量. 除非在 AUTO 中更改它, x 轴变量始终为 ODE 文件中的第一个参数.

颜色　0 到 10 的数值, 并且是黑、红橙色、橙色、黄橙色、黄色、黄绿色、绿色、蓝绿色、蓝色和紫色.

关键字　应该注意以下的关键字, 在 ODE 文件中除他们本意之外不能使用其他意思.

```
sin cos tan atan atan2 sinh cosh tanh
exp delay ln log log10 t pi if then else
asin acos heav sign ceil flr ran abs del\_shft
max min normal besselj bessely erf erfc
arg1 ... arg9  @ $ + - / * ^ ** shift
```

| > < == >= <= != not \# int sum of i'

这些都很显而易见. 下面这些并不是那么明显:

• heav(arg1) 阶跃函数, 如果 arg1<0 为零, 否则为 1.

• sign(arg) 这是参数的符号 (零具有符号 0).

• ran(arg) 生成一个在 0 和 arg 之间均匀分布的随机数.

• besselj, bessely 接受两个参数 nx 和返回分别为 $J_n(x)$ 和 $Y_n(x)$ bessel 函数.

• erf(x), erfc(x)是误差函数和互补误差函数.

• normal(arg1,arg2) 生成一个平均值为 arg1 和方差为 arg2 正态分布的随机数.

• max(arg1,arg2) 产生两个项的最大值, min 是两个里面的最小值.

• if(<exp1>)then(<exp2>)else(<exp3>) evaluates <exp1> 如果是非零, 计算为 <exp2>, 否则为 <exp3>. 例如, if(x>1)then(ln(x))else(x-1), 如果 x=2 有ln(2), 如果 x = 0 则为-1.

• delay(<var>,<exp>) 返回由评估 <exp> 的时滞变量 <var>. 为了使用时滞, 必须通知程序最大可能时滞, 因此它可以分配存储.

• del_shft(<var>,<shft>,<delay>). 此运算符组合 delay 和 shift 运算符, 并返回有 <shft> 移位和 <delay> 时滞时间的变量 <var> 的值.

• ceil(arg),flr(arg) 是返回大于 <arg> 最小整数和小于 <arg> 的最大整数.

• t 是微分方程积分中的当前时间.

• pi 圆周率 π.

• arg1, ..., arg9 是函数的幅角部分.

• int, #关注 Volterra 方程.

• shift(<var>,<exp>) 此运算符评估表达式 <exp>, 转换成一个整数, 然后使用它来间接寻址一个变量, 其地址是 <var> 加上表达式的整数值. 这是一种在 XPPAUT 中模仿数组的方法. 例如, 如果你定义了序列的 5 个变量, 即 u0, u1, u2, u3, u4, 一个接一个, 然后 shift(u0,2) 将返回 u2 的值.

• sum(<ex1>,<ex2>)of(<ex3>) 是一种求和的方法. 表达式 <ex1>,<ex1> 被评估, 其整数部分用作求和的下限和上限. 求和的索引是 i', 因此你不能有双求和, 因为只有一个索引. <ex3> 是将被求和的表达式并且通常将涉及 i'. 例如, sum(1,10)of (i') 将被评估为 55. 另一个例子结合移位运算符来求和. sum(0,4)of (shift(u0, i')) 将对 u0 和接下来定义的四个变量进行求和.

索　引

《现代数学译丛》已出版书目

(按出版时间排序)

1 椭圆曲线及其在密码学中的应用——导引 2007. 12 〔德〕Andreas Enge 著 吴 铤 董军武 王明强 译

2 金融数学引论——从风险管理到期权定价 2008. 1 〔美〕Steven Roman 著 邓欣雨 译

3 现代非参数统计 2008. 5 〔美〕Larry Wasserman 著 吴喜之 译

4 最优化问题的扰动分析 2008. 6 〔法〕J. Frédéric Bonnans 〔美〕Alexander Shapiro 著 张立卫 译

5 统计学完全教程 2008. 6 〔美〕Larry Wasserman 著 张 波 等译

6 应用偏微分方程 2008. 7 〔英〕John Ockendon, Sam Howison, Andrew Lacey & Alexander Movchan 著 谭永基 程 晋 蔡志杰 译

7 有向图的理论、算法及其应用 2009. 1 〔丹〕J. 邦詹森 〔英〕G. 古廷 著 姚兵 张忠辅 译

8 微分方程的对称与积分方法 2009.1〔加〕乔治 W. 布卢曼 斯蒂芬 C. 安科 著 闫振亚 译

9 动力系统入门教程及最新发展概述 2009.8 〔美〕Boris Hasselblatt & Anatole Katok 著 朱玉峻 郑宏文 张金莲 阎欣华 译 胡虎翼 校

10 调和分析基础教程 2009.10 〔德〕Anton Deitmar 著 丁勇 译

11 应用分支理论基础 2009. 12 〔俄〕尤里·阿·库兹涅佐夫 著 金成桴 译

12 多尺度计算方法——均匀化及平均化 2010. 6 Grigorios A. Pavliotis, Andrew M. Stuart 著 郑健龙 李友云 钱国平 译

13 最优可靠性设计：基础与应用 2011. 3 〔美〕Way Kuo, V. Rajendra Prasad, Frank A.Tillman, Ching-Lai Hwang 著 郭进利 闫春宁 译 史定华 校

14 非线性最优化基础 2011.4 〔日〕Masao Fukushima 著 林贵华 译

15 图像处理与分析：变分，PDE，小波及随机方法 2011.6 Tony F. Chan, Jianhong (Jackie) Shen 著 陈文斌，程晋 译

16 马氏过程 2011.6 〔日〕福岛正俊 竹田雅好 著 何萍 译 应坚刚 校

17 合作博弈理论模型 2011.7 〔罗〕Rodica Branzei 〔德〕Dinko Dimitrov 〔荷〕Stef Tijs 著 刘小冬 刘九强 译

18 变分分析与广义微分 I：基础理论 2011. 9〔美〕 Boris S. Mordukhovich 著 赵亚莉 王炳武 钱伟懿 译

19 随机微分方程导论应用(第 6 版) 2012.4 〔挪〕Bernt Øksendal 著 刘金山 吴付科 译

20 金融衍生产品的数学模型 2012.4 郭宇权(Yue-Kuen Kwok) 著 张寄洲 边保军 徐承龙 等 译

21 欧拉图与相关专题 2012.4 〔英〕Herbert Fleischner 著 孙志人 李 皓 刘桂真 刘振宏 束金龙 译 张 昭 黄晓晖 审校

22 重分形：理论及应用 2012.5 〔美〕戴维·哈特 著 华南理工分形课题组 译

23 组合最优化：理论与算法 2014. 1 〔德〕 Bernhard Korte Jens Vygen 著 姚恩瑜 林治勋 越民义 张国川 译

24 变分分析与广义微分 II：应用 2014. 1 〔美〕 Boris S. Mordukhovich 著 李 春 王炳武 赵亚莉 王 东 译

25 算子理论的 Banach 代数方法(原书第二版) 2014.3 〔美〕 Ronald G. Douglas 著 颜 军 徐胜芝 舒永录 蒋卫生 郑德超 孙顺华 译

26 Bäcklund 变换和 Darboux 变换——几何与孤立子理论中的应用 2015.5 [澳]C. Rogers W. K. Schief 著 周子翔 译

27 凸分析与应用捷径 2015.9 〔美〕 Boris S. Mordukhovich, Nguyen Mau Nam 著 赵亚莉 王炳武 译

28 利己主义的数学解析 2017.8 〔奥〕 K. Sigmund 著 徐金亚 杨 静 汪 芳 译

29 整数分拆 2017.9〔美〕George E. Andrews 〔瑞典〕Kimmo Eriksson 著 傅士硕 杨子辰 译

30 群的表示和特征标 2017.9 〔英〕 Gordon James, Martin Liebeck 著 杨义川 刘瑞珊 任燕梅 庄 晓 译

31 动力系统仿真，分析与动画—— XPPAUT 使用指南 2018.3 〔美〕 Bard Ermentrout 著 孝鹏程 段利霞 苏建忠 译

彩　　图

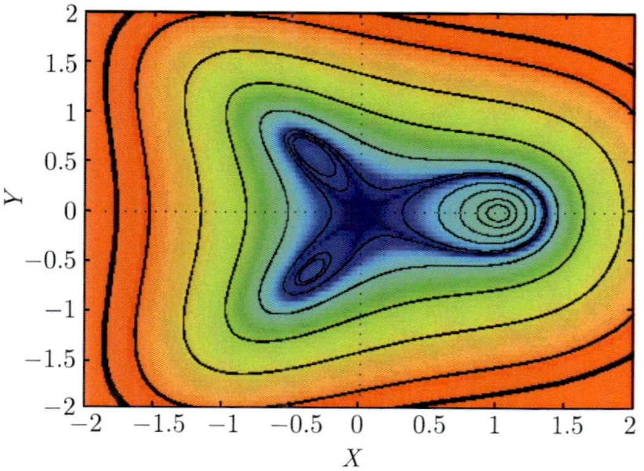

图 4.10　彩色保守系统：灰度级表示积分取对数

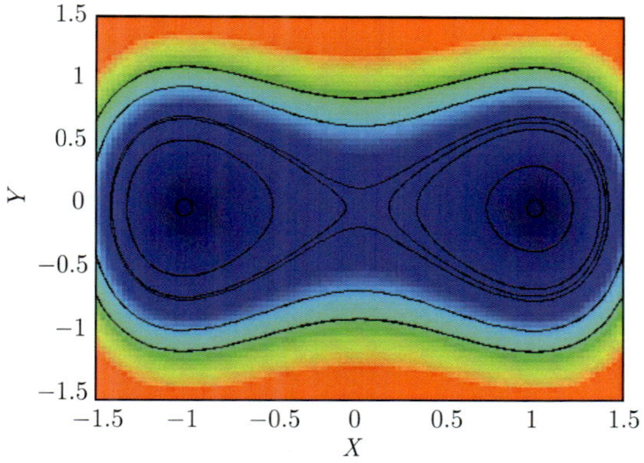

图 4.11　双势井

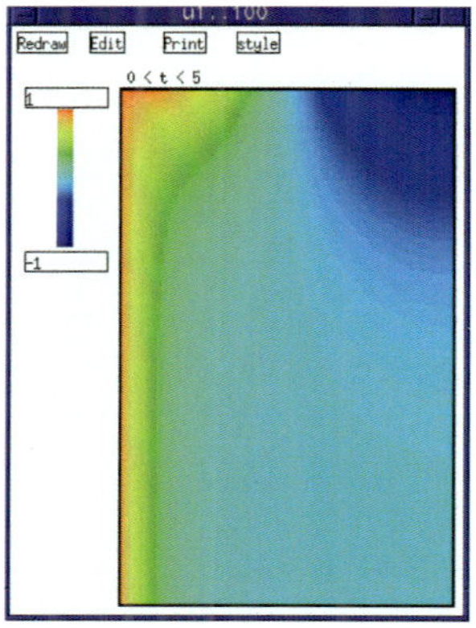

图 6.6　展示电缆模型时空行为的矩阵图窗口

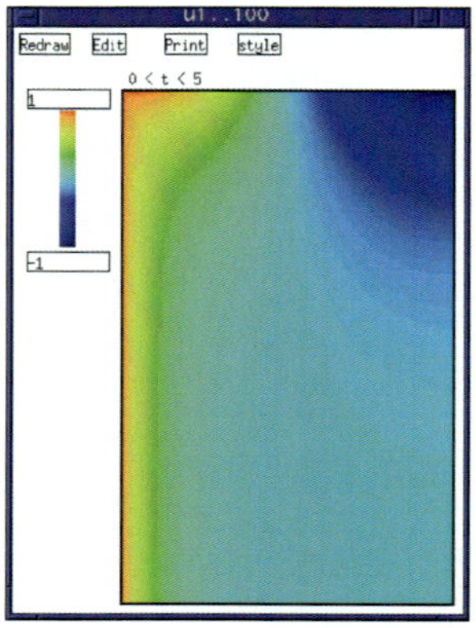

图 6.7　4 个不同时间对应的电缆模型的解

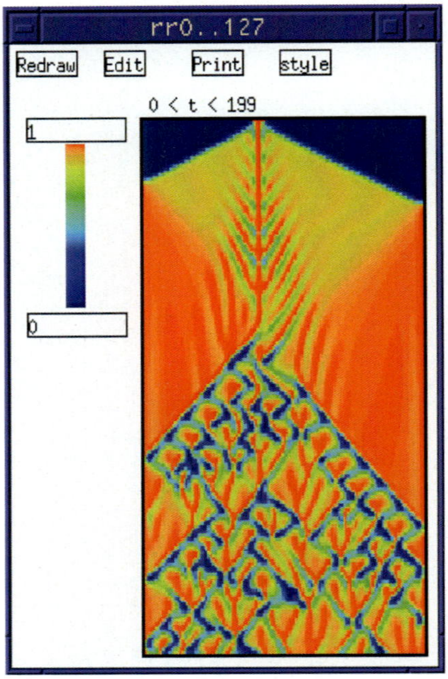

图 6.8　CGL 方程的解

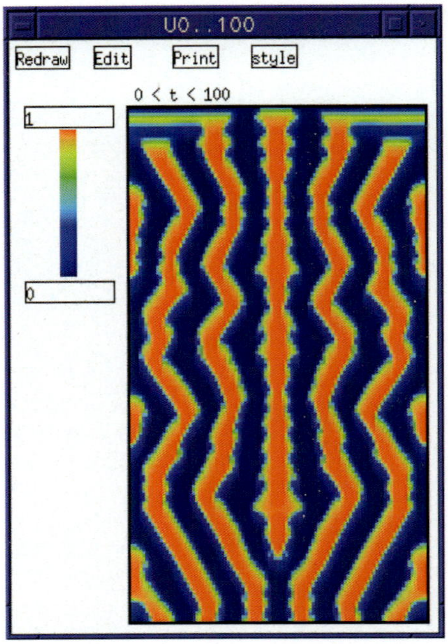

图 6.9　当时滞为 1 时时滞神经元网络方程的解

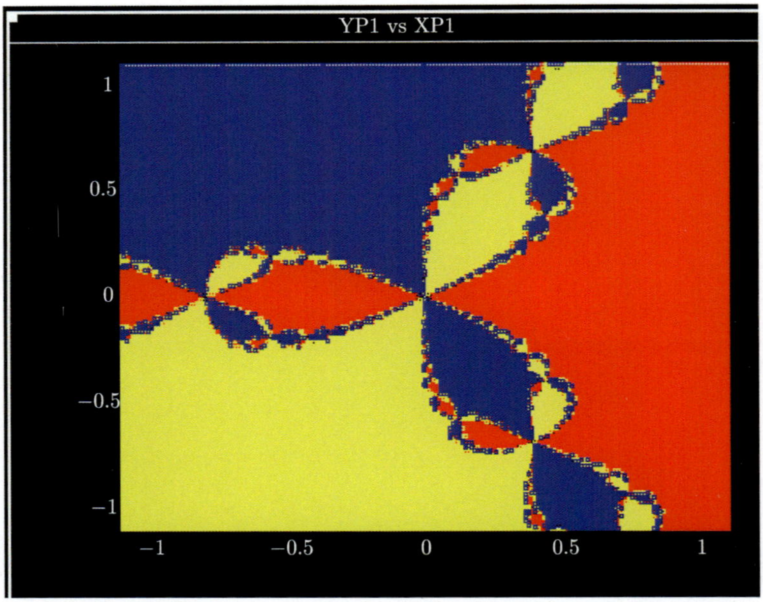

图 9.3　对方程在复平面的牛顿法迭代而得到的盆边界. 平面内的点均是根据收敛于它的根而着色的